交通版高等职业教育规划教材

**Diangong Dianzi Jichu yu Dianli Dianzi Jishu**

# 电工电子基础与电力电子技术

孙红英　于风卫　主　编

张冬梅　副主编

赵晓玲　主　审

U0294183

人民交通出版社

## 内 容 提 要

本书依据高职高专教学要求及《中华人民共和国海船船员适任考试和评估考试》编写,全面系统地论述电工基础、模拟电子技术、电力电子技术、数字电子技术的基本理论及应用分析。全书共13章,每章后均配有难度适中的习题供读者练习。

本书可作为船舶电子电气专业、轮机工程等相关专业教材,也可作为高职高专学生、海船电子电气员、轮机员考证培训和船员自学用书。

**图书在版编目(CIP)数据**

电工电子基础与电力电子技术 / 孙红英,于风卫主编. —北京:人民交通出版社,2013.6
ISBN 978-7-114-10589-0

Ⅰ. ①电… Ⅱ. ①孙… ②于… Ⅲ. ①电工技术②电子技术③电力电子技术 Ⅳ. ①TM②TN

中国版本图书馆 CIP 数据核字(2013)第 088954 号

| | | |
|---|---|---|
| 书　　　名: | 电工电子基础与电力电子技术 | |
| 著 作 者: | 孙红英　于风卫 | |
| 责任编辑: | 赵瑞琴 | |
| 出版发行: | 人民交通出版社 | |
| 地　　址: | (100011) 北京市朝阳区安定门外外馆斜街 3 号 | |
| 网　　址: | http://www.ccpcl.com.cn | |
| 销售电话: | (010) 59757973 | |
| 总 经 销: | 人民交通出版社发行部 | |
| 经　　销: | 各地新华书店 | |
| 印　　刷: | 北京市密东印刷有限公司 | |
| 开　　本: | 787×1092　1/16 | |
| 印　　张: | 17.75 | |
| 字　　数: | 442 千 | |
| 版　　次: | 2013 年 6 月第 1 版 | |
| 印　　次: | 2023 年 7 月第 4 次印刷 | |
| 书　　号: | ISBN 978-7-114-10589-0 | |
| 定　　价: | 42.00 元 | |

(有印刷、装订质量问题的图书由本社负责调换)

# 前　言

随着航运科技的迅速发展,船舶电子设备越来越多,越来越复杂,对船舶电子类管理人员的要求也越来越高。从最新修订的 STCW 公约要求增设船舶电子电气员,足以说明电子电气管理的重要性。本书是根据高职高专教学要求、STCW 公约和《中华人民共和国海船船员适任考试和评估考试》大纲要求以及船舶电子电气相关专业教学改革发展需要编写的。在编写过程中,以"必需、够用"为原则,注重理论与实践训练相结合,理论讲授贯穿实际应用,以基本技能和应用为主,易学易懂。可作为船舶电子电气专业、轮机工程等相关专业教材,也作为高职高专学生、海船电子电气员、轮机员考证培训和船员自学用书。

本书共分 13 章,涉及电工基础、模拟电子技术、数字电子技术、电力电子技术等内容。其中 1~5 章由张冬梅编写,第 6 章由殷志飞编写,第 7~13 章由孙红英、于风卫编写,全书由孙红英统稿。

本书由赵晓玲教授主审并提出了许多宝贵意见,在此表示衷心感谢。

由于编者水平有限,书中存在不足之处,敬请批评指正。

编者

2013 年 4 月

# 目　　录

# 第1章　电路的基本概念与基本定律

**基本要求：**

1. 了解电路模型及理想电路元件的意义；

2. 理解电压、电流参考方向的意义；

3. 掌握电路基本定律并能正确应用；

4. 掌握分析与计算简单直流电路和电路中各点电位(Potential)的方法。

电路是电工技术和电子技术的基础，只有学好电路，特别是掌握电路的分析方法，才能为后续课程——电子电路、电机电路及电气控制、电气测量、电力拖动及电气自动化等的学习打下坚实的基础。本章主要介绍的电路基本概念有电路模型和各种理想电路元件、电压和电流的参考方向、电位、额定值等，以及欧姆定律和基尔霍夫定律。

## 1.1　电路与电路模型

### 一、电路及其组成

将一些电气设备或元器件，按其所要完成的功能，用一定方式连接而成的电流通路称为电路(Circuit)。

一个完整的电路是由电源、负载和中间环节三部分组成的。电源(Source)是提供电能的设备，如发电机、电池、信号源等；负载(Load)是指用电设备，如电灯、电动机、空调、冰箱等；中间环节是用作电源与负载相连接的，通常是一些连接导线、开关、接触器等辅助设备。

### 二、电路的作用

(1)实现电能的传输和转换。最典型的例子是电力系统，如图 1-1-1a)所示。发电机是电源，把热能、水能或核能转换为电能。除发电机外，电池也是常用的电源。电灯、电动机、电炉等都是负载，是取用电能的设备，它们分别把电能转换为光能、机械能、热能等。

(2)实现信号的传递和处理信号。如图 1-1-1b)所示的扩音机电路，先由话筒把声音(语言或音乐)转换为相应的电压与电流，即电信号，再经过变换(放大)传送到扬声器，把电信号还原为声音。由于话筒输出的电信号比较微弱，不足以推动扬声器工作，因此中间还要用放大器来放大。信号的这种转换和放大称为信号的处理。

### 三、电路模型

任何实际电路都是由多种电气元器件构成的。例如最简单的手电筒电路或者较复杂的电视电路等。电路中各元件所表征的电磁现象和能量转换的特征一般都比较复杂,而按实际电器元件做出电路图有时也比较困难和复杂。因此,在分析和计算实际电路时,是用理想元件及其组合来近似替代实际电器元件所组成的实际电路。这给分析和计算电路带来很多方便。这种由理想元件(Ideal Circuit Elements)组成的与实际电器元件相对应的,并用统一规定的符号表示而构成的电路,称为电路模型(Circuit Model),简称为电路。这是对实际电路电磁性质的科学抽象和概括。在今后的学习中,我们所接触的电阻元件、电感元件、电容元件和电源元件等,若没有特殊说明均表示为理想元件,分别由相应的参数来描述,用规定的图形符号来表示。这些电路符号表示了不同类型电气性能的一般性和普遍性。

例如常用的手电筒,电路模型如图 1-1-2 所示。其实际电路元器件有电池、灯泡、开关和筒体。灯泡是电阻元件,其参数为电阻 $R$;电池是电源元件,其参数为电动势 $E$ 和自身的电阻 $R_0$;筒体是连接电池与灯泡的中间环节(还包括开关),其电阻忽略不计,认为是一个无电阻的理想导体。

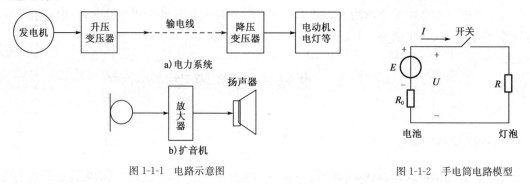

图 1-1-1　电路示意图　　　　　　　　　　　　　图 1-1-2　手电筒电路模型

## 1.2　电路的基本物理量

研究电路的基本定律,首先应掌握电路中的几个基本物理量。

### 一、电流

电流(Current)是电路中既有大小又有方向的基本物理量,其定义为在单位时间内通过导体横截面的电荷量。电流的大小即电流强度,简称电流,其单位为安培(A)。

电流的实际方向规定为正电荷的运动方向。然而,当分析计算较为复杂电路时,很难预先判断出某一段电路中电流的实际流动方向,所以,我们引入了"参考方向"的概念。

参考方向是假定的方向。电流的参考方向(Reference Direction)可以任意选定,在电路中一般用箭头表示。当然,所选定的电流参考方向不一定就是电流的实际方向。当电流的参考方向与实际方向一致时,电流为正值($I>0$);当电流的参考方向与实际方向相反时,电流为负值($I<0$)。这样,在选定的参考方向下,根据电流的正负,就可以确定电流的实际方向,如图 1-2-1 所示。

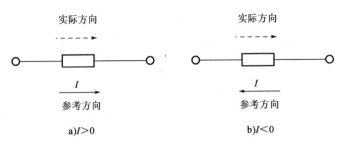

图 1-2-1　电流的参考方向与实际方向

在分析电路时,首先要假定电流的参考方向,并据此去分析计算,最后再从答案的正负值确定电流的实际方向。如不作说明,电路图上标出的电流方向一般都是参考方向。

## 二、电压、电动势

电压(Voltage)和电动势是既有大小又有方向的物理量,它们的单位均为伏特(V)。

电压的实际方向规定从高电位点指向低电位点,即电压降的方向。电源电动势(Electromotive Force)的方向规定为在电源内部,由低电位指向高电位点,即为电位升高的方向,刚好与电压的方向相反。但在分析电路时,也须选取电压和电动势的参考方向。当电压的参考方向与实际方向一致时,电压为正($U>0$);相反时,电压为负($U<0$),如图 1-2-2 所示。

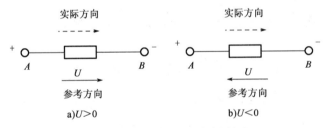

图 1-2-2　电压的参考方向与实际方向

电压参考方向在电路图中可用箭头表示,也可用极性"+"、"−"来表示,"+"表示高电位;"−"表示低电位。符号可用 $U_{AB}$ 表示。电动势参考方向规定与电压相同,也可用箭头、双下标、"+"、"−"来表示。

在分析和计算电路时,电压和电流参考方向的规定原则上是任意的。但为了方便,元件上的电压和电流常取一致的参考方向,这称为关联参考方向。反之,称为非关联参考方向。

图 1-2-3a)所示的 $U$ 与 $I$ 参考方向一致,则其电压与电流的关系是 $U=IR$;而图 1-2-3b)所示的 $U$ 与 $I$ 参考方向不一致,则其电压与电流的关系是 $U=-IR$。可见,在写电压与电流的关系式时,式中的正负号由它们的参考方向是否一致来决定。

## 三、电位

在电气设备的调试和检修中,经常要测量某个点的电位,看其是否符合设计数值。电路中某两点间的电压就是这两点间的电位差。讲电路中某点的电位为多少,必须以某一点的电位为参考电位(Reference Potential),否则是无意义的。

在电路中指定某一点作为参考点,规定其电位为零,电路中其他点与参考点之间的电压,称为该点的电位(Electric Potential)。用 V 表示。

参考点(Reference Point)可以任意指定。但通常选择大地、接地点或电气设备的机壳为参考点。电路分析中常以多条支路的连接点作参考点。下面以图 1-2-4 所示的电路为例,学习电路中电位的概念及计算。

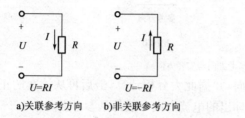

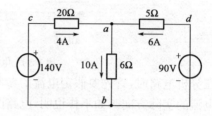

图 1-2-3　关联参考方向与非关联参考方向

图 1-2-4　电路举例

对于图 1-2-5a)所示的电路:选择 $b$ 点电位为参考电位,则 $V_b=0$V。

$$V_a-V_b=U_{ab}\rightarrow V_a=U_{ab}=(6\times10)V=+60V$$

$$V_c-V_b=U_{cb}\rightarrow V_c=U_{cb}=(20\times4+10\times6)V=+140V$$

$$V_d-V_b=U_{db}\rightarrow V_d=U_{db}=(5\times6+10\times6)V=+90V$$

对于图 1-2-5(b)所示的电路:选择 $a$ 点电位为参考电位,则 $V_a=0$V。
同理可得

$$V_b=-60V \quad V_c=+80V \quad V_d=+30V$$

从图 1-2-5 所示电路可以得出如下结论:电路中各点的电位与参考电位点的选取有关,但任意两点间的电压值(即电位差)是不变的。$a$、$b$、$c$、$d$ 四个点的电位值随参考点不同而不同,但 $a$ 点电位比 $b$ 点高 60V、$a$ 点电位比 $c$ 点和 $d$ 点分别低 80V 和 30V 是相同的,所以电位的高低是相对的,而两点间的电压值是绝对的。某点电位为正,说明该点电位比参考点高;某点电位为负,说明该点电位比参考点低。

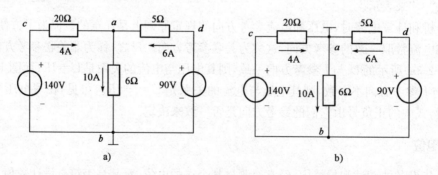

图 1-2-5　电路举例

借助电位的概念,经常可以简化电路图。电位参考点被选定,电路常不画电源部分,端点标以电位值,如图 1-2-5a)、b)电路图可简化为图 1-2-6a)、b)。

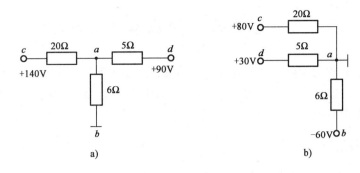

图 1-2-6　图 1-2-5 的简化电路

**【例1-2-1】**　计算图 1-2-7 所示电路中,$a$、$b$、$c$ 各点的电位。

**【解】**　由图可知,$V_a = +12\text{V}$,$V_c = -5\text{V}$,根据欧姆定律得回路电流

$$I = \frac{+12 - (-5)}{(100+70) \times 10^3} \text{A} = 0.1 \times 10^{-3} \text{A} = 0.1 \text{mA}$$

$$U_{ab} = V_a - V_b$$

$$V_b = V_a - R_2 I = 12 - (70 \times 10^3) \times (0.1 \times 10^{-3}) \text{V} = (12-7)\text{V} = +5\text{V}$$

可见,电位的计算步骤如下:

(1)任选电路中某一点为参考点,设其电位为零;

(2)标出各电流参考方向并计算;

(3)计算各点至参考点间的电压即为各点的电位。

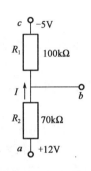

图 1-2-7　例 1-2-1 的电路

## 四、功率

在电路的分析和计算中,功率的计算是十分重要的。这是因为一方面电路在工作状态下总伴随有电能与其他形式能量的相互交换;另一方面,电气设备、电路部件本身都有功率的限制,在使用时要注意其电流值或电压值是否超过额定值,超载会使设备或部件损坏,或不能正常工作。

功率是能量转换的速率,电路中任何元件的功率 $P$ 都可用元件的端电压 $U$ 和其中的电流 $I$ 相乘求得。单位用 W 表示。

在电路分析中,不仅要计算功率的大小,有时还要判断功率的性质,即该元件是产生功率还是消耗功率。根据电压和电流的实际方向可以确定电路元件的功率性质。

当电压和电流的实际方向相同,电流从"＋"端流入,则该元件消耗(取用)功率,属电阻性质;当电压和电流的实际方向相反,电流从"＋"端流出,则该元件输出(发出)功率,属电源性质。

由此可见,在电路元件上 $U$ 和 $I$ 的参考方向关联时,$P=UI<0$,则此电路元件是电源性质,输出功率;若 $P=UI>0$,则此电路元件是负载性质,消耗功率。若 $U$ 和 $I$ 的参考方向相反时,情况正好相反。

在同一电路中,发出的功率和消耗的功率是相等的,这就是电路的功率平衡。

# 1.3 电路的三种基本工作状态

电路有有载、开路和短路三种工作状态。现就图 1-3-1 所示的简单电路来讨论当电路处于三种不同状态时的电压、电流和功率等的特点,图中,$U$ 为电源的端电压;$R$ 为负载电阻;$R_0$ 为电源内阻;$E$ 为电源电动势。

## 一、电源有载工作

将电路中的开关合上,接通电源与负载,这就是电源有载工作。

### 1. 电压、电流及功率

开关闭合时,应用欧姆定律得到电路中的电流

$$I = \frac{E}{R_0 + R} \tag{1-3-1}$$

负载电阻两端的电压

$$U = RI \tag{1-3-2}$$

并由上面两式得出

$$U = E - R_0 I \tag{1-3-3}$$

由式(1-3-3)可见,电源端电压 $U$ 小于电源电动势 $E$,两者之差等于电流在电源内阻上产生的压降 $R_0 I$。电流越大,则电源端电压下降得就越多。表示电源端电压 $U$ 和输出电流 $I$ 之间关系的曲线,称为电源的外特性曲线,如图 1-3-2 所示。曲线的斜率与电源的内阻 $R_0$ 有关。电源的内阻一般很小,当 $R_0 \ll R$ 时,则 $U \approx E$,即当电流(负载)变动时,电源的端电压波动不大,我们说电源的带负载能力强;反之,当内阻 $R_0$ 压降大到不能忽略时,电源的端电压随电流(负载)变化波动明显,说明它的带负载能力差。

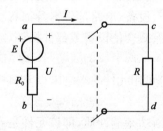

图 1-3-1 电源有载工作

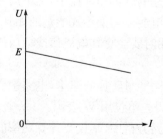

图 1-3-2 电源的外特性曲线

对式(1-3-3)各项均乘以电流 $I$,则得功率平衡式

$$UI = EI - R_0 I^2$$

其中:$P_E = EI$,$P_E$ 为电源产生的功率;

$\Delta P = R_0 I^2$,$\Delta P$ 为电源内阻损耗的功率;

$P = UI$,$P$ 为电源输出的功率。

【例1-3-1】 在图 1-3-3 所示的电路中,$U = 220\text{V}$,$I = 5\text{A}$,内阻 $R_{01} = R_{02} = 0.6\Omega$。

(1)试求电源的电动势 $E_1$ 和负载的反电动势 $E_2$;

(2)试说明功率的平衡。

【解】 (1)电源：

$$U = E_1 - \Delta U_1 = E_1 - R_{01}I \quad E_1 = U + R_{01}I = 220 + 0.6 \times 5 = 223V$$

(2)负载：

$$U = E_2 + \Delta U_2 = E_2 + R_{02}I$$

$$E_2 = U - R_{02}I = 220 - 0.6 \times 5 = 217V$$

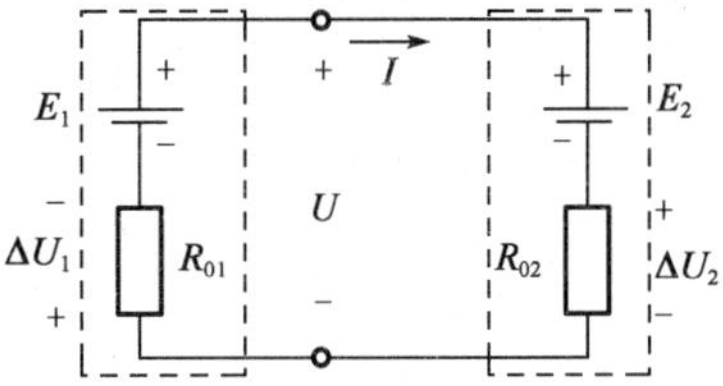

由上面两式可得

$$E_1 = E_2 + R_{01}I + R_{02}I$$

等号两边同乘以 $I$，则得

$$E_1 I = E_2 I + R_{01}I^2 + R_{01}I^2$$

$$223 \times 5 = 217 \times 5 + 0.6 \times 5^2 + 0.6 \times 5^2$$

即 $$1\,115W = 1\,085W + 15W + 15W$$

图 1-3-3 例 1-3-1 的图

其中，$E_1 I = 1\,115W$ 是电源产生的功率。

$E_2 I = 1\,085W$，为负载吸收的功率，此时，$E_2$ 作负载用；

$R_{01}I^2 = 15W$，为电源内阻损耗的功率；

$R_{02}I^2 = 15W$，为负载内阻损耗的功率。

由上例可见，在一个电路中，电源产生的功率和负载取用的功率及内阻的损耗功率是平衡的。

2. 电气设备的额定值(Rate Value)

电气设备的额定值是综合考虑产品的可靠性、经济性和使用寿命等诸多因素，由制造厂商提供的。电气设备的额定值常标在铭牌上或写在说明书中。

额定值是指电气设备在电路的正常状态下，能承受的电压、允许通过的电流以及它们吸收和产生功率的限额，如额定电压 $U_N$、额定电流 $I_N$ 和额定功率 $P_N$。例如一只灯泡上标明220V、60W，这说明额定电压为 220V，在此额定电压下消耗功率 60W。

电气设备的额定值和实际值是不一定相等的。例如前面所说的额定电压为 220V，额定功率为 60W 的灯泡，在使用时接到了 220V 的电源上，由于电源电压的波动，其实际值稍低于或稍高于 220V，这样灯泡的实际功率就不会正好等于其额定值 60W 了。实际电流也相应发生了变化，当实际电流等于额定电流时，称为满载工作状态；电流小于额定电流时，称为轻载工作状态；超过额定电流时，称为过载工作状态。

【例1-3-2】 有一只额定值为 5W、500Ω 的绕线电阻，求其额定电流 $I_N$。在使用时电压不得超过多大的数值？

【解】 根据额定功率和电阻的阻值可以求出额定电流

$$I_N = \sqrt{\frac{P_N}{R}} = \sqrt{\frac{5}{500}}A = 0.1A$$

在使用时电压不得超过

$$U = I_N R = 500 \times 0.1 = 50V$$

因此，在选用时不能只提出电阻的欧姆数，还要考虑电流有多大，而后提出额定功率。

### 二、电源开路(Open Circuit)

图 1-3-4 所示的电路中,当电路中的开关断开时,电源则处于开路(空载)状态。开路时外电路的电阻对电源来说等于无穷大,因此电路中电流为零。电源开路时的端电压称为开路电压或空载电压(No-Load Voltage),用 $U_0$ 表示。显然,电源的开路电压等于电源的电动势,此时电源不输出电能。

电源开路时的特征可用下列各式表示

$$\begin{cases} I = 0 \\ U = U_0 = E \\ P = 0 \end{cases}$$

### 三、电源短路(Short Circuit)

如果电源的两端由于某种原因被直接连在一起,则电源处于短路状态,如图 1-3-5 所示。电源短路时,外电路的电阻可视为零,电流不经过负载,电源的端电压也为零,电流的回路中仅有很小的电源内阻 $R_0$,因此回路中的电流很大,这个电流称为短路电流,用 $I_S$ 表示。

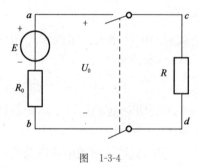

图　1-3-4

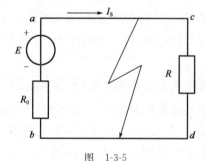

图　1-3-5

电源短路时的特征可用下式表示

$$\begin{cases} U = 0 \\ I = I_S = \dfrac{E}{R_0} \\ P_E = \Delta P \end{cases}$$

电源处于短路状态,危害性很大,它会使电源或其他电气设备因严重发热而烧毁,因此应该积极预防和在电路中增加安全保护措施。

造成电源短路的原因主要有:绝缘损坏或接线不当,因此在实际工作中要经常检查电气设备和线路的绝缘情况。此外,在电源侧接入熔断器和自动断路器,当发生短路时,能迅速切断故障电路和防止电气设备的进一步损坏。

# 1.4　基尔霍夫定律

欧姆定律是电路分析与计算的基础。除了欧姆定律外,电路分析与计算还离不开基尔霍夫电流定律(Kirchhoff's Current Law)和电压定律(Kirchhoff's Voltage Law)。电流定律应用于对电路节点的分析,电压定律应用于对电路回路的分析。

### 一、几个概念

(1)支路(Branch):电路中一个或若干个元件串联而成的电路称为支路。一条支路中流过一个电流,称为支路电流。在图 1-4-1 电路中有 $acb$、$adb$ 和 $ab$ 三条支路。其中,$acb$、$adb$ 支路中有电源,叫含源支路;$ab$ 中无电源叫无源支路。

(2)节点(Node):电路中三条或三条以上的支路的连接点叫节点。在图 1-4-1 所示的电路中共有 $a$、$b$ 两个节点,$c$ 和 $d$ 不是节点。

(3)回路(Loop):由一条或多条支路所组成的闭合电路叫回路。在图 1-4-1 所示的电路中共有三个回路:$abca$、$adba$ 和 $cbdac$。

### 二、基尔霍夫电流定律

基尔霍夫电流定律(KCL)用来确定连接在同一节点上的各支路之间的电流关系。

KCL 定义为:在任何时刻,连接电路中任一节点的所有支路电流的代数和等于零。即在任一时刻流入某一节点的电流之和必定等于流出该节点电流之和,其式为

$$\sum I = 0 \tag{1-4-1}$$

在图 1-4-2 中,规定电流方向流向节点 $a$ 的电流为正值,则流出节点 $a$ 的电流即为负值。由此有

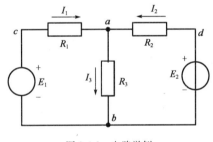

图 1-4-1　电路举例

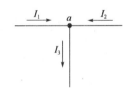

图 1-4-2　基尔霍夫电流定律

$$I_1 + I_2 = I_3$$

也可表示为

$$I_1 + I_2 - I_3 = 0$$

KCL 也可推广应用于包围部分电路的任一假设的闭合面。即在任一时刻,通过任一闭合面的电流代数和恒等于零。也就是流入一个闭合面的电流和流出该闭合面的电流必定是相等的。例如,图 1-4-3 所示的电路中,闭合面 S 内有三个节点 $a$、$b$、$c$,由电流定律可列出

$$I_a + I_b + I_c = 0$$

【例1-4-1】　在图 1-4-4 中,$I_1 = -2A$,$I_2 = 3A$,$I_3 = 3A$,求 $I_4$。

【解】　由基尔霍夫电流定律可列出

$$I_1 - I_2 + I_3 - I_4 = 0$$
$$(-2) - 3 + 3 - I_4 = 0$$

得

$$I_4 = -2A$$

由本例可见,式中有两套正负号,$I$ 前的正负号是由基尔霍夫电流定律根据电流的参考方

向确定的,括号内数字前的则是表示电流本身数值的正负。

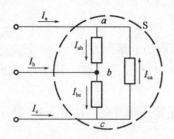

图 1-4-3　KCL 的推广应用

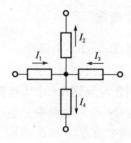

图 1-4-4　例 1-4-1 图

【**例1-4-2**】　在图 1-4-5 中,$I_1=1\text{mA}$,$I_2=10\text{mA}$,$I_3=-2\text{mA}$,求 $I_4$。

【**解**】　根据基尔霍夫电流定律的推广应用,流入图示闭合回路的电流的代数和为零,即 $I_1+I_2+I_3+I_4=0$,所以,$I_4=-(I_1+I_2+I_3)=-(1+10-2)\text{mA}=-9\text{mA}$

### 三、基尔霍夫电压定律

基尔霍夫定律(KVL)用来确定回路中各段电压之间关系。

KVL 定义为:在任一回路中,从回路中任意一点出发,以顺时针方向或逆时针方向沿回路循行一周,回路中各段电压的代数和恒等于零。即

$$\sum U = 0 \tag{1-4-2}$$

或

$$\sum E = \sum (RI) \tag{1-4-3}$$

即在这个循行方向上的电位升之和必然等于电位降之和。

为了应用 KVL,必须指定回路的循行方向。凡电压的参考方向与回路的循行方向一致者,此电压前面取"+"号;反之,则取负号。

如图 1-4-6 所示,回路 adbca 中电源电动势、电流和各段电压的参考方向均已标出。按照虚线所示方向循行一周,根据电压的参考方向可列出方程式

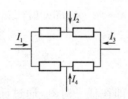

图 1-4-5　例 1-4-2 图

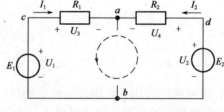

图 1-4-6　回路

$$U_1 + U_4 = U_2 + U_3$$

或将上式改写为　　　　　　$$U_1 - U_2 - U_3 + U_4 = 0$$

图 1-4-6 所示的回路是由电源和电阻构成的,因此上式可改写为

$$E_1 - E_2 - R_1 I_1 + R_2 I_2 = 0$$

或

$$E_1 - E_2 = R_1 I_1 - R_2 I_2$$

基尔霍夫电压定律不仅应用于闭合回路,也可以把它推广应用于回路的部分电路,用于求回路中的开路电压。现以图 1-4-7 所示的两个电路为例,根据基尔霍夫电压定律列出式子。

对图 1-4-7a)所示电路(各支路的元件是任意的)可列出

$$\sum U = U_A - U_B - U_{AB} = 0$$

或

$$U_{AB} = U_A - U_B$$

对图 1-4-7b)所示电路

$$I_1 = \frac{U_1}{R_1 + R_3} \qquad I_2 = \frac{U_2}{R_2 + R_4}$$

对回路 $acdb$,由基尔霍夫电压定律得

$$U_{ab} + I_2 R_4 - I_1 R_3 = 0$$

则

$$U_{ab} = I_1 R_3 - I_2 R_4$$

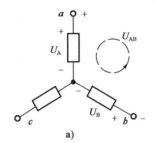 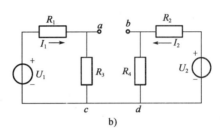

图 1-4-7  基尔霍夫电压定律的推广

【例1-4-3】 有一闭合回路如图 1-4-8 所示,各支路的元件是任意的,已知:$U_{ab}=8V$,$U_{bc}=5V$,$U_{da}=-3V$。求:(1)$U_{cd}$,(2)$U_{ca}$。

【解】

(1)由基尔霍夫电压定律可列出

$$U_{ab} + U_{bc} + U_{cd} + U_{da} = 0$$

即

$$8 + 5 + U_{cd} + (-3) = 0$$

得

$$U_{cd} = -10V$$

(2)$abca$ 不是闭合回路,根据基尔霍夫电压定律的推广应用可列出

$$U_{ab} + U_{bc} + U_{ca} = 0$$

即

$$8 + 5 + U_{ca} = 0$$

得

$$U_{ca} = -13V$$

【例1-4-4】 在图 1-4-9 所示电路中,已知:$R_b = 10k\Omega$,$R_1 = 10k\Omega$,$E_b = 6V$,$U_s = 6V$,$U_{be} = -0.3V$。试求电流 $I_b$、$I_1$ 及 $I_2$。

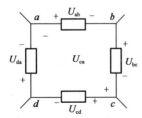

图 1-4-8  例 1-4-3 图

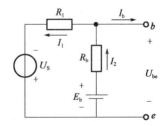

图 1-4-9  例 1-4-4 图

**【解】** 对右回路由基尔霍夫电压定律可列出

$$E_b - U_{be} - R_b I_2 = 0$$

即

$$6 - (-0.3) - 10I_2 = 0$$

故

$$I_2 = 0.63 \text{mA}$$

对左回路由基尔霍夫电压定律可列出

$$E_b + U_s - R_1 I_1 - R_b I_2 = 0$$

即

$$6 + 6 - 10I_1 - 10 \times 0.63 = 0$$

故

$$I_1 = 0.57 \text{mA}$$

应用基尔霍夫电流定律可列出

$$I_2 - I_1 - I_b = 0$$

即

$$0.63 - 0.57 - I_b = 0$$

故

$$I_b = 0.06 \text{mA}$$

# 习　　题

**一、选择题**

1. 设一负载(例如电灯)两端不慎短路,下列说法最恰当的是____。

　　A. 负载因过电流而烧坏　　　　　　　　B. 负载过功率工作

　　C. 不会对负载造成寿命损伤　　　　　　D. 不会对线路造成寿命损伤

2. 已知电路中 $a$ 点的对地电位是 65V,$b$ 点的对地电位是 35V,则 $U_{ba} =$ ____。

　　A. 100V　　　　　　B. $-30$V　　　　　　C. 30V　　　　　　D. $-100$V

3. 某电阻元件的额定数据为"1kΩ、2.5W",正常使用时允许流过的最大电流为____。

　　A. 50mA　　　　　　B. 2.5mA　　　　　　C. 250mA　　　　　　D. 500mA

4. 关于电位与参考电位的概念,下列说法正确的是____。

　　A. 只有直流电路才能设参考电位,交流电路中不能

　　B. 电位就是电压

　　C. 电路中某点的电位等于该点与参考点之间的电位差

　　D. 电路中任意点的电位不可能为负值

5. 指出习题图 1-1 中 $U = -E + IR$ 电压方程所对应的电路图是____。

6. 习题图 1-2 所示部分电路,由基尔霍夫电流定律可知,$I_5 =$ ____。

　　A. $-4$A　　　　　　B. 4A　　　　　　C. 2A　　　　　　D. $-2$A

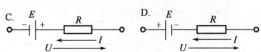

习题图　1-1　　　　　　　　　　　　　　　　　　　习题图　1-2

7. 关于基尔霍夫电流定律,下列说法错误的是____。

    A. 交流电路电流定律表达为 $\sum I=0$　　　　B. 交流电路电流定律表达式为 $\sum i=0$

    C. 电流定律适用于任意变化规律的交流电路　D. 适用于由不同性质元件构成的电路

8. 电路如习题图 1-3 所示,$b$ 点的电位 $V_b=$____。

    A. 10V　　　　　　　　　　B. 5V

    C. $-5$V　　　　　　　　　D. 0V

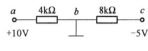

习题图　1-3

## 二、计算题

1. 在习题图 1-4 中,已知 $I_1=2$mA,$I_2=1.5$mA。试确定电路元件 3 中的电流 $I_3$ 和其两端的电压 $U_3$,并说明它是电源还是负载。校验整个电路的功率是否平衡。

2. 在习题图 1-5 中,已知 $I_1=0.01\mu A$,$I_2=0.3\mu A$,$I_5=9.61\mu m$,试求电流 $I_3$、$I_4$ 和 $I_6$。

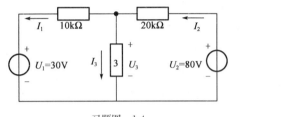

习题图　1-4

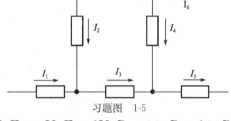

习题图　1-5

3. 在习题图 1-6 所示的电路中,已知 $U_1=10$V,$E_1=4$V,$E_2=2$V,$R_1=4\Omega$,$R_2=2\Omega$,$R_3=5\Omega$,1、2 两点间处于开路状态,试计算开路电压 $U_2$。

4. 试求出习题图 1-7 电路中 $a$ 点和 $b$ 点的电位。如将 $a$、$b$ 两点直线连接或接一电阻,对电路工作有无影响?

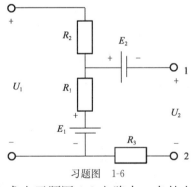

习题图　1-6

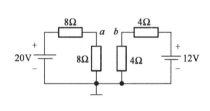

习题图　1-7

5. 求出习题图 1-8 电路中 $a$ 点的电位。

6. 在习题图 1-9 电路中,如果 $15\Omega$ 电阻上的压降是 30V,其极性如图所示,试求电阻 $R$ 及 $b$ 点的电位。

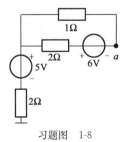

习题图　1-8

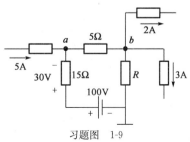

习题图　1-9

13

# 第2章 电路的分析方法

**基本要求:**

1. 掌握用支路电流法、叠加原理、戴维宁定理分析电路的方法;
2. 理解实际电源的两种模型及其等效变换。

电路分析是指在已知电路结构和元件参数的条件下,确定部分电压与电流之间的关系。通过前面的学习已经知道,欧姆定律和基尔霍夫定律是分析和计算简单电路的基本工具,但对于复杂电路来说,必须根据电路的结构和特点去寻找分析和计算的简便方法。本章主要介绍电源及等效变换、支路电流法、叠加定理、戴维宁定理。与欧姆定律和基尔霍夫定律一样,都是电路分析与计算的基本原理和方法。

## 2.1 电阻的等效变换

在电路理论中广泛应用等效变换的概念。这里所说的等效变换是指将电路中的某一部分用另一种电路结构与元件参数代替后,不影响原来电路中未作变换的任何一条支路中的电压和电流。这种方法的引用为线性电阻电路的分析提供了方便。

对于电路中的二端元件,可以根据电路不同的要求,按照不同的方式联接起来。

### 一、电阻的串联(Series Connection)

将两个或更多的电阻按顺序一个接一个地连接起来,且都通过同一电流,这样的连接法就称为电阻的串联。

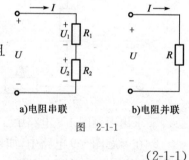

图 2-1-1

a)电阻串联  b)电阻并联

如图 2-1-1 所示电路,由基尔霍夫电压定律可得

$$U = U_1 + U_2 = IR_1 + IR_2 = I(R_1 + R_2)$$

设

$$R = R_1 + R_2$$

则

$$U = IR \qquad (2\text{-}1\text{-}1)$$

由式 (2-1-1)可知:在输入电压和电流不变的情况下,图 2-1-1a)可用图 2-1-1b)来代替,即 $R_1$ 与 $R_2$ 的串联,可用一个电阻 $R$ 代替,$R$ 称为串联等效电阻,其阻值为各串联电阻阻值之和。

两个串联电阻上的电压分别为

$$\begin{cases} U_1 = IR_1 = \dfrac{U}{R_1 + R_2} R_1 = \dfrac{R_1}{R_1 + R_2} U \\ U_2 = IR_2 = \dfrac{U}{R_1 + R_2} R_2 = \dfrac{R_2}{R_1 + R_2} U \end{cases} \qquad (2\text{-}1\text{-}2)$$

可见,各串联电阻具有分压作用。电阻阻值与分压成正比关系,即电阻阻值越大,则分压值越高。式(2-1-2)为两电阻串联的分压公式。

## 二、电阻的并联(Parallel Connection)

将两个或更多的电阻并接在两个公共点上,各电阻承受同一电压,这种电阻的连接方法为并联连接。

如图 2-1-2 所示电路,由基尔霍夫电流定律可得

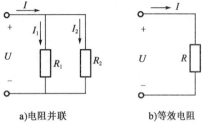

a)电阻并联　　　b)等效电阻

图　2-1-2

$$I = I_1 + I_2 = \frac{U}{R_1} + \frac{U}{R_2} = U\left(\frac{1}{R_1} + \frac{1}{R_2}\right)$$

设

$$\frac{1}{R} = \frac{1}{R_1} + \frac{1}{R_2} \qquad (2\text{-}1\text{-}3)$$

则

$$I = \frac{U}{R}$$

上式表明,在输入电压和电流不变的情况下,图 2-1-2a)可用图 2-1-2b)来代替,即 $R_1$ 与 $R_2$ 的并联,可用一个电阻 $R$ 代替,$R$ 称为并联等效电阻,其阻值的倒数等于各并联电阻阻值倒数之和。

图中在电路总电流 $I$ 一定的情况下,总电压为

$$U = RI = \frac{R_1 R_2}{R_1 + R_2} I$$

则流过两并联电阻的电流分别为

$$\begin{cases} I_1 = \frac{U}{R_1} = \frac{R_1 R_2}{R_1 + R_2} I \frac{1}{R_1} = \frac{R_2}{R_1 + R_2} I \\ I_2 = \frac{U}{R_2} = \frac{R_1 R_2}{R_1 + R_2} I \frac{1}{R_2} = \frac{R_1}{R_1 + R_2} I \end{cases} \qquad (2\text{-}1\text{-}4)$$

从式(2-1-4)可知:各并联电阻具有分流作用。电阻阻值与其流过的电流成反比,即阻值越大,分得(流过)的电流越小。式(2-1-4)为两电阻并联的分流公式。

## 三、电阻的混联

电路既有串联电阻又有并联电阻,这种电阻的连接方法称为混联,如图 2-1-3a)所示。可用上述的方法,化简为一个等效电阻。

【例 2-1-1】　如图 2-1-3a)所示电路,已知 $U = 100V$,$R_1 = 7.5\Omega$,$R_2 = 5\Omega$,$R_3 = 2\Omega$,$R_4 = 3\Omega$,求电流 $I_1$。

【解】　原电路按照图 2-1-3a)→图 2-1-3b)→图 2-1-3c)→图 2-1-3d)的顺序,依次变换可得到等效电路图 2-1-3d)。

(1)$R_{34} = R_3 + R_4 = (2+3)\Omega = 5\Omega$

(2)$R_{ab} = \frac{R_2 R_{34}}{R_2 + R_{34}} = \frac{5 \times 5}{5 + 5}\Omega = 2.5\Omega$

(3)$R = R_1 + R_{ab} = (7.5 + 2.5)\Omega = 10\Omega$

(4)$I_1 = \frac{U}{R} = \frac{100}{10}A = 10A$

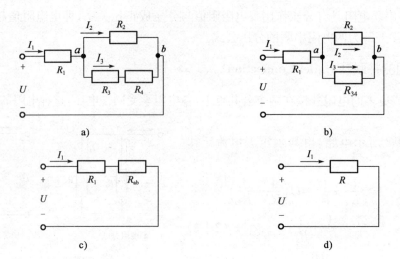

图 2-1-3  例 2-1-1 电路

**【例 2-1-2】** 计算图 2-1-4a)所示电路的等效电阻 $R$,并计算电流 $I$ 和 $I_5$。

**【解】** (1)先判断哪些电阻是串联的,哪些电阻是并联的。

在图 2-1-4a)中,$R_1$ 与 $R_2$ 并联,得 $R_{12}=1\Omega$;$R_3$ 与 $R_4$ 并联,得 $R_{34}=2\Omega$。因而图 2-1-4a)电路可简化为图 2-1-4b)所示电路。

在图 2-1-4b)所示电路中,$R_{34}$ 与 $R_6$ 串联,而后再与 $R_5$ 并联,得 $R_{3456}=2\Omega$,再简化为图 2-1-4c) 所示电路,并进一步简化成图 2-1-4d) 所示电路,则等效电阻

$$R=\frac{(1+2)\times 3}{(1+2)+3}\Omega=1.5\Omega$$

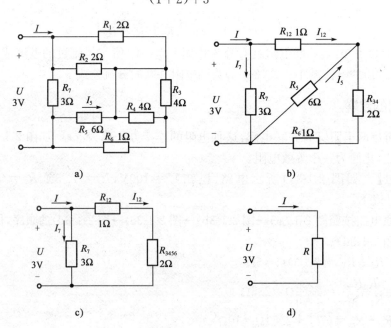

图 2-1-4  例 2-1-2 图

（2）由图 2-1-4d)得出

$$I = \frac{U}{R} = \frac{3}{1.5}\text{A} = 2\text{A}$$

（3）电阻串联起分压作用,电阻并联起分流作用。在图 2-1-4c)中

$$I_7 = \frac{U}{R_7} = \frac{3}{3}\text{A} = 1\text{A}$$

于是应用分流公式可得

$$I_{12} = I - I_7 = (2-1)\text{A} = 1\text{A}$$

$$I_5 = -\frac{R_{34}+R_6}{R_{34}+R_6+R_5} \times I_{12} = -\frac{2+1}{2+1+6} \times 1 = -\frac{1}{3}\text{A}$$

# 2.2　电源及其等效变换

电源的电路模型有两种形式表示：一种是以电压形式表示的电路模型,称为电压源（Voltage Source)；另一种是以电流形式表示的电路模型,称为电流源（Current Source)。

## 一、电压源（Voltage Source)

电压源是由一恒定的电动势 $E$ 和等效内阻 $R_0$ 串联而成的。电路模型如图 2-2-1 所示。根据图 2-2-1 所示的电路,可得出

$$U = E - R_0 I \tag{2-2-1}$$

式中,$U$ 为电源输出电压,它随电源输出电流的变化而变化,其外特性曲线如图 2-2-2 所示。

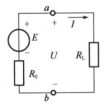

图 2-2-1　电压源电路模型图

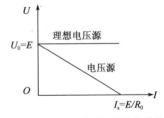

图 2-2-2　电压源和理想电压源的外特性曲线

从电压源外特性曲线我们可以看出：输出同一负载电流时,电压源输出电压的大小,与其内阻的阻值大小有关。内阻 $R_0$ 越小,当输出电流变化时,输出的电压变化就越小,也就越稳定。

当 $R_0 = 0$ 时,电压 $U = E$,电压源输出的电压是恒定不变的,与通过它的电流无关,此时电压源为恒压源。$R_0 = 0$ 这种状态是理想情况下的,所以恒压源又称理想电压源（Ideal Voltage Source)。理想电压源如图 2-2-3 所示,其外特性曲线如图 2-2-2 所示。

在实际应用中 $R_0 = 0$ 是不太可能的,当电源的内阻远远小于负载电阻时,即 $R_0 \ll R_L$ 时,内阻降压 $IR_0 \ll U$,则 $U \approx E$,电压源的输出基本上恒定,此时可认为是理想电压源。

根据电路中电压源所联接的外电路的不同,通过它的电流可以是任意的,也就是说,流过它的电流不是由理想电压源本身就能确定的,而是与相联接的外电路所共同决定的。

### 二、电流源(Current Source)

将式(2-2-1)两边除以电压源的内阻,得

$$\frac{U}{R_0}=\frac{E}{R_0}-I=I_\mathrm{S}-I$$

即
$$I_\mathrm{S}=\frac{U}{R_0}+I \qquad\qquad (2\text{-}2\text{-}2)$$

式中:$I_\mathrm{S}=\dfrac{E}{R_0}$——电源的短路电流;

$I$——负载电流;

$\dfrac{U}{R_0}$——流经电源内阻的电流。

由式(2-2-2)可得电流源的电路模型如图 2-2-4 所示。图中两条支路并联,流过的电流分别为 $I_\mathrm{S}$ 和 $U/R_0$。其外特性曲线如图 2-2-5 所示。

当 $R_0=\infty$ 时,电流 $I$ 恒等于电流 $I_\mathrm{S}$,电源输出的电压由负载电阻 $R_\mathrm{L}$ 和电流 $I$ 确定。此时电流源为理想电流源,也称恒流源。

当 $R_0\gg R_\mathrm{L}$ 时,则 $I$ 恒等于电流 $I_\mathrm{S}$,电流 $I$ 基本恒定,可以认为是恒流源。理想电流源(Ideal Current Source)的电路模型如图 2-2-6 所示,外特性曲线如图 2-2-5 所示。

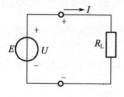

图 2-2-3　理想电压源电路

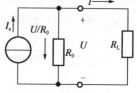

图 2-2-4　电流源电路模型

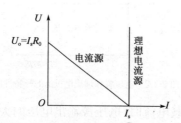

图 2-2-5　电流源和理想电流源的外特性曲线

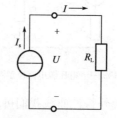

图 2-2-6　理想电流源电路

### 三、电压源与电流源的等效变换(Source Transformations)

式(2-2-1) 和式(2-2-2)是等同的,因而电压源的外特性和电流源的外特性是相同的。因此,电源的两种电路模型,即电压源和电流源之间是等效的,可以等效变换,如图 2-2-7 所示。

但是,电压源模型和电流源模型的等效关系只是对外电路而言的,至于对电源内部,则是不等效的。例如在图 2-2-7a)中,当电压源开路时,$I=0$,电源内阻 $R_0$ 上无损耗功率;但在图 2-2-7b)中,当电流源负载开路时,电源内部仍有电流,内阻 $R_0$ 上有功率损耗。同理电压源

和电流源短路($R_L$＝0)时,两者对外电路是等效的,但电源内部的功率损耗也不一样,电压源有损耗,而电流源无损耗。结论如下:

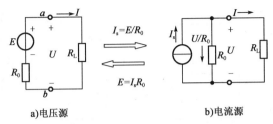

a)电压源　　　　　　　b)电流源

图 2-2-7　电压源和电流源的等效变换

(1)理想电压源($R_0$＝0)和理想电流源($R_0$＝∞)外特性不等同,故不可等效变换;

(2)电压源和电流源是同一实际电源的两种模型,两者对外电路是等效的。

一般不只限于内阻 $R_0$,只要一个电动势为 $E$ 的理想电压源和某个电阻 $R$ 串联的电路,都可以化为一个电流为 $I_S$ 的理想电流源和这个电阻并联的电路如图 2-2-8 所示,两者是等效的,其中 $I_S＝\dfrac{E}{R}$ 或 $E＝I_S R$。

【例 2-2-1】　试将图 2-2-9 所示的电源电路分别简化为电压源和电流源。

【解】　(1)简化为电压源:

步骤一:如图 2-2-10a)所示;

步骤二:如图 2-2-10b)所示。

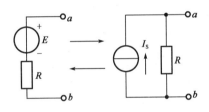

图 2-2-8　电压源和电流源的等效变换

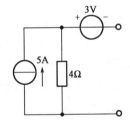

图 2-2-9　例 2-2-1 的图

(2)简化为电流源:

由图 2-2-10b)电压源可等效为图 2-2-10c)所示的电流源。参数 $I$＝17V/4Ω＝4.25A,内阻 $R$＝4Ω。

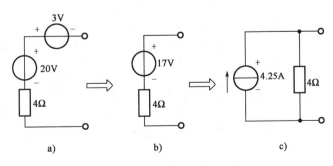

a)　　　　　　　　b)　　　　　　　　c)

图 2-2-10　例 2-2-1 等效电路

**【例 2-2-2】** 试将图 2-2-11 所示的各电源电路分别简化。

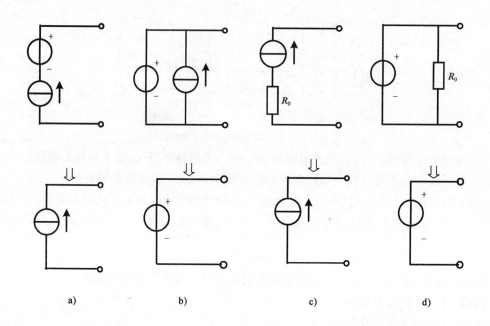

a)　　　　　　b)　　　　　　c)　　　　　　d)

图 2-2-11　例 2-2-2 电路图

结论：

(1)恒压源与恒流源串联,恒压源无用[如图 2-2-11a)所示]；

(2)恒压源与恒流源并联,恒压源无用[如图 2-2-11b)所示]；

(3)电阻与恒流源串联,等效时电阻无用[如图 2-2-11c)所示]；

(4)电阻与恒压源并联,等效时电阻无用[如图 2-2-11d)所示]。

**【例 2-2-3】** 试用电压源与电流源等效变换的方法计算图 2-2-12a)中 1Ω 电阻上的电流 $I$。

**【解】** 根据图 2-2-12a)～图 2-2-12f)的变换次序,最后化简为图 2-2-12f)的电路,由此可得

$$I = \left( \frac{2}{2+1} \times 3 \right)\text{A} = 2\text{A}$$

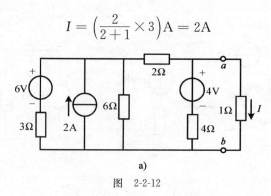

a)

图　2-2-12

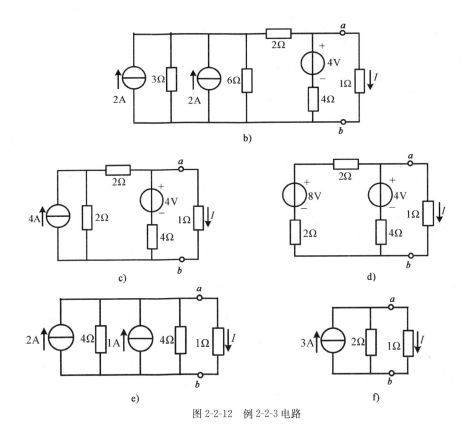

图 2-2-12　例 2-2-3 电路

# 2.3　支路电流法

支路电流法(Branch Current Method)是以支路电流为待求量,应用基尔霍夫电流定律
(KCL)列出节点电流方程式,应用基尔霍夫电压定律
(KVL)列出回路的电压方程式,从而求解支路电流的
方法。

下面通过对图 2-3-1 所示电路的分析,介绍采用支路电
流法分析电路的一般步骤。

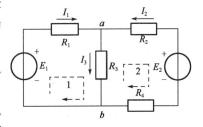

图 2-3-1　两个电源并联的电路

步骤一:认定支路数 $k$,选定各支路电流以及电压或电
动势的参考方向;本例共有 3 条支路,各支路电流的参考方
向如图所示;

步骤二:确定节点数 $n$,根据 KCL 列出 $(n-1)$ 个节点电流方程式。电路中有 2 个节点 $a$
和 $b$,根据 KCL 列出节点电流方程式

$$I_1 + I_2 - I_3 = 0$$

步骤三:认定独立回路数 $m$,根据 KVL 列出 $k-(n-1)$ 个独立回路电压方程式。

$$I_1 R_1 + I_3 R_3 - E_1 = 0$$

21

$$E_2 - I_2R_4 - I_3R_3 - I_2R_2 = 0$$

步骤四:解联立方程式,求各支路电流。

**【例 2-3-1】** 设图 2-3-1 所示的电路中,$E_1 = 80V$,$E_2 = 70V$,$R_1 = 5\Omega$,$R_2 = 3\Omega$,$R_3 = 5\Omega$,$R_4 = 2\Omega$,试求各支路电流 $I_1$、$I_2$、$I_3$。

**【解】** 应用基尔霍夫定律列方程组

$$\begin{cases} I_1 + I_2 - I_3 = 0 \\ 80 = 5I_1 + 5I_3 \\ 70 = 3I_2 + 5I_3 + 2I_2 \end{cases}$$

解得:$I_1 = 6A$,$I_2 = 4A$,$I_3 = 10A$。

**【例 2-3-2】** 电路如图 2-3-2 所示,已知 $E_1 = 120V$,$E_2 = 116V$,$I_S = 10A$,$R_L = 4\Omega$,$R_{01}$ 和 $R_{02}$ 为两电源的内阻,$R_{01} = 0.8\Omega$ 和 $R_{02} = 0.4\Omega$,试求各支路电流 $I_1$、$I_2$ 和 $I$。

**【解】** 根据 KCL 和 KVL 列出节点电流方程式和回路电压方程式,组成方程组

$$\begin{cases} I_1 + I_2 + I_S - I = 0 \\ E_1 = IR_L + I_1R_{01} \\ E_2 = IR_L + I_2R_{02} \end{cases}$$

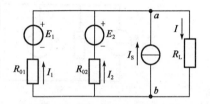

将已知量带入,得

$$\begin{cases} I_1 + I_2 + 10 - I = 0 \\ 120 = 4I + 0.8I_1 \\ 116 = 4I + 0.4I_2 \end{cases}$$

图 2-3-2 例 2-3-2 的电路

解方程组得各支路电流分别为

$$\begin{cases} I_1 = 9.38A \\ I_2 = 8.75A \\ I = 28.13A \end{cases}$$

对平面电路一般用网孔作回路,所列的方程是独立的,是一种简捷的方法。当电路中有理想电流源时,电流源支路电流即为已知,这时可少列一个回路电压方程,但其他回路电压方程中不能包括理想电流源支路。

## 2.4 叠 加 原 理

对于线性电路,任何一条支路中的电流,都可以看成是由电路中各个电源分别作用时,在此支路中所产生的电流的代数和,这就是叠加原理(Superposition Theorem)。

当某电源单独作用时,其他电源应该除去,除去的方法为:理想电压源短路,即其电动势为零;理想电流源开路,即其电流为零。但若电源有内阻要保留,如图 2-4-1 所示。

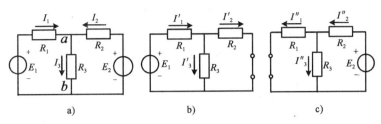

图 2-4-1 叠加原理

在图 2-4-1a)所示的电路可化简为图 2-4-1b)和图 2-4-1c)的叠加,可求得电流 $I_1=I_1'-I_1''$,$I_2=I_2''-I_2'$,$I_3=I_3'+I_3''$。

应用叠加原理时应注意:

① 叠加原理只适用于线性电路;

② 不作用的电压源短接,内阻保留,不作用的电流源开路;

③ 所谓代数和是指当原电路中支路的电流(或电压)方向确定后,对应的电流(或电压)分量的参考方向如果与原支路电流(电压)方向一致时取正值;反之取负值。

④ 叠加原理只能叠加电压或电流,不能对功率进行叠加。

**【例 2-4-1】** 用叠加原理计算图 2-4-2a)所示的电路中的支路电流 $I$。已知 $E=20\text{V}$,$I_\text{S}=10\text{A}$,$R_1=6\Omega$,$R_2=4\Omega$,$R_3=4\Omega$,$R_4=6\Omega$。

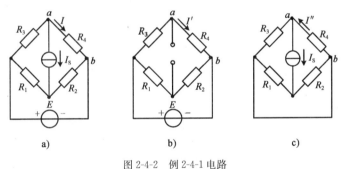

图 2-4-2 例 2-4-1 电路

**【解】** 当电压源单独作用时的电路如图 2-4-2b)所示,则

$$I'=\frac{E}{(R_1+R_2)/\!/(R_3+R_4)}\times\frac{R_1+R_2}{(R_1+R_2)+(R_3+R_4)}=\frac{20}{5}\times\frac{10}{2}\text{A}=2\text{A}$$

当电流源单独作用时的电路如图 2-4-2c)所示,则

$$I''=\frac{R_3}{R_3+R_4}\times I_\text{S}=\frac{4}{4+6}\times10\text{A}=4\text{A}$$

$$I=I_1'-I_1''=(2-4)\text{A}=-2\text{A}$$

# 2.5 戴维宁定理

在有些情况下,只需要计算一个复杂电路中某一支路的电流,如果用前面几节所述的方法来计算时,必然会引出一些不需要的电流来。为了使计算简便些,常常应用等效电源的方法。

现在来说明一下什么是等效电源。如果只需计算复杂电路中的一个支路时,可以将这个支路划出[图 2-5-1a)中的 $ab$ 支路,其中电阻为 $R_L$],而把其余部分看作一个有源二端网络[图 2-5-1a)中的方框部分]。所谓有源二端网络(Two-Terminal Net),就是具有两个出线端的部分电路,其中含有电源。有源二端网络可以是简单的或任意复杂的电路。但是不论它的简繁程度如何,它对所要计算的这个支路而言,仅相当于一个电源,因为它对这个支路供给电能。因此,这个有源二端网络一定可以化简为一个等效电源。经这种等效变换后,$ab$ 支路中的电流 $I$ 及其两端的电压 $U$ 没有变动。

任何一个有源二端线性网络都可以用一个电动势为 $E$ 的理想电压源和内阻 $R_0$ 串联的电

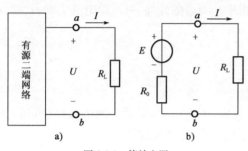

图 2-5-1 等效电源

源来等效代替(见图 2-5-1)。等效电源的电动势 $E$ 就是有源二端网络的开路电压 $U_0$,即将负载断开后 $a$、$b$ 两端之间的电压。等效电源的内阻 $R_0$ 等于有源二端网络中所有电源均除去(将各个理想电压源短路,即其电动势为零;将各个理想电流源开路,即其电流为零)后所得到的无源网络 $a$、$b$ 两端之间的等效电阻,这就是戴维宁定理(Thevenin's Theorem)。

【例 2-5-1】 用戴维宁定理计算例 2-4-1a)中的电流 $I$。

【解】 图 2-4-2a)的电路可化为图 2-5-2 所示的等效电路。$E=20V$,$I_S=10A$,$R_1=6\Omega$,$R_2=4\Omega$,$R_3=4\Omega$,$R_4=6\Omega$。

等效电源的电动势 $E'$ 可由图 2-5-3a)求得

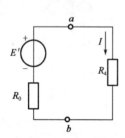

图 2-5-2 图 2-4-1a)所示电路的等效电路

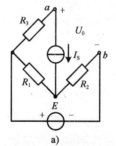 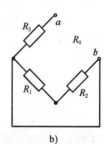

图 2-5-3 计算等效电源 $E'$ 和内阻 $R_0$ 的电路

$$E'=U_0=E-R_3 I_S=(20-4\times10)V=-20V$$

等效电源的内阻 $R_0$ 可由图 2-5-3b)求得

$$R_0=R_3=4\Omega$$

而后求出电流 $I$

$$I=\frac{E'}{R_0+R_4}=\frac{-20}{4+6}A=-2A$$

# 习 题

## 一、选择题

1.电阻串联的特征是电流____,各电阻分配的电压与其阻值成____。

A. 相同/反比　　　　B. 相同/正比　　　　C. 不同/反比　　　　D. 不同/正比

2. 有两只功率为 60W 的白炽灯,现将它们接到各自的额定电压分别为 220V 和 36V 的电源上,比较两只灯泡的亮度是____ 。

A. 一样亮　　　　　　　　　　　　　B. 电压为 220V 的亮

C. 电压为 36V 的亮　　　　　　　　　D. 难以确定

3. 在电路中与负载电阻并联一个电阻可以起到____作用。

A. 分流　　　　　　B. 分频　　　　　　C. 分压　　　　　　D. 减小电流

4. 关于多个电阻的并联,下列说法正确的是____ 。

A. 总的等效电阻值一定比并联电阻中阻值最小的电阻值稍大一点

B. 总的等效电阻值一定比并联电阻中阻值最小的电阻还要小

C. 总的等效电阻值一定介于并联电阻中最大电阻值与最小电阻值之间

D. 总的等效电阻值会比并联电阻中最大的电阻值稍大一点

5. 有一额定值为 5W、$500\Omega$ 的绕线电阻,其额定电流为 ____,在使用时电压不得超过____。

A. 0.01A/5V　　　　B. 0.1A/50V　　　　C. 1A/500V　　　　D. 1A/50V

6. 直流恒流源的输出端不允许____,直流恒压源的输出端不允许____。

A. 短路/开路　　　　　　　　　　　　B. 开路/短路

C. 接小阻值电阻/接大阻值电阻　　　　D. 接大阻值电阻/接小阻值电阻

7. 电源的开路电压 $U_0 = 12$ V,短路电流 $I_S = 30$ A,则内阻为____ $\Omega$。

A. 不可确定　　　　B. 0.4 $\Omega$　　　　C. 2.5 $\Omega$　　　　D. 30 $\Omega$

8. 一个电阻电路如习题图 2-1 所示,它由四个电阻串联而成,利用几个开关的闭合或断开,可以得到各种电阻值。设四个电阻值均为 $R$,当 $S_1$、$S_4$ 闭合,$S_2$、$S_3$ 打开时 $R_{ab}$ 为____ ;当 $S_2$、$S_4$ 闭合,$S_1$、$S_3$ 打开时,$R_{ab}$ 为____。

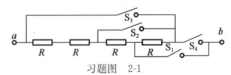

习题图　2-1

A. 2R/3R　　　　　　B. 3R/2R　　　　　　C. 3R/2.5R　　　　　　D. 4R/4R

## 二、计算题

1. 在习题图 2-2 的电路中,$E = 12V$,$R_1 = 6\Omega$,$R_2 = 3\Omega$,$R_3 = 4\Omega$,$R_4 = 3\Omega$,$R_5 = 2\Omega$,试求 $I_3$ 和 $I_4$。

2. 在习题图 2-3 中,$R_1 = R_2 = R_3 = R_4 = 300\Omega$,$R_5 = 600\Omega$,试求开关 S 断开和闭合时 $a$ 和 $b$ 之间的电阻。

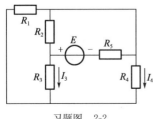

习题图　2-2

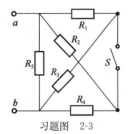

习题图　2-3

3. 习题图 2-4 所示是由电位器组成的分压电路,电位器的电阻 $R_p = 270\Omega$,两边的串联电阻 $R_1 = 350\Omega$,$R_2 = 550\Omega$。设输入电压 $U_1 = 12V$,试求输出电压 $U_2$ 的变化范围。

4. 求解习题图 2-5 所示电路中各支路电流,并计算理想电流源的电压 $U_1$。已知 $I_1 = 3A$,$R_2 = 12\Omega$,$R_3 = 8\Omega$,$R_4 = 12\Omega$,$R_5 = 6\Omega$。电压和电流的参考方向如图所示。

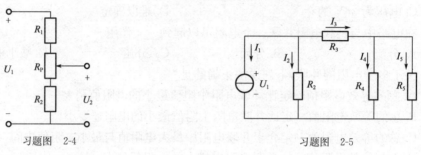

习题图 2-4　　　　　　　　　　　习题图 2-5

5. 用电压源和电流源等效转换的方法计算习题图 2-6 中 $2\Omega$ 电阻中的电流 $I$。

6. 试用支路电流法求解习题图 2-7 所示电路中各支路电流,并求三个电源的输出功率和负载电阻 $R_L$ 取用的功率。$0.8\Omega$ 和 $0.4\Omega$ 分别是两个电压源的内阻。

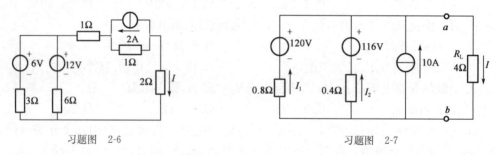

习题图 2-6　　　　　　　　　　　习题图 2-7

7. 分别用叠加原理和戴维宁定理计算习题图 2-8 中 $4\Omega$ 所在支路的电流。

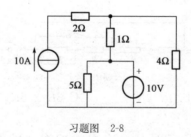

习题图 2-8

# 第3章　正弦交流电路

**基本要求：**

1. 理解正弦交流电的三要素、相位差及有效值；
2. 掌握正弦交流电的各种表示方法以及相互间的关系；
3. 掌握正弦交流条件下负载的性质及负载上电压和电流关系；
4. 掌握功率因数的概念、提高功率因数的意义以及有功功率和功率因数的计算；
5. 了解交流电路的谐振特性。

本章着重讨论和分析正弦（Sinusoid）交流电路的基本概念、基本规律，并用相量（Phasor）对正弦交流电路进行分析计算。分析正弦交流电路在串联和并联情况下，发生谐振的条件和特点。

正弦交流电路（Alternating Current Circuit），是指含有正弦电源而且电路各部分所产生的电压和电流均按正弦规律变化的电路。日常生活和生产实践中，接触的大多为正弦交流电路，如照明灯、电动机拖动等。

分析与计算正弦交流电路，与直流电路有所不同，主要是确定不同参数和不同结构的正弦交流电路中，电压与电流之间的关系和功率（Power）问题。

## 3.1　正弦交流电表示方法

### 一、正弦交流电三要素表示法

图 3-1-1 中的电压和电流的大小与方向（极性）随时间呈正弦规律变化，所以称它们为正弦交流电压和电流。

由于正弦电压和电流的方向是周期性变化的，在电路图上所标的方向是指它们的参考方向，即代表正半周时的方向。在负半周时，由于所标的参考方向与实际方向相反，则其值为负。图 3-1-1 中的虚线箭头代表电流的实际方向；⊕、⊖代表电压的实际方向（极性）。

正弦交流电压、电流和功率等物理量统称为正弦量。它的特征表现在快慢、大小及初始值三个方面，而快慢、大小及初始值分别由频率（或周期）、幅值（最大值或有效值）和初相位来确定。所以频率、幅值和初相位就称为确定正弦量的三要素。

1. 频率和周期

正弦量每秒内变化的次数称为频率（Frequency），用 $f$ 表示，它的单位是赫兹（Hz）。正弦量变化一次所需的时间称为周期,用 $T$ 表示,它的单位是秒(s)。

频率与周期互为倒数,即

$$f=\frac{1}{T} \quad T=\frac{1}{f} \tag{3-1-1}$$

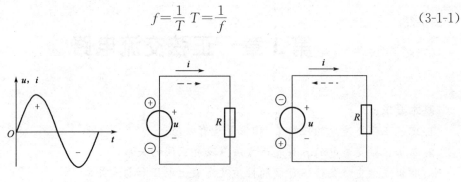

图 3-1-1　正弦电压和电流

我国工业用电的标准频率为 50 Hz(有些国家和地区,如美国、日本等采用 60 Hz),这种频率在工业上应用广泛,习惯上也称为工频。通常的交流电动机和照明负载都用这种频率。在不同的应用场合也使用不同的频率。

正弦量变化的快慢除用周期和频率表示外,在电工技术里还常用角频率(Angular Frequency) $\omega$ 来表示,如图 3-1-2 所示。角频率表示了一个周期内经历了 $2\pi$ 弧度,它的单位是弧度每秒(rad/s)。它与频率和周期的关系为

$$\omega=2\pi f=\frac{2\pi}{T} \tag{3-1-2}$$

式中: $T$、$f$、$\omega$ 都是用来表示正弦量变化快慢的参数。

**2. 幅值与有效值**

正弦量在任一瞬间的值称为瞬时值(Instantaneous Value),用小写字母来表示,如电压 $u$、电流 $i$ 和电动势 $e$。正弦量在交变过程中的最大瞬时值称为幅值(Amplitude)(或最大值),用带下标 $m$ 的大写字母来表示,如电压幅值 $U_{m}$、电流幅值 $I_{m}$ 和电动势幅值 $E_{m}$ 等。

根据图 3-1-2 的正弦波形,得出

$$i=I_{m}\sin\omega t \tag{3-1-3}$$

正弦电流、电压和电动势的大小往往不是用它们的幅值,而是常用有效值(Effective Value)来计量的。有效值的确定是根据交流电流和直流电流热效应相等的原则规定的,即交流电流的有效值是热效应与它相等的直流电流的数值。有效值用 $U$ 和 $I$ 表示,有效值与幅值的关系为

$$U_{m}=\sqrt{2}U \tag{3-1-4}$$

一般所讲的正弦电压或电流的大小,例如交流电压 380V 或 220V,都是指有效值。一般交流电流表和电压表的刻度也是根据有效值来定的。

**3. 相位和初相位**

正弦量是随时间而变化的,要确定一个正弦量还须从计时起点($t=0$)上看。所取的计时

28

起点不同,正弦量的初始值($t=0$ 时的值)就不同,到达幅值或某一特定值所需的时间也就不同。图 3-1-3 所示的正弦量表达式为

$$i=I_{\mathrm{m}}\sin(\omega t+\psi) \tag{3-1-5}$$

上式中的角度 $\omega t+\psi$ 称为正弦量的相位角或相位,它反映出正弦量变化的进程。当相位角随时间连续变化时,正弦量的瞬时值随之作连续变化。

$t=0$ 时的相位角称为初相位角或初相位(Initial Phase)。在式(3-1-3)中初相位为零;在式(3-1-5)中初相位为 $\psi$。因此,所取计时起点不同,正弦量的初相位不同,其初始值也就不同。

在一个正弦交流电路中,电压 $u$ 和电流 $i$ 的频率是相同的,但它们的初相位不一定相同,对于图 3-1-4 所示波形,电流和电压的表达式分别表示为

$$\begin{cases} u=U_{\mathrm{m}}\sin(\omega t+\psi_1) \\ i=I_{\mathrm{m}}\sin(\omega t+\psi_2) \end{cases} \tag{3-1-6}$$

它们的初相位分别为 $\psi_1$ 和 $\psi_2$。

两个同频率正弦量的相位角之差或初相位角之差,称为相位角差或相位差(Phase Difference),用 $\varphi$ 表示。在式(3-1-6)中,$u$ 和 $i$ 的相位差(Phase Difference)为

$$\varphi=(\omega t+\psi_1)-(\omega t+\psi_2)=\psi_1-\psi_2 \tag{3-1-7}$$

当两个同频率正弦量的计时起点($t=0$)改变时,它们的相位和初相位也跟着改变,但是两者之间的相位差仍保持不变。

从图 3-1-4 所示波形可以看出,$u$ 和 $i$ 的初相位不同,它们变化的步调是不一致的。图中 $\psi_1>\psi_2$,所以 $u$ 比 $i$ 先达到正的幅值。在相位上 $u$ 比 $i$ 超前 $\varphi$ 角,或者说 $i$ 比 $u$ 滞后 $\varphi$ 角。

图 3-1-5 所表示的情况是,$i_1$ 和 $i_2$ 具有相同的初相位,即相位差 $\varphi=0$,则两者同相(相位相同);而 $i_1$ 和 $i_3$ 反相(相位相反),即两者的相位差 $\varphi=180°$。

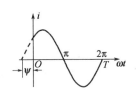
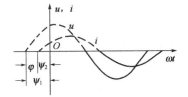
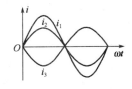

图 3-1-3　初相位不等于零的正弦形　　图 3-1-4　$u$ 和 $i$ 初相位不相等图　　图 3-1-5　正弦量的同相与反相

## 二、相量表示法

利用三角函数式来描述正弦量,如 $u=U_{\mathrm{m}}\sin(\omega t+\psi)$ 表示了正弦电压的变化规律,这种方法是正弦量的基本表示法,表达式中包含了正弦量的三要素:频率、幅值和初相位。第二种正弦量的表示方法是采用波形图的方法。但以上两种表示法均不利于正弦交流电路的分析与计算。为了便于正弦交流电路的分析与计算,用第三种表示法——相量(Phasor)来表示正弦量,而相量表示法的基础是复数,就是用复数来表示正弦量。

**1. 复数及其运算**

在一个直角坐标系中，设横轴为实轴，单位用 +1 表示；纵轴为虚轴，单位用 +j 表示，则构成复数平面。如图 3-1-6 所示的有向线段 **A**，其实部为 $a$，虚部为 $b$，于是有向线段 **A** 可用下面的复数表示为

$$\boldsymbol{A}=a+\mathrm{j}b \tag{3-1-8}$$

由图 3-1-6 可见

$$r=\sqrt{a^2+b^2}$$

是复数的大小，称为复数的模；

$$\psi=\arctan\frac{b}{a}$$

是复数与实轴正方向的夹角，称为复数的幅角。

因为

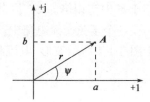

图 3-1-6　有向线段的复数表示

$$a=r\cos\psi \text{ 和 } b=r\sin\psi$$

所以

$$\boldsymbol{A}=a+\mathrm{j}b=r\cos\psi+\mathrm{j}r\cos\psi=r(\cos\psi+\mathrm{j}\sin\psi) \tag{3-1-9}$$

根据欧拉公式

$$\begin{cases} \cos\psi=\dfrac{\mathrm{e}^{\mathrm{j}\psi}+\mathrm{e}^{-\mathrm{j}\psi}}{2} \\ \sin\psi=\dfrac{\mathrm{e}^{\mathrm{j}\psi}-\mathrm{e}^{-\mathrm{j}\psi}}{2\mathrm{j}} \end{cases}$$

式(3-1-9)可写为

$$\boldsymbol{A}=r\mathrm{e}^{\mathrm{j}\psi} \tag{3-1-10}$$

或简写为

$$\boldsymbol{A}=r\;\underline{/\psi^{\circ}} \tag{3-1-11}$$

因此，一个复数可用上述几种复数式来表示。式(3-1-9)称为复数的直角坐标式；式(3-1-10)称为指数式；式(3-1-11)称为极坐标式，三者可以互相转换。复数的加减运算可用直角坐标式，复数的乘除运算可用指数式或极坐标式。

如上所述，一个有向线段可用复数来表示。如果用它来表示正弦量的话，则复数的模即为正弦量的幅值或有效值，复数的幅角即为正弦量的初相位。

**2. 相量与正弦量的关系**

为了与一般的复数相区别，我们把表示正弦量的复数称为相量，并在大写字母上打"·"。于是表示正弦电压 $u=U_\mathrm{m}\sin(\omega t+\psi)$ 的相量为

$$\dot{U}_\mathrm{m}=U_\mathrm{m}(\cos\psi+\mathrm{j}\sin\psi)=U_\mathrm{m}\mathrm{e}^{\mathrm{j}\psi}=U_\mathrm{m}\;\underline{/\psi^{\circ}} \tag{3-1-12}$$

或

$$\dot{U}=U(\cos\psi+\mathrm{j}\sin\psi)=U\mathrm{e}^{\mathrm{j}\psi}=U\;\underline{/\psi^{\circ}} \tag{3-1-13}$$

$\dot{U}_\mathrm{m}$ 是电压的幅值相量，$\dot{U}$ 是电压的有效值相量。注意，对于给定频率的正弦量，相量与这个正弦量有一一对应的关系，相量只是表示正弦量，而不是等于正弦量。图 3-1-6 中的旋转有向线段应是初始位置($t=0$ 时)有向线段，表示它的复数只是具有两个特征，即模和幅角，也就

是正弦量的幅值(或有效值)和初相位,如式(3-1-12)、式(3-1-13)所表示的那样。由于在分析线性电路时,正弦激励和响应均为同频率的正弦量,频率是已知的特定的,可不必考虑,只要求出正弦量的幅值(或有效值)和初相位即可。

按照各个同频率正弦量的大小和初始相位的有向线段画出的若干个相量的图形,称为相量图(Phasor Diagram)。在相量图(Phasor Diagram)中,可以直观地表示各个正弦量的大小和相位的超前与滞后情况。在图 3-1-7 中,电压相量 $\dot{U}$ 比电流相量 $\dot{I}$ 超前 $\varphi$ 角,也就是正弦电压 $u$ 比正弦电流 $i$ 相位角超前 $\varphi$ 角。注意,只有正弦周期量才能用相量表示,只有同频率的正弦量才能画在同一相量图上,不同频率的正弦量没有比较的意义。

3. 相量的运算

同频率的正弦量进行加、减,其结果仍是同一频率的正弦量。正弦量的和、差的相量等于各正弦量的相量相加减。

【例 3-1-1】　试写出表示

$$u_A = 220\sqrt{2}\sin 314t\ \text{V}$$

$$u_B = 220\sqrt{2}\sin(314t-120°)\text{V}$$

$$u_C = 220\sqrt{2}\sin(314t+120°)\text{V}$$

的相量,并画出相量图。

【解】　分别用有效值相量 $\dot{U}_A$、$\dot{U}_B$ 和 $\dot{U}_C$ 表示正弦电压 $u_A$、$u_B$ 和 $u_C$,则

$$\dot{U}_A = 220\ \underline{/0°} = 220\text{V}$$

$$\dot{U}_B = 220\ \underline{/-120°} = 220\left(-\frac{1}{2}-\text{j}\frac{\sqrt{3}}{2}\right)\text{V}$$

$$\dot{U}_C = 220\ \underline{/-120°} = 220\left(-\frac{1}{2}+\text{j}\frac{\sqrt{3}}{2}\right)\text{V}$$

相量图如图 3-1-8 所示。

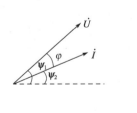

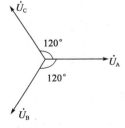

图 3-1-7　相量图　　　　　　　　　　　　　　　　图 3-1-8　例 3-1-1 图

相量图是分析正弦量的常用方法,简易方便,但要求出正弦量的大小和相位,还要使用复数运算。至于复数运算,可以把正弦量用复数表示,使三角函数的运算变换为代数运算,并能同时求出正弦量的大小和相位,这是分析正弦交流电路的主要运算方法。

# 3.2 电阻元件、电感元件与电容元件

电阻、电感、电容在电路中所反应的性质与结果有着较大的不同,特别是在交流电路中,发生的现象尤为显著。了解它们的基本性质对分析与计算正弦交流电路有着重要的意义。因此,在分析各种具有不同参数的正弦交流电路之前,先来讨论以下不同参数的元件中电压与电流的一般关系以及能量的转换问题。

## 一、电阻元件

电阻元件简称电阻。在图 3-2-1 中,$u$ 和 $i$ 的参考方向相同,根据欧姆定律可得

$$i = \frac{u}{R}$$

或 $\qquad\qquad\qquad\qquad u = Ri \qquad\qquad\qquad\qquad\qquad (3\text{-}2\text{-}1)$

反映了电阻元件上的电压与通过的电流呈正比(线性)关系。

电能全部消耗在电阻元件上,转换为热能。电阻元件是纯耗能元件。

金属导体的电阻与导体的尺寸及导体材料的导电性能有关,即

$$R = \rho \frac{l}{S} \qquad\qquad\qquad\qquad\qquad (3\text{-}2\text{-}2)$$

式中:$\rho$——电阻率,它是一个表示材料对电流起阻碍作用的物理量。

式(3-2-1)表示了电流与电压的正比关系,具有该特性的电阻称为线性电阻。其伏安特性是一条通过坐标原点的直线,如图 3-2-2 所示。因此,遵循欧姆定律的电阻称为线性电阻(Linear Resistance)。

如果电阻两端的电压与其中电流的关系不遵循欧姆定律,即电阻不是一个常数,而是随着电压与电流变动的,这种电阻就称为非线性电阻(Nonlinear Resistance)。如图 3-2-3 为一条曲线,表明此电阻不是常数,称为非线性电阻(在本书中未加以说明的电阻均为线性电阻)。

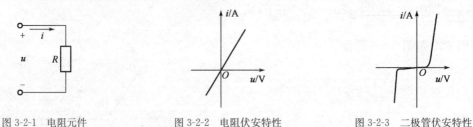

图 3-2-1 电阻元件　　　　图 3-2-2 电阻伏安特性　　　　图 3-2-3 二极管伏安特性

## 二、电感元件

电感元件简称电感,简易的电感是由导线绕制而成的。

如图 3-2-4 所示,有一个线圈,当它的磁通发生变化时,在线圈中就要产生感应电动势。根据电磁感应定律,有

$$e = -N \frac{\mathrm{d}\Phi}{\mathrm{d}t} = -\frac{\mathrm{d}\psi}{\mathrm{d}t} \qquad\qquad\qquad\qquad (3\text{-}2\text{-}3)$$

感应电动势 $e$ 的大小等于磁链 $\psi$ 的变化率。

式中：$e$——电动势，单位是伏(V)；

　　　　$\Phi$——穿过线圈的磁通，单位是伏特·秒(V·s)，通常称为韦[伯](Wb)；

　　　　$N$——线圈的匝数；

　　　　$\psi$——磁链，是 $N$ 匝线圈的磁通。

习惯上选取感应电动势的参考方向与磁通的参考方向之间符合右手螺旋定则。磁通和磁链是由于线圈中有电流通过而产生的，设线圈中无铁磁材料，则 $\psi$ 或 $\Phi$ 与电流 $i$ 成正比，即

$$\psi = N\Phi = Li$$

或

$$L = \frac{\psi}{i} = \frac{N\Phi}{i} \tag{3-2-4}$$

式中：$L$——线圈的电感，也常称为自感，它是电感元件的主要参数，其单位为亨[利](H)或毫亨[利](mH)。

将 $\psi = N\Phi = Li$ 代入式(3-2-3)，得式(3-2-5)

$$e_{L} = -L\frac{\mathrm{d}i}{\mathrm{d}t} \tag{3-2-5}$$

式中：$e_{L}$——自感电动势。

线圈的电感与线圈的尺寸、匝数以及附近的介质导磁性能等有关。例如，有一密绕的长线圈，其横截面积为 $S(\mathrm{m}^2)$，长度为 $l(\mathrm{m})$，匝数为 $N$，介质的磁导率为 $\mu(\mathrm{H/m})$，则其电感 $L$ 为

$$L = \frac{\mu S N^2}{l} \tag{3-2-6}$$

在电路中，电感是个储能元件，它不耗能。如图 3-2-5 所示线圈，忽略其自身电阻，假定各电量的参考方向符合右手螺旋定律，如图 3-2-5a)所示，则线圈产生的自感电动势方向与电流 $i$ 的参考方向一致，如图 3-2-5b)所示。

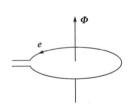

图 3-2-4　$\Phi$ 的参考方向与 $e$ 的参考方向之间
　　　　　符合右手螺旋定则

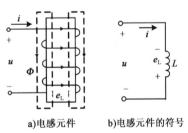

a)电感元件　　　b)电感元件的符号

图　3-2-5

根据基尔霍夫电压定律可得

$$u = -e_{L} = L\frac{\mathrm{d}i}{\mathrm{d}t} \tag{3-2-7}$$

式(3-2-7)表现出，电感元件对电流的变化呈阻碍作用的重要特性。

由式(3-2-7)可知，当电流向正值增大(即 $\frac{\mathrm{d}i}{\mathrm{d}t} > 0$)时，此时 $e_{L}$ 为负值，其实际方向与参考方向相反。此时 $e_{L}$ 要阻碍电流的增大。当电流向正值减小(即 $\frac{\mathrm{d}i}{\mathrm{d}t} < 0$)时，则 $e_{L}$ 为正值，此时其

实际方向与参考方向一致，$e_L$ 要阻碍电流的减小。由以上分析可知，当电感元件流过恒电流时，即 $\dfrac{di}{dt}=0$ 的情况下，电感产生的电动势为零，元件可视为短路。可见，自感电动势具有阻碍电流变化的性质，所以外加电压要平衡线圈中的感应电动势。

将式(3-2-7)两边积分，可得电感元件的 $u$ 与 $i$ 的关系式，即

$$i=\frac{1}{L}\int_0^t u\,dt \tag{3-2-8}$$

若对式(3-2-7)两边乘以 $i$ 并积分，则得电感元件吸收的电能 $W_L$ 为

$$W_L=\int_0^t ui\,dt=\int_0^t Li\,di=\frac{1}{2}Li^2 \tag{3-2-9}$$

式(3-2-8)和式(3-2-9)在 $t=0$ 时电感元件中通过的电流为零。式(3-2-9)表明当电感元件中的电流增大时，磁场能量增大，在此过程中电感元件从电源取用电能，并转化为磁场形式存储；当电感元件中的电流减小时，磁场能量减小，在此过程中电感元件释放其磁能。存储与释放的磁能为 $\frac{1}{2}Li^2$。因此，在上述条件下，电感元件在任何时刻所存储的磁场能将等于它所吸收的能量。

可见，电感元件是一个储能元件，它对电流的变化起阻碍作用。

### 三、电容元件

电容元件又称电容器(简称电容)，由金属板(极板)间隔以不同的材料(介质)而成的。图3-2-6是一电容器，在两极板上所储集的电荷[量]$q$ 与其上的电压 $u$ 成正比，即

$$C=\frac{q}{u} \tag{3-2-10}$$

式中：$C$——电容，是电容器的参数。

电容的单位为法[拉](F)，但法拉单位较大，在实际使用中常有微法($\mu$F)、皮法(pF)。

$$1F=10^6\,\mu F=10^{12}\,pF$$

电容器的电容与极板的尺寸及其间介质的介电常数有关。例如，有一极板间距离很小的平行板电容器，其极板面积为 $S(m^2)$，极间距离为 $d(m)$，其间介质的介电常数为 $\varepsilon(F/m)$，则其电容 $C(F)$ 为

$$C=\varepsilon\frac{S}{d} \tag{3-2-11}$$

图3-2-6 电容元件

电容器的电容性是，当极板间的电荷量 $q$ 或电压 $u$ 发生变化时，在电路中就要引起电流 $i$。假设电流、电压参考方向如图3-2-6所示，则得

$$i=\frac{dq}{dt}=C\frac{du}{dt} \tag{3-2-12}$$

当 $i=\dfrac{dq}{dt}=C\dfrac{du}{dt}>0$ 时，为电容充电储能过程；当 $i=\dfrac{dq}{dt}=C\dfrac{du}{dt}<0$ 时，为电容释放能量过程。

当电容元件两端加恒定电压时，由式(3-2-12)可知，其中电流 $i=0$，故电容元件可视作开路。

若将式(3-2-12)两边积分,得电容元件的 $u$ 与 $i$ 的关系式,即

$$u = \frac{1}{C}\int_0^t i\,\mathrm{d}t \qquad (3\text{-}2\text{-}13)$$

式(3-2-12)两边乘以 $u$ 再积分,则得电容元件吸收的电能 $W_C$ 为

$$W_C = \int_0^t ui\,\mathrm{d}t = \int_0^t Cu\,\mathrm{d}u = \frac{1}{2}Cu^2 \qquad (3\text{-}2\text{-}14)$$

式(3-2-13)和式(3-2-14)在 $t = 0$ 时电容元件上的电压或电量为零。由式(3-2-14)可以看出,电容元件上的电压增大,则电场能量增加,此过程为电容元件储能过程(充电);上式中的 $\frac{1}{2}Cu^2$ 就是极板间的电场能量。当电容元件上的电压降低时,则电场能量变少,电容元件向电源放还能量(放电)。表 3-2-1 为电阻元件、电感元件和电容元件特征表。

电阻元件、电感元件和电容元件的特征

表 3-2-1

| 特征 ＼ 元件 | 电 阻 元 件 | 电 感 元 件 | 电 容 元 件 |
|---|---|---|---|
| 电压、电流关系式 | $u=Ri$ | $u=L\dfrac{L i}{\mathrm{d}t}$ | $i=C\dfrac{\mathrm{d}u}{\mathrm{d}t}$ |
| 参数意义 | $R=\dfrac{u}{i}$ | $L=\dfrac{N\varPhi}{i}$ | $C=\dfrac{q}{u}$ |
| 能量 | $\displaystyle\int_0^t Ri^2\,\mathrm{d}t$ | $\dfrac{1}{2}Li^2$ | $\dfrac{1}{2}Cu^2$ |

注意:

(1)上表所列的电压、电流瞬时值的关系式是在 $U$ 和 $I$ 的参考方向一致的情况下得出的,否则,式中有一负号。电压电流瞬时值的关系式很重要,在后面经常用到。如有几个元件串联,在应用基尔霍夫电压定律时将电压相加即可。例如 RLC 串联电路,其电压电流关系式为

$$u = Ri + L\frac{\mathrm{d}i}{\mathrm{d}t} + \frac{1}{C}\int i\,\mathrm{d}t$$

(2)本章所讲的都是线性元件。$R$、$L$ 和 $C$ 都是常数,即相应的 $u$ 和 $i$,$\varPhi$ 和 $i$ 及 $q$ 和 $u$ 之间都是线性关系。

## 3.3　单一元件的交流电路

电路分析是确定电路中电压与电流关系及能量的转换问题。本节从电阻、电感、电容两端电压与电流一般关系式入手,介绍在正弦交流电路中这些理想元件的电压与电流之间的关系及能量转换问题,为分析交流电路奠定基础。分析各种正弦交流电路时,首先掌握单一参数(电阻、电感和电容)元件电路中电压与电流之间的关系,因为复杂的电路是一些单一参数元件的组合。

### 一、电阻元件

图 3-3-1a)是电阻元件(Resistor)的交流电路。

电压 $u$ 和 $i$ 电流的参考方向如图所示。两者的关系由欧姆定律确定,即

$$u = Ri$$

为了分析方便起见,选择电流经过零值并将向正值增加的瞬间作为计时起点($t = 0$),即设

$$i = I_{\mathrm{m}} \sin\omega t$$

为参考正弦量,则

$$u = Ri = RI_{\mathrm{m}} \sin\omega t = U_{\mathrm{m}} \sin\omega t \qquad (3\text{-}3\text{-}1)$$

可见,$u$ 和 $i$ 是两个同频率的正弦量,它们之间的相位差为 0°(即 $\varphi = 0$)。

**1. 电压与电流的关系**

(1)频率、相位关系

在电阻元件的交流电路中,电流和电压相位相同(即 $\varphi = 0$)、同频率。表示电压和电流的正弦波形如图 3-3-1b)所示。

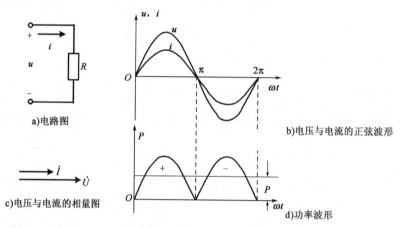

a)电路图

b)电压与电流的正弦波形

c)电压与电流的相量图

d)功率波形

图 3-3-1　电阻元件的交流电路

(2)电压与电流大小关系:最大值与有效值

在式(3-3-1)中

$$U_{\mathrm{m}} = RI_{\mathrm{m}}$$

或

$$\frac{U_{\mathrm{m}}}{I_{\mathrm{m}}} = \frac{U}{I} = R \qquad (3\text{-}3\text{-}2)$$

式(3-3-2)表明:在电阻元件的正弦交流电路中,电压的幅值、有效值与电流的幅值、有效值之比为电阻的阻值 $R$,符合欧姆定律关系。

(3)相量表示式

$$\dot{U} = U\mathrm{e}^{\mathrm{j}0°} \qquad \dot{I} = I\mathrm{e}^{\mathrm{j}0°}$$

$$\frac{\dot{U}}{\dot{I}} = \frac{U}{I}\mathrm{e}^{\mathrm{j}0°} = R$$

或

$$\dot{U} = R\dot{I} \qquad (3\text{-}3\text{-}3)$$

式(3-3-3)是欧姆定律的相量表示式。电压和电流的相量图如图 3-3-1c)所示。

**2. 功率关系**

因为在任意时刻电路中的电压和电流是随时间变化的,所以在不同时刻电阻上的功率是不同的。任意时刻的功率称为瞬时功率(Instantaneous Power),用 $p$ 表示,它等于电压瞬时值 $u$ 与电流瞬时值 $i$ 的乘积。

$$p = p_R = ui = U_m I_m \sin^2 \omega t = \frac{U_m I_m}{2}(1 - \cos^2 \omega t) = UI(1 - \cos 2\omega t) \tag{3-3-4}$$

由式(3.3.4)可见,在电阻元件的正弦交流电路中,电阻上的功率由两部分组成:$UI$(常数量)和 $UI\cos 2\omega t$(随时间变化的量)。$p$ 的波形图如图 3-3-1d)所示。

一个完整周期内瞬时功率的平均值(Average Value),称为平均功率,用 $P$ 表示,则

$$P = \frac{1}{T}\int_0^T p\,\mathrm{d}t = \frac{1}{T}\int_0^T UI(1 - \cos 2\omega t)\,\mathrm{d}t = UI = RI^2 = \frac{U^2}{R} \tag{3-3-5}$$

式(3-3-5)表明,在电阻元件的正弦交流电路中,电阻上的平均功率是电压有效值和电流有效值的乘积。

一个完整周期内瞬时功率的积分,即为一个周期内电能转换成的热量,用 $W$ 表示,则

$$W = \int_0^T p\,\mathrm{d}t$$

通常用下式计算电能

$$W = Pt$$

**【例 3-3-1】**　把一个 $100\Omega$ 的电阻元件接到频率为 $50\mathrm{Hz}$,电压有效值为 $10\mathrm{V}$ 的正弦电源上,问电流是多少? 如保持电压值不变,而电源频率改变为 $5\mathrm{kHz}$,这时电流将为多少?

**【解】**　因为电阻与频率无关,所以电压有效值保持不变时,电流有效值相等,即

$$I = \frac{U}{R} = \frac{10}{100}\mathrm{A} = 0.1\mathrm{A} = 100\mathrm{mA}$$

## 二、电感元件

电感元件(Inductor)的交流电路分析主要从两个方面:一是分析电路中电压与电流的关系;二是讨论功率情况。

图 3-3-2a)为电感元件的交流电路。

假设该电感元件只具有电感 $L$,其电阻 $R$ 忽略不计。

设在电感线圈中通过交流电流 $i$ 时,则在电感线圈中会产生自感电动势 $e_L$,设 $u$、$i$ 和 $e_L$ 的参考方向如图 3-3-2a)所示,则根据基尔霍夫电压定律得

$$u = -e_L = L\frac{\mathrm{d}i}{\mathrm{d}t}$$

设电流为参考正弦量,即

$$i = I_m \sin \omega t \tag{3-3-6}$$

$$u = L\frac{\mathrm{d}(I_m \sin \omega t)}{\mathrm{d}t} = \omega L I_m \cos \omega t = \omega L I_m \sin(\omega t + 90°) = U_m \sin(\omega t + 90°) \tag{3-3-7}$$

1. 电压与电流的关系

(1)频率、相位关系

从式(3-3-6)和式(3-3-7)可以看出，$u$、$i$ 和 $e$ 是两个同频率的正弦量，在相位上 $u$ 比 $i$ 超前 $90°$（相位差 $\varphi = +90°$）。

表示电压和电流的正弦波形如图 3-3-2b)所示。

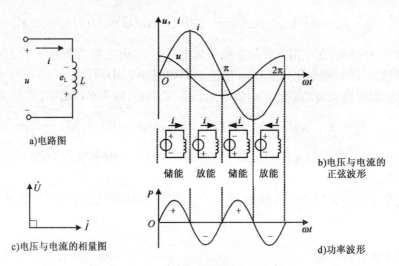

a)电路图

储能 放能 储能 放能

b)电压与电流的正弦波形

c)电压与电流的相量图

d)功率波形

图 3-3-2 电感元件的交流电路

(2)大小关系：最大值与有效值

在式(3-3-7)中

$$U_m = \omega L I_m$$

或

$$\frac{U_m}{I_m} = \frac{U}{I} = \omega L \tag{3-3-8}$$

式(3-3-8)表明：在电感元件的正弦交流电路中，电压的幅值（或有效值）与电流的幅值（或有效值）之比为 $\omega L$。显然，它的单位仍然是欧[姆]。当电压 $U$ 一定时，$\omega L$ 愈大，则电流 $I$ 越小，可见它对交流电流起阻碍作用，所以称为感抗（Inductive Reactance），用 $X_L$ 表示，即

$$X_L = \omega L = 2\pi f L \tag{3-3-9}$$

感抗（Inductive Reactance）$X_L$ 与电感 $L$、频率 $f$ 成正比。因此，电感元件对直流不起阻碍作用（$X_L = 0$），对高频电流的阻碍作用很大。

(3)相量关系

如果采用正弦相量表示电压与电流的关系，则为

$$\dot{U} = U e^{j90°} \qquad \dot{I} = I e^{j0°}$$

$$\frac{\dot{U}}{\dot{I}} = \frac{U}{I} e^{j90°} = jX_L$$

或

$$\dot{U} = jX_L \dot{I} = j\omega L \dot{I} \tag{3-3-10}$$

式(3-3-10)表示电压的有效值等于电流的有效值与感抗（Inductive Reactance）的乘积，而

在相位上电压比电流超前 90°。电压和电流的相量图如图 3-3-2c)所示。

### 2.功率关系

在电感元件的正弦交流电路中,瞬时功率 $p$ 也是随时间变化的。

$$p = p_L = ui = U_m I_m \sin\omega t \sin(\omega t + 90°)$$

$$= U_m I_m \sin\omega t \cos\omega t = \frac{U_m I_m}{2}\sin 2\omega t = UI\sin 2\omega t \qquad (3\text{-}3\text{-}11)$$

由式(3-3-11)可见,$p$ 是一个幅值为 $UI$,并以 $2\omega$ 的角频率随时间而变化的交变量,$p$ 的波形图如图 3-3-2d)所示。由波形可见,在第一个和第三个 $\frac{1}{4}$ 周期内,$p$ 是正的($u$ 和 $i$ 正负相同),电感元件从电源取用电能;在第二个和第四个 $\frac{1}{4}$ 周期内,$p$ 是负的($u$ 和 $i$ 正负相反),电感元件把电能归还电源。

电感元件的正弦交流电路的平均功率指在一个完整周期内瞬时功率的平均值,用 $P$ 表示,则

$$P = \frac{1}{T}\int_0^T p\,dt = \frac{1}{T}\int_0^T UI\sin 2\omega t\,dt = 0 \qquad (3\text{-}3\text{-}12)$$

式(3-3-12)表明,在电感元件的正弦交流电路中,电感上的平均功率为零。也就是说,在整个周期内它没有能量的消耗,只有电源与电感元件的能量互换。为了衡量这种能量来回互换的规模,我们用无功功率 $Q$ 来表述。我们规定无功功率等于瞬时功率 $p_L$ 的幅值

$$Q = UI = I^2 X_L$$

式中:$Q$——无功功率值,它反映了能量互换的规模,其单位是乏(var)或千乏(kvar)。

应当指出,电感元件和后面将要讲的电容元件都是储能元件,它们与电源间进行能量互换是工作所需。这对电源来说也是一种负担。但对储能元件本身没有消耗能量,故将往返于电源与储能元件之间的功率命名为无功功率(Reactive Power)。与无功功率相对应,平均功率又称为有功功率(Active Power)。

【例 3-3-2】 已知 $L = 0.1\text{H}$,$u = 10\sqrt{2}\sin(\omega t + 30°)\text{V}$,当 $f_1 = 50\text{Hz}$,$f_2 = 5\,000\text{Hz}$ 时,求 $X_L$ 及 $I$,并画出 $U$、$I$ 相量图。

【解】 $X_{L1} = 2\pi f_1 L = 31.4\Omega$

$$\dot{I}_1 = \frac{\dot{U}}{jX_{L1}} = \frac{10\angle 30°}{j31.4}\text{A} = 0.318\angle -60°\text{ A}$$

$X_{L2} = 2\pi f_2 L = 3\,140\Omega$

$$\dot{I}_2 = \frac{\dot{U}}{jX_{L2}} = \frac{10\angle 30°}{j3\,140}\text{A} = 0.003\,18\angle -60°\text{ A}$$

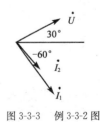

图 3-3-3  例 3-3-2 图

## 三、电容元件

图 3-3-4a)为电容元件(Capacitor)的交流电路。电路中的电流 $i$ 和电容器两端的电压 $u$ 的参考方向如图中所示。

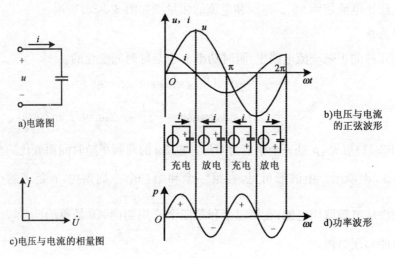

a)电路图

b)电压与电流的正弦波形

c)电压与电流的相量图

d)功率波形

图 3-3-4　电容元件的交流电路

根据电容元件上电流 $i$ 和电压 $u$ 的关系式，即

$$i = \frac{\mathrm{d}q}{\mathrm{d}t} = C\frac{\mathrm{d}u}{\mathrm{d}t}$$

设电压为参考正弦量，即

$$u = U_\mathrm{m}\sin\omega t \tag{3-3-13}$$

则 $i = C\dfrac{\mathrm{d}(U_\mathrm{m}\sin\omega t)}{dt} = \omega CU_\mathrm{m}\cos\omega t = \omega CU_\mathrm{m}\sin(\omega t + 90°) = I_\mathrm{m}\sin(\omega t + 90°)$ \hfill (3-3-14)

### 1. 电压与电流的关系

（1）频率、相位关系

从式（3-3-13）和式（3-3-14）可以看出，$u$ 和 $i$ 是两个同频率的正弦量，在相位上 $i$ 比 $u$ 超前 90°（相位差 $\varphi = -90°$）。规定：当电流比电压滞后时，其相位差 $\varphi$ 为正；当电流比电压超前时，其相位差 $\varphi$ 为负。这样的规定是为了便于说明电路是电感性的还是电容性的。

（2）大小关系：最大值与有效值

表示电压和电流的正弦波形如图 3-3-4b）所示。

在式（3-3-14）中

$$I_\mathrm{m} = \omega CU_\mathrm{m} \tag{3-3-15}$$

或

$$\frac{U_\mathrm{m}}{I_\mathrm{m}} = \frac{U}{I} = \frac{1}{\omega C}$$

上式表明：在电容元件的正弦交流电路中，电压的幅值（或有效值）与电流的幅值（或有效值）之比为 $\dfrac{1}{\omega C}$。显然，它的单位仍然是欧［姆］。当电压 $U$ 一定时，$\dfrac{1}{\omega C}$ 越大，则电流 $I$ 越小，可见它对交流电流起阻碍作用，所以称为容抗（Capacitive Reactance），用 $X_C$ 表示，即

$$X_C = \frac{1}{\omega C} = \frac{1}{2\pi fC} \tag{3-3-16}$$

容抗(Capacitive Reactance)$X_C$ 与电容 $C$、频率 $f$ 成反比。因此,电容元件对直流($f = 0$)起阻断作用($X_C = \infty$),对高频电流的阻碍作用因其容抗很小会很弱,而对直流所呈现的容抗趋于无穷大,故可视为开路。

(3)相量关系

如果采用正弦相量表示电压与电流的关系,则为

$$\dot{U} = U e^{j0°}$$

$$\dot{I} = I e^{j90°}$$

$$\frac{\dot{U}}{\dot{I}} = \frac{U}{I} e^{-j90°} = -jX_C$$

或

$$\dot{U} = -jX_C \dot{I} = -j\frac{\dot{I}}{\omega C} = \frac{\dot{I}}{j\omega C} \tag{3-3-17}$$

上式表示电压的有效值等于电流的有效值与容抗的乘积,而在相位上电压滞后电流 $90°$。电压和电流的相量图如图 3-3-4c)所示。

2. 功率关系

在电容元件的正弦交流电路中,瞬时功率 $p$ 也是随时间变化的。

$$p = p_C = ui = U_m I_m \sin \omega t \sin(\omega t + 90°)$$

$$= U_m I_m \sin \omega t \cos \omega t = \frac{U_m I_m}{2} \sin 2\omega t = UI \sin 2\omega t \tag{3-3-18}$$

由上式可见,$p$ 是一个幅值为 $UI$,并以 $2\omega$ 的角频率随时间而变化的交变量,$p$ 的波形图如图 3-3-4d)所示。由波形可见,在第一个和第三个 $\frac{1}{4}$ 周期内,$p$ 是正的($u$ 和 $i$ 正负相同),电容元件从电源取用电能;在第二个和第四个 $\frac{1}{4}$ 周期内,$p$ 是负的($u$ 和 $i$ 正负相反),电容元件把电能归还电源。

电容元件的正弦交流电路的平均功率指在一个完整周期内瞬时功率的平均值,用 $P$ 表示,则

$$P = \frac{1}{T} \int_0^T p \, dt = \frac{1}{T} UI \sin 2\omega t \, dt = 0 \tag{3-3-19}$$

上式表明,在电容元件的正弦交流电路中,电容上的平均功率为零。也就是说,在整个周期内它没有能量的消耗,只有电源与电容元件的能量互换。能量互换的规模,用无功功率 $Q$ 来表述。我们规定无功功率等于瞬时功率 $p_C$ 的幅值。

为了同电感元件电路的无功功率相比较,我们也设电流

$$i = I_m \sin \omega t$$

为参考正弦量,则

$$u = U_m \sin(\omega t - 90°)$$

于是得出瞬时功率

$$p = p_C = ui = -UI \sin 2\omega t$$

由此可见,电容元件的功率

$$Q = -UI = -I^2 X_C$$

即电容性无功功率取负值,而电感性无功功率取正值,以示区别。

**【例 3-3-3】** 把一只 $25\mu F$ 的电容元件接到频率为 50 Hz,电压有效值为 180 V 的正弦电源上,求通过电容的电流和无功功率是多少? 若电源频率改变为 1 000 Hz,求此时通过电容的电流和无功功率。

**【解】** 由式(3-3-16)求得

当 $f=50\mathrm{Hz}$ 时

$$X_C = \frac{1}{\omega C} = \frac{1}{2\pi fc} = \frac{1}{2 \times 3.14 \times 50 \times 25 \times 10^{-6}}\Omega = 127.4\Omega$$

$$I = \frac{U}{X_C} = \frac{180}{127.4}\mathrm{A} = 1.41\mathrm{A}$$

$$Q = -UI = -180 \times 1.41\mathrm{var} = -253.8\mathrm{var}$$

当 $f=1\,000\mathrm{Hz}$ 时

$$X_C = \frac{1}{\omega C} = \frac{1}{2\pi fc} = \frac{1}{2 \times 3.14 \times 1\,000 \times 25 \times 10^{-6}}\Omega = 6.37\Omega$$

$$I = \frac{U}{X_C} = \frac{180}{6.37}\mathrm{A} = 28.26\mathrm{A}$$

$$Q = -UI = -180 \times 28.26\mathrm{var} = -5\,086.8\mathrm{var}$$

可见,在电压有效值一定时,电源频率越高,则通过电容元件的电流有效值越大,与电源交换功率的规模也越大。电容具有阻直通交的作用。

通过以上分析,我们了解了三种电路元件 $R,L,C$ 在正弦交流电路中的作用和性质。为了便于比较和记忆,现将它们各自的作用和性质列于表 3-3-1。

单一参数正弦交流电路的分析计算小结 表 3-3-1

| 参数 | 电路图 | 基本关系 | 阻抗 | 电压、电流关系 | | | | 功 率 | |
| --- | --- | --- | --- | --- | --- | --- | --- | --- | --- |
| | | | | 瞬时值 | 有效值 | 相量图 | 相量式 | 有功 | 无功 |
| $R$ | | $u=iR$ | $R$ | 设 $i=\sqrt{2}I\sin\omega t$<br>则 $u=\sqrt{2}U\sin\omega t$ | $U=IR$ | | $\dot{U}=\dot{I}R$ | $UI$<br>$I^2R$ | $0$ |
| $L$ | | $u=L\dfrac{di}{dt}$ | $jX_L$ | 设 $i=\sqrt{2}I\sin\omega t$<br>则 $u=\sqrt{2}I\omega L\sin$<br>$(\omega t+90°)$ | $U=IX_L$<br>$X_L=\omega L$ | | $\dot{U}=j\dot{I}X_L$ | $0$ | $UI$<br>$I^2X_L$ |
| $C$ | | $i=C\dfrac{du}{dt}$ | $-jX_C$ | 设 $i=\sqrt{2}I\sin\omega t$<br>则 $u=\sqrt{2}I/\omega C$<br>$\sin(\omega t-90°)$ | $U=IX_C$<br>$X_C=1/\omega C$ | | $\dot{U}=$<br>$-j\dot{I}X_C$ | $0$ | $-UI$<br>$-I^2X_C$ |

## 3.4　正弦交流电路分析

图 3-4-1a)是电阻、电感与电容元件串联的交流电路。电路的各元件通过同一电流 $i$。电流与各个电压的参考方向如图所示。用前面所得的结果来分析这种电路。

根据基尔霍夫电压定律可列出

$$u = u_R + u_L + u_C \qquad (3\text{-}4\text{-}1)$$

设

$$i = I_m \sin\omega t$$

为参考正弦量,如果将电压 $u_R$、$u_L$、$u_C$ 用相量 $\dot{U}_R$、$\dot{U}_L$、$\dot{U}_C$ 来表示,则相量相加即可得出电源电压 $u$ 的相量 $\dot{U}$,如图 3-4-1b)所示。由电压 $\dot{U}$、$\dot{U}_R$ 和($\dot{U}_L + \dot{U}_C$)所组成的直角三角形,称为电压三角形。利用这个电压三角形,可求得电源电压的有效值,即

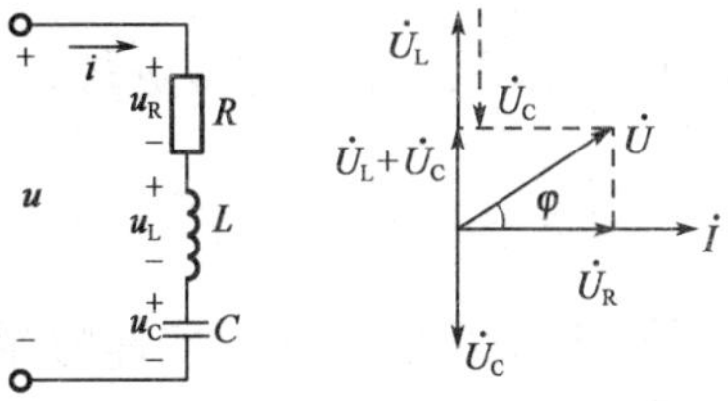

图 3-4-1　电阻、电感与电容元件串联的交流电路

$$U = \sqrt{U_R^2 + (U_L - U_C)^2} = \sqrt{(RI)^2 + (X_L I - X_C I)^2} = I\sqrt{R^2 + (X_L - X_C)^2}$$

也可以写为

$$\frac{U}{I} = \sqrt{R^2 + (X_L - X_C)^2} \qquad (3\text{-}4\text{-}2)$$

由上式可见,这种电路中电压与电流的有效值(幅值)之比为 $\sqrt{R^2 + (X_L - X_C)^2}$。它的单位仍然是欧姆,具有对交流电流起阻碍作用的性质,我们把它称为电路的阻抗模,用 $|Z|$ 表示,即

$$|Z| = \sqrt{R^2 + (X_L - X_C)^2} = \sqrt{R^2 + \left(\omega L - \frac{1}{\omega C}\right)^2} \qquad (3\text{-}4\text{-}3)$$

可见 $|Z|$、$R$、($X_L - X_C$)三者之间的关系也可用一个直角三角形——阻抗(Impedance)三角形(如图 3-4-3 所示)来表示。

电源电压 $u$ 与电流 $i$ 之间相位差为 $\varphi$ 也可从电压三角形得出,即

$$\varphi = \arctan\frac{U_L - U_C}{U_R} = \arctan\frac{X_L - X_C}{R} \qquad (3\text{-}4\text{-}4)$$

故阻抗模 $|Z|$、电阻 $R$、感抗 $X_L$ 及容抗 $X_C$ 不仅表示了电压 $u$ 及其分量 $u_R$、$u_L$、$u_C$ 与电流 $i$ 之间的大小关系,而且也表示了它们之间的相位关系。随着电路参数的不同,电压 $u$ 与电流 $i$ 之间相位差为 $\varphi$ 也就不同。因此,$\varphi$ 角正负和大小是由电路(负载)的参数决定的。

由式(3-4-4)看来,在频率一定时,不仅相位差 $\varphi$ 的大小决定于电路的参数,而且电流是滞后还是超前于电压,也与电路的参数有关。

如果 $X_L > X_C$,即 $\varphi > 0$,则在相位上,电流 $i$ 比电压 $u$ 滞后 $\varphi$ 角,这种电路是电感性的。

如果 $X_L < X_C$,即 $\varphi < 0$,则在相位上,电流 $i$ 比电压 $u$ 超前 $\varphi$ 角,这种电路是电容性的。

如果 $X_L = X_C$,即 $\varphi = 0$,则在相位上,电流 $i$ 比电压 $u$ 同相位,这种电路是电阻性的。

如果用相量(Phasor)式表示电压与电流的关系,则为

$$\dot{U} = \dot{U}_R + \dot{U}_L + \dot{U}_C = R\dot{I} + jX_L\dot{I} - jX_C\dot{I} = [R + j(X_L - X_C)]\dot{I}$$

此即为基尔霍夫电压定律的相量表示式。

将上式写成

$$\frac{\dot{U}}{\dot{I}} = R + j(X_L - X_C) \tag{3-4-5}$$

式中:$R + j(X_L - X_C)$ 称为电路的阻抗,用大写的 $Z$ 表示,即

$$Z = \frac{\dot{U}}{\dot{I}} = R + j(X_L - X_C) = \sqrt{R^2 + (X_L - X_C)^2}\, e^{j\arctan\frac{X_L - X_C}{R}} = |Z|\, e^{j\varphi} \tag{3-4-6}$$

由上式可见,阻抗的实部为"阻",虚部为"抗",它表示了电路的电压与电流之间的关系,既表示了大小关系(反映在阻抗模 $|Z|$),又表示了相位关系(反映在辐角 $\varphi$)。

阻抗的辐角 $\varphi$ 即为电流与电压的相位差。对电感性电路($X_L > X_C$),$\varphi$ 为正;对电容性电路($X_L < X_C$),$\varphi$ 为负;对电阻性电路($X_L = X_C$),$\varphi$ 为零。

注意:阻抗不是一个相量,而是一个复数计算量。

图 3-4-2 是利用电压与电流的相量和阻抗来表示的 RLC 串联电路。

下面我们讨论 RLC 串联电路的功率情况。先由电压 $u$ 与电流 $i$ 找出瞬时功率来,即

$$p = ui = U_m I_m \sin(\omega t + \varphi)\sin\omega t$$
$$= UI\cos\varphi - UI\cos(2\omega t + \varphi)$$

由上式可见,该功率有两部分。由于电阻元件上要消耗电能,相应的平均功率(有功功率)为

$$P = U_R I = RI^2 = UI\cos\varphi \tag{3-4-7}$$

电感和电容元件上要和电源交换能量,相应的无功功率(能量交换规模)为

$$Q = U_L I - U_C I = (U_L - U_C)I = I^2(X_L - X_C) = UI\sin\varphi \tag{3-4-8}$$

式(3-4-7)和式(3-4-8)为计算正弦交流电路中平均功率(有功功率)和无功功率的一般公式。

式(3-4-7)中的 $\cos\varphi$ 称为功率因数(Power Factor)。在电路电压和电流一定的情况下,$\cos\varphi$ 的大小决定其有功功率和无功功率,而 $\cos\varphi$ 是由电路参数决定的,即

$$\cos\varphi = \frac{R}{|Z|} = \frac{R}{\sqrt{R^2 + (X_L - X_C)^2}} \tag{3-4-9}$$

在交流电路中,电路电压与电流有效值的乘积称作为视在功率(Apparent Power),即

$$S = UI = |Z|\, I^2 \tag{3-4-10}$$

它一般不等于有功功率。

交流电气设备是按照规定了的额定电压 $U_N$ 和额定电流 $I_N$ 来设计和使用的,变压器的容量就是以额定电压和额定电流的乘积,即额定视在功率(Apparent Power)表示的。

$$S = U_N I_N$$

视在功率(Apparent Power)的单位是伏·安(V·A)或千伏·安(kV·A)。

由于平均功率 $P$、无功功率 $Q$ 和视在功率 $S$ 三者所代表的意义不同,为了区别起见,各采

用不同的单位。

这三个功率之间有一定的关系,即

$$S=\sqrt{P^2+Q^2}$$

显然,它们可以用一个直角三角形——功率三角形来表示。

功率、电压和阻抗三角形是相似的,现在把它们同时表示在图 3-4-3 中。引出这三个三角形的目的,主要是为了帮助分析与记忆。

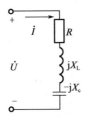

图 3-4-2　用相量和阻抗表示的电路

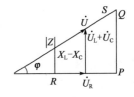

图 3-4-3　功率、电压、阻抗三角形

注意:有功功率 $P$、无功功率 $Q$ 和视在功率 $S$ 都不是正弦量,它们不能用相量表示。

【例 3-4-1】　在电阻、电感、电容元件相串联的电路中,已知 $R=30\Omega$,$L=127\text{mH}$,$C=40\mu\text{F}$,电源电压 $u=220\sqrt{2}\sin(314t+20°)\text{V}$。

(1)求感抗、容抗和阻抗模;

(2)求电流的有效值 $I$ 与瞬时值 $i$ 的表达式;

(3)求各部分电压的有效值与瞬时值的表达式;

(4)作相量图;

(5)求功率 $P$ 和 $Q$。

【解】　(1)$X_L=\omega L=(314\times127\times10^{-3})\Omega\approx40\Omega$

$$X_C=\frac{1}{\omega C}=\frac{1}{314\times(40\times10^{-6})}\Omega\approx80\Omega$$

$$|Z|=\sqrt{R^2+(X_L-X_C)^2}=\sqrt{30^2+40^2}\Omega=50\Omega$$

(2)$I=\dfrac{U}{|Z|}=\dfrac{220}{50}\text{A}=4.4\text{A}$

$$\varphi=\arctan\frac{X_L-X_C}{R}=\arctan\left(\frac{40-80}{30}\right)°=-53°(电容性)$$

$$i=4.4\sqrt{2}\sin(314t+20°+53°)\text{A}=4.4\sqrt{2}\sin(314t+73°)\text{A}$$

(3)$U_R=RI=(30\times4.4)\text{V}=132\text{V}$

$$u_R=132\sqrt{2}\sin(314t+73°)\text{V}$$

$$U_L=X_L I=(40\times4.4)\text{V}=176\text{V}$$

$$u_L=176\sqrt{2}\sin(314t+73°+90°)\text{V}=176\sqrt{2}\sin(314t+163°)\text{V}$$

$$U_C=X_C I=(80\times4.4)\text{V}=352\text{V}$$

$$u_C=352\sqrt{2}\sin(314t+73°-90°)\text{V}$$

$$=352\sqrt{2}\sin(314t-17°)\text{V}$$

显然 $U \neq U_R + U_L + U_C$

(4)相量图如图 3-4-4 所示。

(5) $P = UI\cos\varphi = [220 \times 4.4 \times \cos(-53°)]W$

$\qquad = (220 \times 4.4 \times 0.6)W = 580.8W$

$Q = UI\sin\varphi = [220 \times 4.4 \times \sin(-53°)]var$

$\qquad = [220 \times 4.4 \times (-0.8)]var = -774.4var(电容性)$

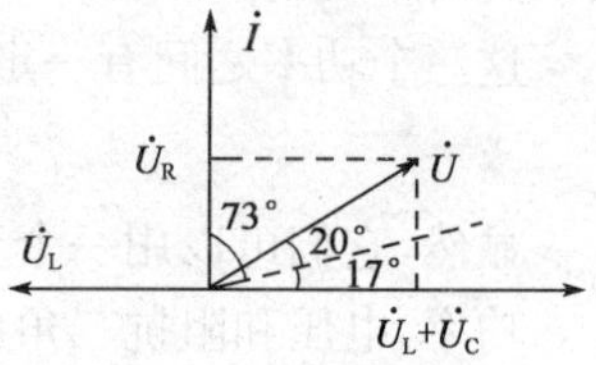

图 3-4-4　例 3-4-1 的图

# 3.5 谐 振 电 路

在含有电阻、电感和电容的交流电路中,电路两端电压与其电流一般是不同相的,若调节电路参数或电源频率使电流与电源电压同相,电路呈电阻性,我们称这时电路的工作状态为谐振。

谐振现象是正弦交流电路的一种特定现象,它在电子和通信工程中得到广泛应用,但在电力系统中,发生谐振有可能破坏系统的正常工作,我们应设法预防。

发生在串联电路中称为串联谐振(Series Resonance),发生在并联电路中称为并联谐振(Parallel Resonance)。下面我们着重分析电路发生谐振的条件和特征及其谐振电路的频率特性。

## 一、串联谐振(Series Resonance)

在 3.4 节中已经提到,在 $R$、$L$、$C$ 元件串联的电路中[图 3-4-1a)],当

$$X_L = X_C \quad 或 \quad 2\pi fL = \frac{1}{2\pi fC} \tag{3-5-1}$$

则

$$\varphi = \arctan\frac{X_L - X_C}{R} = 0$$

即电源电压 $u$ 与电路中的电流 $i$ 同相位,电路发生了谐振。因为发生在串联电路中,所以称为串联谐振。

式(3-5-1)是发生串联谐振的条件,并由此得出谐振频率(Resonance Frequency)

$$f = f_0 = \frac{1}{2\pi\sqrt{LC}} \tag{3-5-2}$$

可见只要调节 $L$、$C$ 或电源频率 $f$ 都能使电路发生谐振,且谐振频率只与电路的 $L$、$C$ 参数有关,与 $R$ 无关。

串联谐振具有下列特征:

(1)电路的阻抗模 $|Z| = \sqrt{R^2 + (X_L - X_C)^2} = R$,纯电阻,其值最小。

(2)当电源电压是定值时,电路中的电流在谐振时达到最大值,即

$$I = I_0 = \frac{U}{R}$$

称为谐振电流,在图 3-5-1 中分别画出了阻抗模和电流等随频率变化的曲线。

(3)由于电源电压与电路中电流同相($\varphi_0 = 0$),因此电路对电源呈现电阻性。电源供给电

路的能量全被电阻所消耗，电源与电路之间不发生能量的互换。能
量的互换只发生在电感线圈与电容器之间。

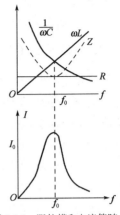

图 3-5-1　阻抗模和电流等随
频率变化的曲线

(4)由于 $X_L = X_C$，于是 $U_L = U_C$，而 $\dot{U}_L$ 与 $\dot{U}_C$ 在相位上相反，互相
抵消，对整个电路不起作用，因此电源电压 $\dot{U} = \dot{U}_R$，如图 3-5-2 所示。

但是，$U_L$ 与 $U_C$ 的单独作用不容忽视，因为

$$\begin{cases} U_L = X_L I = X_L \dfrac{U}{R} \\ U_C = X_C I = X_C \dfrac{U}{R} \end{cases} \tag{3-5-3}$$

当 $X_L = X_C > R$ 时，$U_L$ 与 $U_C$ 都高于电源电压 $U$。如果电源电压
过高时，可能会击穿线圈和电容器的绝缘。因此，在电力工程中一般应
避免发生串联谐振。但在无线电工程中则常利用串联谐振以获得较高
电压，电容或电感元件上的电压常高出电源电压几十倍或几百倍。

因为串联谐振时 $U_L$ 和 $U_C$ 可能超过电源电压 $U$ 许多倍，所以串联谐振也称电压谐振。

$U_L$ 或 $U_C$ 与电源电压 $U$ 的比值，通常用 $Q$ 来表示

$$Q = \frac{U_L}{U} = \frac{U_C}{U} = \frac{IX_L}{IR} = \frac{IX_C}{IR} = \frac{\omega_0 L}{R} = \frac{L}{\omega_0 CR} \tag{3-5-4}$$

式中：$Q$——电路的品质因数（Quality Factor）或简称 $Q$ 值，在式(3-5-4)中它的意义是表示在
谐振时电容或电感元件上的电压是电源电压的 $Q$ 倍。例如，$Q = 100$，$U = 5\text{V}$，那
么在谐振时电容或电感元件上的电压就高达 $500\text{V}$。

串联谐振在无线电工程中的应用较多。例如在接收机里被用来选择信号。图 3-5-3a)是
接收机里典型的输入电路。它的作用是将需要收听的信号从天线所收到的许多频率不同的信
号之中选出来，其他不需要的信号则尽量地加以抑制。

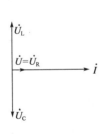

图 3-5-2　串联谐振时的相量图

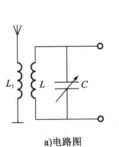

a)电路图　　　　　　b)等效电路

图 3-5-3　接收机的输入电路

输入电路的主要部分是天线线圈 $L_1$，以及由电感线圈 $L$ 与可变电容器 $C$ 组成的串联谐振
电路。天线所收到的各种频率不同的信号都会在 $LC$ 谐振电路中感应出相应的电动势 $e_1$，$e_2$，
$e_3$，$\cdots$，如图 3-5-3b)所示，图中的 $R$ 是线圈 $L$ 的电阻。改变 $C$，对所需信号频率调到串联谐振，
那么这时 $LC$ 回路中该频率的电流最大，在可变电容器两端的这种频率的电压也就较高。其
他各种不同频率的信号虽然也在接收机里出现，但由于它们没有达到谐振，在回路中引起的电
流很小。这样就起到了选择信号和抑制干扰的作用。

这里有一个选择性的问题。如图 3-5-4 所示,当谐振曲线比较尖锐时,稍有偏离谐振频率 $f_0$ 的信号就大大减弱。就是说谐振曲线越尖锐,选择性就越强。此外,也引用通频带宽度的概念。就是规定,在电流 $I$ 值等于最大值 $I_0$ 的 $70.7\%$(即 $\frac{1}{\sqrt{2}}$)处频率的上下限之间宽度称为通频带宽度,即 $\Delta f = f_2 - f_1$,通频带宽度越小,表明谐振曲线越尖锐,电路的频率选择性就越强。而谐振曲线的尖锐或平坦同 $Q$ 值有关,如图 3-5-5 所示。设电路的 $L$ 和 $C$ 值不变,只改变 $R$ 值。$R$ 值越小,$Q$ 值越大,则谐振曲线越尖锐,也就是选择性越强。这是品质因数 $Q$ 的另外一个物理意义。减小 $R$ 值,也就是减小线圈导线的电阻和电路中的各种能量损耗。

**【例 3-5-1】** 如图 3-5-3 为某收音机的接收电路,已知电感 $L = 250\mu H$,其导线电阻 $R = 20\Omega$。如果天线上接收的信号有三个,其频率分别为 $f_1 = 820\text{kHz}$,$f_2 = 620\text{kHz}$,$f_3 = 1\,200\text{kHz}$。若要接收 $f_1 = 820\text{kHz}$ 信号节目,电容器的电容 $C$ 应调到多大?

**【解】** 要收听频率为 $f_1$ 信号的节目应该使谐振电路对 $f_1$ 发生谐振,即

$$\omega_1 L = \frac{1}{\omega_1 C}$$

$$C = 150\text{pF}$$

## 二、并联谐振(Parallel Resonance)

图 3-5-6 所示的是电容器与线圈并联的电路。电路的等效阻抗为

$$Z = \frac{\frac{1}{j\omega C}(R+j\omega L)}{\frac{1}{j\omega C}+R+j\omega L} = \frac{R+j\omega L}{1+j\omega RC-\omega^2 LC}$$

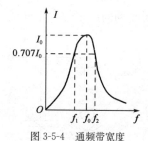

图 3-5-4 通频带宽度

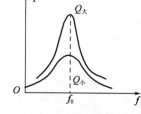

图 3-5-5 $Q$ 与谐振曲线的关系

图 3-5-6 并联电路

通常要求线圈的电阻很小,所以在一般谐振时,则上式可写成

$$Z = \frac{j\omega L}{1+j\omega RC-\omega^2 LC} = \frac{1}{\frac{RC}{L}+j(\omega C - \frac{1}{\omega L})} \tag{3-5-5}$$

由此可得其谐振频率,即将电源频率调到 $\omega_0$ 时发生谐振,这时

$$\omega_0 C - \frac{1}{\omega_0 L} \approx 0$$

即

$$\omega_0 \approx \frac{1}{\sqrt{LC}}$$

或

$$f = f_0 \approx \frac{1}{2\pi\sqrt{LC}} \tag{3-5-6}$$

与串联谐振频率近于相等。

并联谐振具有下列特征：

(1)电路的阻抗模，其值最大。

$$|Z_0| = \frac{1}{\dfrac{RC}{L}} = \frac{L}{RC}$$

(2)当电源电压是定值时，电路中的电流在谐振时达到最小值，即

$$I = I_0 = \frac{U}{\dfrac{L}{RC}} = \frac{U}{|Z|}$$

在图 3-5-7 中分别画出了阻抗模和电流随频率变化的曲线。

(3)由于电源电压与电路中电流同相($\varphi=0$)，因此电路对电源呈现电阻性。

(4)由于发生并联谐振时 $X_L \approx X_C$，于是 $I_L = I_C$，而 $\dot{I}_L$ 与 $\dot{I}_C$ 在相位上几乎相反，互相抵消，分析如下：

由图 3-5-6，并联谐振时各并联支路的电流为

$$I_1 = \frac{U}{\sqrt{R^2 + (2\pi f_0 L)^2}} \approx \frac{U}{2\pi f_0 L}$$

$$I_C = \frac{U}{\dfrac{1}{2\pi f_0 C}}$$

而

$$|Z_0| = \frac{L}{RC} = \frac{2\pi f_0 L}{R(2\pi f_0 C)} \approx \frac{(2\pi f_0 L)^2}{R}$$

当 $2\pi f_0 L \gg R$ 时

$$2\pi f_0 L \approx \frac{1}{2\pi f_0 C} \ll \frac{(2\pi f_0 L)^2}{R}$$

于是可得 $I_1 \approx I_C \gg I_0$（如图 3-5-8 所示）。由于并联谐振时，各支路电流比总电流大许多倍，因此，并联谐振也称电流谐振。$I_1$ 或 $I_C$ 与总电流 $I_0$ 的比值为电路的品种因数。

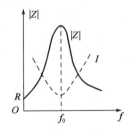

图 3-5-7　$|Z|$ 和 $I$ 的谐振曲线

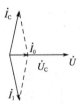

图 3-5-8　并联谐振时的相量图

$$Q = \frac{I_1}{I_0} = \frac{2\pi f_0 L}{R} = \frac{\omega_0 L}{R} = \frac{1}{\omega_0 CR} \tag{3-5-7}$$

即在谐振时，支路电流 $I_1$ 或 $I_C$ 是总电流 $I_0$ 的 $Q$ 倍，也就是谐振时电路的阻抗模为支路阻抗模的 $Q$ 倍。

这种现象在直流电路中是不会发生的。在直流电路中，并联电路的等效电阻一定小于任何一个支路的电阻，而总电流一定大于支路电流。

# 3.6 功率因数的提高

直流电路的功率等于电流与电压的乘积,但交流电路则不然。在计算交流电路的平均功率时还要考虑电压与电流间的相位差 $\varphi$,即

$$P = UI\cos\varphi$$

$$\cos\varphi = \frac{P}{UI} = \frac{P}{S} = \frac{P}{\sqrt{P^2 + Q^2}}$$

上式中的 $\cos\varphi$ 是电路的功率因数。它表示正弦交流电路中的有功功率 $P$ 在总的视在功率 $S$ 中所占的比例。

### 一、功率因数的实质

如果电路中没有储能元件 $L$ 或 $C$,那么电路中就没有无功功率 $Q$,这时电路中总的视在功率 $S$ 全都是有功功率 $P$。而从电压、电流的相位关系上看,电路中只有 $R$ 而没有 $L$ 或 $C$ 时,电流与电压同相位,即相位差 $\varphi = 0$,所以 $\cos\varphi = 1$。

反之,如果电路中 $L$ 或 $C$ 的作用较大,则电路中的无功功率 $Q$ 就大,有功功率 $P$ 在视在功率 $S$ 所占比例就小。从电压、电流的相位关系上看,由于 $L$ 或 $C$ 的"移相"作用,使电压与电流间出现较大的相位差 $\varphi$,从而使 $\cos\varphi$ 降低。

由上述分析可见,电压与电流间的相位差 $\varphi$ 和电路中的无功功率 $Q$ 之间存在着一定的内在联系。$\varphi$ 越大,$\cos\varphi$ 越小,说明在电路总的视在功率 $S$ 中,无功功率 $Q$ 所占比例较大,而有功功率 $P$ 所占比例较小;反之,$\varphi$ 越小,$\cos\varphi$ 越大,则说明电路中无功功率 $Q$ 的比例较小,而有功功率 $P$ 的比例较大。

### 二、功率因数不高的原因

功率因数不高,根本原因就是由于电感性负载的存在。例如船上最常用的异步电动机在额定负载时的功率因数约为 $0.7 \sim 0.9$,如果在轻载时其功率因数就更低。其他如电焊变压器、日光灯等负载的功率因数也都是较低的。电感性负载的功率因数之所以小于 1,是由于负载本身需要一定的无功功率。从技术经济观点出发,如何解决这个矛盾,也就是如何才能减少电源与负载之间能量的互换,而又使电感性负载能取得所需的无功功率,这就是我们所提出的要提高功率因数的实际意义。

按照供用电规则,高压供电的工业企业的平均功率因数不低于 $0.95$,其他单位不低于 $0.90$。

### 三、提高功率因数的意义

假设有一容量为 $600\text{kV} \cdot \text{A}$ 船用发电机(额定电压为 $400\text{V}$,额定频率为 $60\text{Hz}$),若全船用电负载的功率因数为 $\cos\varphi = 1$,即能发出 $600\text{kW}$ 的有功功率,发电设备的容量利用充分。若全船用电负载的功率因数为 $\cos\varphi = 0.7$,在电压电流相同时,则只能发出 $420\text{kW}$ 的有功功率。如果负载仍需 $600\text{kW}$ 的有功功率,则需要两台机组供电。

可见,当电压与电流的相位差不为零时,即功率因数不等于 1 时,电路中发生能量互换,出现无功功率 $Q=UI\sin\varphi$。这样就引起下面两个问题:

**1. 发电设备的容量不能充分利用**

由于发电机、变压器等电气设备都有一定的额定电压和额定电流值,工作时的电压和电流都不允许超过其额定值,所以当功率因数较低时,其所能输出的有功功率 $P=U_N I_N \cos\varphi$ 就较小。而电源的作用应当是将尽可能多的电能输送给负载,以转化为人们所需要的其他形式的能量。可见,电路的 $\cos\varphi$ 越低,电源的能力就越得不到有效的发挥。例如容量为 $1\,000$kV·A 的发电机,当电路的 $\cos\varphi=1$ 时就能发 $1\,000$kW 的有功功率;而当电路的 $\cos\varphi=0.7$ 时就只能发 700kW 的有功功率。

**2. 增加线路和电源内阻的功率损耗**

当电源的电压 $U$ 和输出功率 $P$ 一定时,功率因数越低,输出电流 $I$ 越大,而线路及电源内阻上的功率损耗 $\Delta P$ 则与电流 $I$ 的平方成正比,即

$$I=\frac{P}{U\cos\varphi}$$

$$\Delta P=I^2 r=\left(\frac{P^2 r}{U^2}\right)\frac{1}{\cos^2\varphi}$$

式中:$r$——电源内阻与线路电阻之和。

由上述可知,提高电网的功率因数对国民经济的发展有着极为重要的意义。功率因数的提高,能使发电设备的容量得到充分利用,同时也能使电能得到大量节约。

### 四、提高功率因数的方法

提高功率因数,常用的方法是与电感性负载并联静电电容器(设置在用户或变电所中),其电路图和相量图如图 3-6-1 所示。

注意:并联电容器以后,电感性负载的电流和功率因数均未变化,这是因为所加电压和负载参数没有改变。但电压 $u$ 和线路电流 $i$ 之间的相位差 $\varphi$ 变小了,即 $\cos\varphi$ 变大了。这里我们所讲的提高功率因数是指提高电源或电网的功率因数,而不是指提高某个电感性负载的功率因数。

在电感性负载上并联了电容器以后,减少了

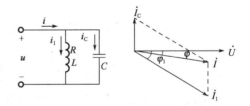

图 3-6-1　电容器与电感性负载并联以提高功率因数

电源与负载之间的能量互换。这时电感性负载所需的无功功率,大部分或全部都是就地供给(由电容器供给),就是说能量的互换现在主要或完全发生在电感性负载与电容器之间,因而使发电机容量能得到充分利用。应该注意,并联电容器以后有功功率并未改变,因为电容器是不消耗电能。

其次,由相量图可见,并联电容器以后线路电流也减小了,因而减小了功率损耗。

**【例 3-6-1】** 有一电感性负载,其功率 $P=10$kW,功率因数 $\cos\varphi_1=0.6$,接在电压 $U=220$V 的电源上,电源频率 $f=50$Hz。(1)如果将功率因数提高到 $\cos\varphi=0.95$,试求与负载并联的电容器的电容值和电容器并联前后的线路电流;(2)如要将功率因数从 0.95 再提高到 1,

试问并联电容器的电容值还需增加多少?

【解】 计算并联电容器的电容值,可从图 3-6-1 的相量图导出一个公式。由图可得

$$I_C = I_1 \sin\varphi_1 - I\sin\varphi = (\frac{P}{U\cos\varphi_1})\sin\varphi_1 - (\frac{P}{U\cos\varphi})\sin\varphi = \frac{P}{U}(\tan\varphi_1 - \tan\varphi)$$

因为

$$I_C = \frac{U}{X_C} = U\omega C$$

所以

$$U\omega C = \frac{P}{U}(\tan\varphi_1 - \tan\varphi)$$

由此得

$$C = \frac{P}{\omega U^2}(\tan\varphi_1 - \tan\varphi)$$

(1)$\cos\varphi_1 = 0.6$,即 $\varphi_1 = 53°$

$$\cos\varphi = 0.95,即 \varphi_1 = 18°$$

因此所需电容值为

$$C = \frac{10 \times 10^3}{2\pi \times 50 \times 220^2}(\tan 53° - \tan 18°)\mu F = 656\mu F$$

电容器并联前的线路电流(即负载电流)为

$$I_1 = \frac{P}{U\cos\varphi_1} = \frac{10 \times 10^3}{220 \times 0.6}A = 75.6A$$

电容器并联后的线路电流为

$$I_1 = \frac{P}{U\cos\varphi} = \frac{10 \times 10^3}{220 \times 0.95}A = 47.8A$$

(2)如要将功率因数从 0.95 再提高到 1,则需要增加的电容值为

$$C = \frac{10 \times 10^3}{2\pi \times 50 \times 220^2}(\tan 18° - \tan 0°)\mu F = 213.6\mu F$$

可见,在功率因数已经接近于 1 时再继续提高,则所需要增加的电容值是很大的,因此一般不必提高到 1。

# 习　题

## 一、选择题

1.已知一正弦电压的幅值为 10V,初相位为 60°,频率为 1 000Hz,则电压瞬时值的表达式为____。

　　A. $u = 10\sqrt{2}\sin(314t + 60°)V$　　　　　　　B. $u = 10\sqrt{2}\sin(2\,000\pi t + 60°)V$

　　C. $u = 10\sin(314t + 60°)V$　　　　　　　　　D. $u = 10\sin(2\,000\pi t + 60°)V$

2. 视在功率是____。

    A. 设备消耗的功率                 B. 设备和电网交换的功率

    C. 电源供出的总功率               D. 电源供出的有功功率

3. 有两个正弦交变电动势，$e_1 = 220\sqrt{2}\sin(314t + 30°)$V，$e_2 = 380\sqrt{2}\sin(628t - 60°)$ V，则 $e_1$、$e_2$ 的相位关系是____。

    A. $e_1$ 比 $e_2$ 超前 90°            B. $e_2$ 比 $e_1$ 超前 90°

    C. $e_1$ 与 $e_2$ 同相                D. 不能比较

4. $RLC$ 串联电路在谐振时的相位角为____。

    A. $-90°$          B. $90°$          C. $0°$          D. 取决于电抗

5. $RLC$ 串联电路中，该电路的谐振频率为____。

    A. $2\pi LC$         B. $2\pi\sqrt{LC}$        C. $\dfrac{1}{2\pi\sqrt{LC}}$        D. $\dfrac{1}{2\pi\sqrt{RC}}$

6. 当电源频率高于谐振频率时，$RLC$ 串联电路呈____性。

    A. 阻性          B. 感性          C. 容性          D. 感性或容性

7. 用万用表的欧姆挡检测电容好坏时，表针没有反应，始终停在"$\infty\,\Omega$"处，则表示电容____。

    A. 漏电          B. 严重漏电        C. 被击穿         D. 电容内部引线已断

8. 人们平时用电表测得的交流电压和交流电流值的大小是指它们的____。

    A. 最大值         B. 有效值        C. 瞬时值         D. 平均值

9. 感抗的大小与频率成____，容抗的大小与频率成____。

    A. 正比/反比       B. 正比/正比      C. 反比/反比       D. 反比/正比

10. 对于 $R$ 纯电阻交流电路，其两端电压 $U_R$ 与电流 $i$ 的参考方向一致，则下列说法错误的是____。

    A. $u_R = iR$        B. $U_R = IR$        C. $P = I^2 R$        D. $Q = I^2 R$

11. 在 $RLC$ 串联交流电路中，复阻抗的表达式是____。

    A. $Z = \sqrt{R^2 + (X_L - X_C)^2}$           B. $Z = R + j(X_L - X_C)$

    C. $Z = R + j(X_L + X_C)$           D. $Z = R + (X_L - X_C)$

## 二、计算题

1. 计算习题图 3-1 中电流 $\dot{I}$ 和各阻抗元件上的电压 $\dot{U}_1$ 与 $\dot{U}_2$，并作相量图。

2. 有 40W 的日光灯一个，使用时灯管与镇流器（可近似地把镇流器看作是纯电感）串联在电压为 220V、频率为 50Hz 的电源上。已知灯管工作时属于纯电阻负载，灯管两端的电压等于 110V，试求镇流器的感抗与电感。这时电路的功率因数等于多少？若将功率因数提高到 0.8，应并联多大的电容？

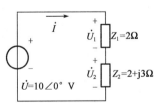

习题图　3-1

3. 有一电动机，其输入功率为 1.21kW，接在 220V 的交流电源上，通入电动机的电流为 11A，试计算电动机的功率因数。若要把电路的功率因数提高到 0.91，应与电动机并联多大的电容？并联电容器后，电动机的功率因数、电动机的电流、线路电流及电路的有功功率和无功功率有无改变（$f=50\text{Hz}$）？

4. 在习题图 3-2 所示的电路图中，除 $A_0$ 和 $V_0$ 外，其余电压表与电流表的读数在图上都已标出（都是正弦量的有效值），试求电流表 $A_0$ 或电压表 $V_0$ 的示数。

5. 在习题图 3-3 中，已知 $R_1=3\Omega, X_1=4\Omega, X_2=6\Omega, R_2=8\Omega, u=220\sqrt{2}\sin314t\text{V}$，试求 $i_1$、$i_2$ 和 $i$。

6. 在习题图 3-4 中，已知 $U=220\text{V}, R=22\Omega, X_L=22\Omega, X_C=11\Omega$，试求电流 $I_R$、$I_L$、$I_C$ 和 $I$。

7. 用习题图 3-5 的电路测得无源线性二端网络 N 的数据如下：$U=220\text{V}, I=5\text{A}, P=500\text{W}$。又知当与 N 并联一个适当电容 $C$ 后，电流减小，而其他读数不变。试确定该网络的性质（电阻性、电感性或电容性）、等效参数及功率因数（$f=50\text{Hz}$）。

8. 在习题图 3-6 中，$U=220\text{V}, R_1=10\Omega, X_1=10\sqrt{3}\Omega, R_2=5\Omega, X_2=5\sqrt{3}\Omega, f=50\text{Hz}$。试求：

（1）电流表的读数和电路功率因数 $\cos\varphi_1$；

（2）若要使电路的功率因数提高到 $0.866$，则需要并联多大的电容？

（3）并联电容后电流表的读数为多少？

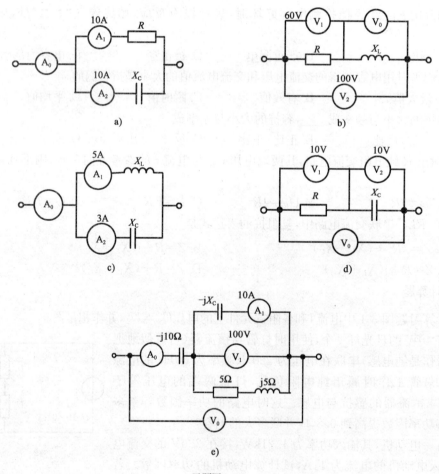

习题图 3-2

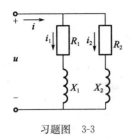

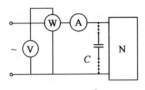

习题图　3-3

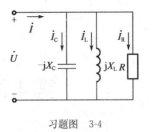

习题图　3-4

习题图　3-5

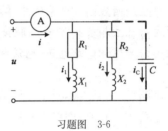

习题图　3-6

# 第4章 三相电路

**基本要求：**
1. 掌握三相四线制供电系统中单相及三相负载的正确联接方法，并理解中性线的作用；
2. 掌握对称三相负载 Y 和 △ 联接时相电压、相电流和线电压、线电流之间的相互关系；
3. 掌握对称三相电路电压、电流和功率的计算方法。

三相电路(Three-Phase Circuit)在工业生产上应用最为广泛。电力系统中的发电和输配电大多数是采用三相制，而电力系统的负载也主要是三相交流电动机。本章主要介绍三相电源及负载在三相电路中的连接使用问题。

## 4.1 三相电源

### 1. 三相电源及特点

三相电源是三相交流发电机输出的电压，图 4-1-1 是三相交流发电机输出的原理图，它的主要组成部分是电枢和磁极。

电枢是固定的，亦称定子(Stator)。定子铁心的内圆周表面冲有槽，用以嵌放三相电枢绕组。每相绕组是同样的，如图 4-1-2 所示。习惯上，绕组的始端标以 $U_1$、$V_1$、$W_1$，末端标以 $U_2$、$V_2$、$W_2$。每相绕组的两边放置在相应的定子铁心的槽内。但要求绕组的始端之间或末端之间都彼此相隔 120°。

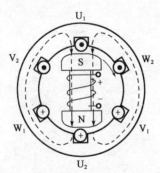

图 4-1-1 三相交流发动机的原理图

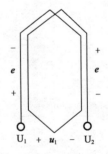

图 4-1-2 电枢绕组产生的电动势

磁极是转动的，也称为转子(Rotor)。转子铁心表面绕有线圈，用作直流励磁，称为励磁绕组。定子与转子之间有一定的间隙，若其极面的形状和励磁绕组的布置恰当，可使空气隙中的磁感应强度按正弦规律分布。

转子由原动机带动旋转,当转子以均匀的速度顺时针转动时,则在每相绕组中产生频率相同、幅值相等、相位互差 $120°$ 的正弦电动势 $e_1$、$e_2$、$e_3$,参考方向的选定为由绕组的末端指向始端,如图 4-1-2 所示。

若以 $e_1$ 为参考正弦量,则

$$\begin{cases} e_1 = E_m \sin\omega t \\ e_2 = E_m \sin(\omega t - 120°) \\ e_3 = E_m \sin(\omega t - 240°) = E_m \sin(\omega t + 120°) \end{cases} \tag{4-1-1}$$

用相量表示为

$$\begin{cases} \dot{E}_1 = E \angle 0° \\ \dot{E}_2 = E \angle -120° = E\left(-\dfrac{1}{2} - j\dfrac{\sqrt{3}}{2}\right) \\ \dot{E}_3 = E \angle 120° = E\left(-\dfrac{1}{2} + j\dfrac{\sqrt{3}}{2}\right) \end{cases} \tag{4-1-2}$$

如果用相量图和正弦波形表示,如图 4-1-3 所示。

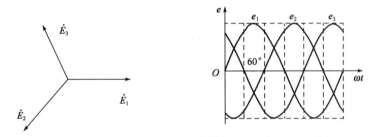

图 4-1-3　三相电动势的相量图和正弦波形

三相交流电压出现正幅值(或相应零值)的顺序称为相序(Phase Sequence)。在此,相序为 U→V→W 称为正序,相序为 U→W→V 称为逆序。通常,无特殊说明,三相电源(Three-Phase Source)为正序。

由上可见,三相电动势的幅值相等,频率相同,彼此间的相位差也相等。这种电动势称为三相对称电动势。三相对称电动势的瞬时值或相量之和为零,即

$$\begin{cases} e_1 + e_2 + e_3 = 0 \\ \dot{E}_1 + \dot{E}_2 + \dot{E}_3 = 0 \end{cases} \tag{4-1-3}$$

**2.三相电源的连接**

不论是三相发电机或三相电源变压器,它们都有三个独立的发电绕组,若将每相绕组分别与负载相联,则成为三个互不相关的单相供电系统,这种输电方式需要 6 根导线,显然是很不经济的。通常总是将发电机三相绕组接成星形(Y),而变压器则接成星形或三角形(△)。

(1)星形连接

发电机三相绕组通常采用星形连接(Star Connection)的方式,即将三个末端连在一起,如图 4-1-4 所示,这一连接点称为中性点(Neutral Point),也称作零点。从中性点引出的导线称为中性线(Neutral Conductor),也称作零线。从三相绕组的始端 $U_1$、$V_1$、$W_1$ 引出的三根导线

$L_1$、$L_2$、$L_3$ 称为相线(Phase Conductor),俗称火线。这样,从三相绕组的始端和中性点共引出四根导线,这种电源供电方式称之为三相四线制(Three Phase Four Wire System)。

在图 4-1-4 中,每相绕组的始端与末端间的电压,即相线与中性线间的电压,称为相电压(Phase Voltage),其有效值用 $U_1$、$U_2$、$U_3$ 表示(或用 $U_p$ 表示)。而任意两始端间的电压,即任意两相线之间的电压,称为线电压,其有效值用 $U_{12}$、$U_{23}$、$U_{31}$ 表示(或用 $U_1$ 表示)。在图 4-1-4 中,相电压的参考方向为绕组的始端指向末端(中性点);线电压的参考方向是用双下标来表示的,如 $U_{12}$ 表示自 $L_1$ 端指向 $L_2$ 端;各相电动势的参考方向如前所述,是自绕组的末端指向始端的。

三相电源(Three Phase Source)星形连接时,相电压 $U_p$ 显然不等于线电压 $U_1$。在图 4-1-4 中,根据基尔霍夫电压定律可得到

$$\begin{cases} u_{12} = u_1 - u_2 \\ u_{23} = u_2 - u_3 \\ u_{31} = u_3 - u_1 \end{cases} \tag{4-1-4}$$

则用相量表示为

$$\begin{cases} \dot{U}_{12} = \dot{U}_1 - \dot{U}_2 \\ \dot{U}_{23} = \dot{U}_2 - \dot{U}_3 \\ \dot{U}_{31} = \dot{U}_3 - \dot{U}_1 \end{cases} \tag{4-1-5}$$

图 4-1-5 是它们的相量图。可见,线电压(Line Voltage)和相电压(Phase Voltage)一样也是对称的。所以,线电压和相电压的关系如下:

①线电压的大小始终等于相电压的 $\sqrt{3}$ 倍,即

$$U_1 = \sqrt{3} U_p \tag{4-1-6}$$

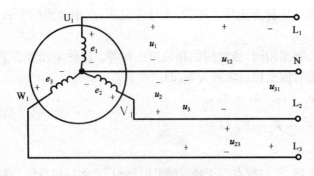

图 4-1-4　发电机三相绕组的星形连接

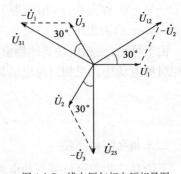

图 4-1-5　线电压与相电压相量图

②在相位上,线电压超前相应的相电压 30°。

由上可知,三相四线制电路可以向负载提供两种等级的电压(线电压、相电压),通常在低压配电系统中相电压(Phase Voltage)为 220V,线电压(Line Voltage)为 380V。需要指出的是,在电力系统中,当发动机、变压器的绕组连接成星形时,不一定要引出中性线。当三相电源连接成星形时,不引出中性线,这种供电方式称为三相三线制(Three Phase Three Wire System),负载只能使用线电压。例如,船舶交流同步发动机通常采用的是三相三线制的供电方式。

(2)三角形连接

将发电机绕组的一个末端与另一个绕组的首端依次相连接,再从三个连接点引出三根导线就成为三角形连接,如图 4-1-6 所示。

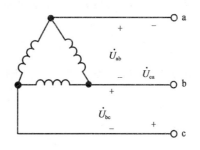

由图可见,三角形连接的三相电源的线电压就是相应的相电压,其相量形式为

$$\dot{U}_1 = \dot{U}_p$$

就是说三角形接线时的线电压与相电压相等。

图 4-1-6 电源三角形连接

在三相电源对称时,$u_1 + u_2 + u_3 = 0$,这表明三角形回路中合成电压等于零,即这个闭合回路中没有环流。上述结论是在正确判断绕组首尾端的基础上得出的,否则,合成电压不等于零,接成三角形后会出现很大的环路电流,烧毁绕组。因此,在第一次实施三角形连接时需正确判断各绕组的极性。发电机采用三角型接法,带三相不平衡的负载能力低。而且,事实上我们实际应用中的很多负载存在三相不平衡的。发电机原则上一般采用星形接法而不采用三角形接法。

# 4.2 三 相 负 载

根据使用方法的不同,电力系统的负载可以分两类。一类是像电灯这样有两根出线的,叫单相负载,如电风扇、收音机、电烙铁、单相电动机等都是单相负载。一类是像三相电动机这样的有三个接线端的负载,叫做三相负载。三相电路中负载的连接方法有两种:星形连接和三角形连接。

## 一、星形连接

负载星形连接(Y-Connected)的三相电路多为三相四线制电路。有三根火线和一根地线所组成,通常用在低压配电系统中。通常用图 4-2-1 所示的电路表示。图中,$Z_1$、$Z_2$、$Z_3$ 分别为每相负载阻抗。

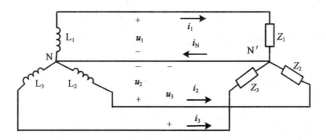

图 4-2-1 负载星形连接的三相四线制电路

在三相电路中,电压有线电压(Line Voltage)和相电压两种。同样,三相电路中的电流也

有相电流与线电流(Line Current)之分。每相负载中的电流称为相电流(Phase Current),用 $I_\mathrm{p}$ 表示;每根相线中的电流称为线电流(Line Current),用 $I_1$ 表示。从图 4-2-1 所示电路可知,在负载为星形连接时,显然,相电流即为线电流,即有

$$I_1 = I_\mathrm{p}$$

对三相电路应该一相一相地计算。

设电源相电压 $\dot{U}_1$ 为参考正弦量,则得

$$\begin{cases} \dot{U}_1 = U_1 \angle 0° \\ \dot{U}_2 = U_2 \angle -120° \\ \dot{U}_3 = U_3 \angle 120° \end{cases}$$

在图 4-2-1 中,电源相电压即为每相负载的相电压。则每相负载中的电流可分别求出,即

$$\begin{cases} \dot{I}_1 = \dfrac{\dot{U}_1}{Z_1} = \dfrac{U_1 \angle 0°}{|Z_1| \angle \varphi_1} = I_1 \angle -\varphi_1 \\\\ \dot{I}_2 = \dfrac{\dot{U}_2}{Z_2} = \dfrac{U_2 \angle -120°}{|Z_2| \angle \varphi_2} = I_2 \angle -120° - \varphi_2 \\\\ \dot{I}_3 = \dfrac{\dot{U}_3}{Z_3} = \dfrac{U_3 \angle 120°}{|Z_3| \angle \varphi_3} = I_3 \angle 120° - \varphi_3 \end{cases} \qquad (4\text{-}2\text{-}1)$$

式(4-2-1)中,每相负载中电流的有效值分别为

$$I_1 = \frac{U_1}{|Z_1|} \qquad I_2 = \frac{U_2}{|Z_2|} \qquad I_3 = \frac{U_3}{|Z_3|} \qquad (4\text{-}2\text{-}2)$$

各相负载的电压与电流之间的相位差分别为

$$\varphi_1 = \arctan \frac{X_1}{R_1} \qquad \varphi_2 = \arctan \frac{X_2}{R_2} \qquad \varphi_3 = \arctan \frac{X_3}{R_3} \qquad (4\text{-}2\text{-}3)$$

根据基尔霍夫电流定律可得到中性线上的电流为

$$\dot{I}_\mathrm{N} = \dot{I}_1 + \dot{I}_2 + \dot{I}_3 \qquad (4\text{-}2\text{-}4)$$

电压和电流的相量图如图 4-2-2 所示。

在图 4-2-1 所示电路中,如果各相阻抗相等,即

$$Z_1 = Z_2 = Z_3 = Z$$

阻抗模和相位角都相等,则称为对称负载。因为电源电压对称,所以负载相电流也是对称的,大小相等,相位依次相差 120°。

因此,这时中性线电流等于零,即

$$\dot{I}_\mathrm{N} = \dot{I}_1 + \dot{I}_2 + \dot{I}_3 = 0$$

此时电压和电流的相量图如图 4-2-3 所示。

当星形连接的三相负载对称时,中性线中没有电流通过,中性线就不需要了。因此图 4-2-1 所示的电路就变为图 4-2-4 所示的三相三线制电路。三相三线制电路在工业中的应用极为广泛,俗称动力线,主要用于三相对称负载,如三相电动机负载。

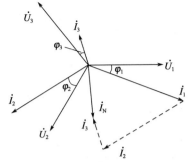

图 4-2-2　负载星形连接时电压和电流相量图

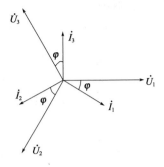

图 4-2-3　对称负载星形连接时电压和电流的相量图

计算对称负载的三相电路,只需要计算一相即可,因为对称负载的电压和电流也都是对称的,即大小相等,相位互差 120°。

【例 4-2-1】　一星形连接的三相电路,如图 4-2-5 所示,电源电压对称,负载为电灯组。设 $u_{12}=380\sqrt{2}\sin(\omega t+30°)\mathrm{V}$。

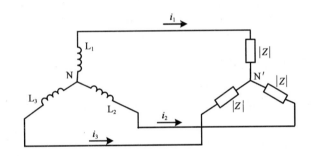

图 4-2-4　负载星形连接时的三相三线制电路图

图 4-2-5　例 4-2-1 电路图

(1)若 $R_1=R_2=R_3=5\Omega$,求线电流及中性线电流 $I_N$;

(2)若 $R_1=5\Omega$,$R_2=10\Omega$,$R_3=20\Omega$,求线电流及中性线电流 $I_N$。

【解】　(1)由题意知,$\dot{U}_{12}=380\angle 30°\mathrm{V}$,

则
$$\dot{U}_1=220\angle 0°\mathrm{V}$$

则 $R_1$ 相电流

$$\dot{I}_1=\frac{\dot{U}_1}{R_1}=\frac{220\angle 0°}{5}\mathrm{A}=44\angle 0°\mathrm{A}$$

三相负载对称,则其他两相的电流

$$\dot{I}_2=44\angle -120°\mathrm{A}\quad \dot{I}_3=44\angle 120°\mathrm{A}$$

中性线的电流为

$$\dot{I}_N=\dot{I}_1+\dot{I}_2+\dot{I}_3=0$$

(2)若 $R_1=5\Omega,R_2=10\Omega,R_3=20\Omega$,则

$$\dot{I}_1=\frac{\dot{U}_1}{R_1}=\frac{220\angle 0°}{5}\text{A}=44\angle 0°\text{A}$$

$$\dot{I}_2=\frac{\dot{U}_2}{R_2}=\frac{220\angle -120°}{10}\text{A}=22\angle -120°\text{A}$$

$$\dot{I}_3=\frac{\dot{U}_3}{R_3}=\frac{220\angle 120°}{20}\text{A}=11\angle 120°\text{A}$$

$$\dot{I}_N=\dot{I}_1+\dot{I}_2+\dot{I}_3=(44\angle 0°+22\angle -120°+11\angle 120°)\text{A}=29\angle -19°\text{A}$$

**【例 4-2-2】** 例 4-2-1(2)中,在下述两种故障情况下,试求各相负载上电压。

(1)$L_1$ 相短路;

(2)$L_1$ 相短路,中性线又断开。

**【解】** (1)当 $L_1$ 相短路时,短路电流很大,将 $L_1$ 相的熔断器熔断,因为有中性线,$L_2$ 相和 $L_3$ 相没有受到影响,其电压仍为电源电压 220V。

(2)由于 $L_1$ 相的电灯组 $R_1$ 相被短路,其上所加电压为零。此时负载的中性点 N′即为 $L_1$。因此,$L_2$ 相的电灯组 $R_2$ 两端的电压 $u'_2$ 是 $L_1$ 与 $L_2$ 间线电压,$L_3$ 相的电灯组 $R_3$ 两端的电压 $u'_3$ 是 $L_3$ 与 $L_1$ 间线电压,均为 380V,超出了电灯的额定电压 220V,这是不允许的。

**【例 4-2-3】** 例 4-2-1(2)中,在下述两种故障情况下,试求各相负载上电压。

(1)$L_1$ 相断路;

(2)$L_1$ 相断路,中性线又断开。

**【解】** (1)当 $L_1$ 相断路时,因为有中性线,$L_2$ 和 $L_3$ 相没有受到影响,其电压仍为电源电压 220V。

(2)当 $L_1$ 相断路,中性线又断开时,$L_1$ 相的电灯组 $R_1$ 两端的电压 $u'_1=0$V。此时电路称为单相电路,$L_2$ 相的电灯组 $R_2$ 与 $L_3$ 相的电灯组 $R_3$ 串联,两端的电压是 $L_2$ 与 $L_3$ 间线电压 380V,两相电流相同。至于两相电压如何分配,决定于两相的电灯组电阻。$L_2$ 相的电灯组 $R_2$ 两端的电压 $u'_2$ 是 127V,低于额定电压;$L_3$ 相电灯组 $R_3$ 两端的电压 $u'_3$ 是 253V,高于额定电压 220V,这都是不允许的。

从上面所举的几个例题可以看出:

(1)负载不对称而又没有中性线时,负载的相电压就不对称。当负载的相电压不对称时,势必引起有的相电压过高,高于负载的额定电压;有的相电压过低,低于负载的额定电压。这都不能正常工作,是不容许的。必然,照明电路中各相负载不能保证完全对称,所以绝对不能采用三相三线制供电,而且必须保证零线可靠。

(2)中性线的作用就在于使星形连接的不对称负载的相电压对称。为了保证负载的相电压对称,就不应让中性线断开。因此,中性线(指干线)内不允许接入熔断器或闸刀开关。

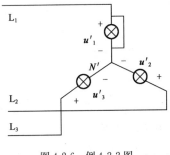

图 4-2-6 例 4-2-2 图

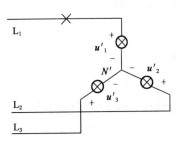

图 4-2-7 例 4-2-3 图

## 二、负载三角形连接的三相电路

图 4-2-8 所示电路为负载三角形连接（△-Connected）的三相电路。图中，$|Z_{12}|$、$|Z_{23}|$、$|Z_{31}|$ 分别为每相负载的阻抗模。

由图 4-2-8 所示电路可知，在负载三角形连接时，因为各相负载都直接接在电源的线电压上，所以负载的相电压就是电源的线电压，即

$$U_{12} = U_{23} = U_{31} = U_P = U_1 \tag{4-2-5}$$

也就是说，不论负载对称与否，其相电压总是对称的。但是在负载三角形连接时，流过负载的相电流 $I_p$ 和流过电源端线的电流 $I_1$ 是不相等的，各相负载的相电流的有效值分别为

$$I_{12} = \frac{U_{12}}{|Z_{12}|} \quad I_{23} = \frac{U_{23}}{|Z_{23}|} \quad I_{31} = \frac{U_{31}}{|Z_{31}|} \tag{4-2-6}$$

各相负载的电压与电流之间的相位差分别为

$$\varphi_{12} = \arctan \frac{X_{12}}{R_{12}} \qquad \varphi_{23} = \arctan \frac{X_{23}}{R_{23}} \qquad \varphi_{31} = \arctan \frac{X_{31}}{R_{31}} \tag{4-2-7}$$

负载的线电流可用基尔霍夫电流定律列出下列各式进行计算

$$\begin{cases} \dot{I}_1 = \dot{I}_{12} - \dot{I}_{31} \\ \dot{I}_2 = \dot{I}_{23} - \dot{I}_{12} \\ \dot{I}_3 = \dot{I}_{31} - \dot{I}_{23} \end{cases} \tag{4-2-8}$$

如果负载对称，则负载的相电流也是对称的。线电流和相电流的关系，可从式（4-2-8）所作出的相量图 4-2-9 得到。

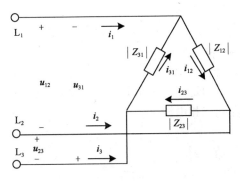

图 4-2-8 负载三角形连接的三相电路

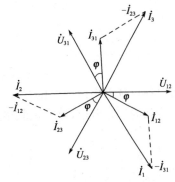

图 4-2-9 对称负载三角形连接时电压与电流的相量图

从图 4-2-9 可以获得对称负载线电流和相电流的关系,即

(1) 大小关系

由于 $\frac{1}{2}I_1 = I_P\cos30° = \frac{\sqrt{3}}{2}I_P$, 则 $I_1 = \sqrt{3}I_P$

(2) 相位关系

线电流在相位上比对应的相电流滞后 $30°$。

另外,由图 4-2-9 可知,对称负载三角形连接时线电流也是对称的。

**【例 4-2-4】** 在图 4-2-8 所示的负载三角形连接的电路中,已知 $\dot{U}_{12} = 380 \angle 0° \text{V}$, $Z_{12} = 100\Omega$, $Z_{23} = \text{j}100\Omega$, $Z_{31} = -\text{j}100\Omega$, 试求电流 $i_{12}$、$i_{23}$、$i_{31}$、$i_1$、$i_2$、$i_3$。

**【解】** 由 $\dot{U}_{12} = 380 \angle 0° \text{V}$, 可知其他两相的线电压分别为

$$\dot{U}_{23} = 380 \angle -120° \text{V} \qquad \dot{U}_{31} = 380 \angle 120° \text{V}$$

由此得各相负载的电流相量表达式

$$\dot{I}_{12} = \frac{\dot{U}_{12}}{Z_{12}} = \frac{380 \angle 0°}{100}\text{A} = 3.8 \angle 0°\text{A}$$

$$\dot{I}_{23} = \frac{\dot{U}_{23}}{Z_{23}} = \frac{380 \angle -120°}{\text{j}100}\text{A} = 3.8 \angle -210°\text{A} = (-3.29 + \text{j}1.9)\text{A}$$

$$\dot{I}_{31} = \frac{\dot{U}_{31}}{Z_{31}} = \frac{380 \angle 120°}{-\text{j}100}\text{A} = 3.8 \angle 210° \text{A} = (-3.29 - \text{j}1.9)\text{A}$$

则

$$i_{12} = 3.8\sqrt{2}\sin\omega t \text{ A}$$

$$i_{23} = 3.8\sqrt{2}\sin(\omega t - 210°) \text{ A}$$

$$i_{31} = 3.8\sqrt{2}\sin(\omega t + 210°) \text{ A}$$

由式 (4-2-7) 可得

$$\dot{I}_1 = \dot{I}_{12} - \dot{I}_{31} = [3.8 - (-3.29 - \text{j}1.9)]\text{A} = (7.09 + \text{j}1.9)\text{A} = 7.3 \angle 15° \text{ A}$$

$$\dot{I}_2 = \dot{I}_{23} - \dot{I}_{12} = [(-3.29 + \text{j}1.9) - 3.8]\text{A} = (-7.09 + \text{j}1.9)\text{A} = 7.3 \angle 165° \text{ A}$$

$$\dot{I}_3 = \dot{I}_{31} - \dot{I}_{23} = [(-3.29 - \text{j}1.9) - (-3.29 + \text{j}1.9)]\text{A} = (-\text{j}3.8)\text{A} = 3.8 \angle -90°\text{A}$$

则

$$i_1 = 7.3\sqrt{2}\sin(\omega t + 15°)\text{A}$$

$$i_2 = 7.3\sqrt{2}\sin(\omega t + 165°)\text{A}$$

$$i_3 = 3.8\sqrt{2}\sin(\omega t - 90°)\text{A}$$

电路中各负载采用何种连接方式,应视其额定电压而定。三相负载联接原则:电源提供的电压等于负载的额定电压;单相负载尽量均衡地分配到三相电源上。

# 4.3 三 相 功 率

在三相电路中,电路总的有功功率必定等于各相有功功率之和,即

$$P = P_1 + P_2 + P_3$$

当负载对称时,每一相负载的有功功率是相等的,则三相负载总的有功功率为

$$P_\text{总} = 3P = 3U_\text{P}I_\text{P}\cos\varphi \tag{4-3-1}$$

式中:$\varphi$——相电压 $U_\text{P}$ 与相电流 $I_\text{P}$ 之间的相位差。

当对称负载是星形连接时

$$U_1 = \sqrt{3}U_\text{P} \qquad I_1 = I_\text{P}$$

当对称负载是三角形连接时

$$U_1 = U_\text{P} \qquad I_1 = \sqrt{3}I_\text{P}$$

当三相负载对称时,不论对称负载是星形或三角形连接,将上述关系式代入式(4-3-1),都会得到三相总的有功功率

$$P_\text{总} = \sqrt{3}U_1I_1\cos\varphi \tag{4-3-2}$$

应该注意的是,上式中的 $\varphi$ 角仍是相电压 $U_\text{P}$ 与相电流 $I_\text{P}$ 之间的相位差。

所以,对于对称负载三相电路,不论何种接法,求总的有功功率的公式是一样的。

同理,可得出无功功率和视在功率

$$Q = 3U_\text{P}I_\text{P}\sin\varphi = \sqrt{3}U_1I_1\sin\varphi \tag{4-3-3}$$

$$S = 3U_\text{P}I_\text{P} = \sqrt{3}U_1I_1 \tag{4-3-4}$$

【例 4-3-1】 在线电压为 380 V 的三相电源上,接有两组对称三相负载(Symmetrical Three-Phase Load),如图 4-3-1 所示。一组是星形连接的电阻性负载,每相电阻 $R_\text{Y} = 10\Omega$,一组是三角形连接的,每相电阻 $R_\Delta = 10\Omega$。求:

(1)各组负载的相电流;

(2)三相有功功率。

【解】 设线电压

$$\dot{U}_{12} = 380 \angle 0° \text{V}$$

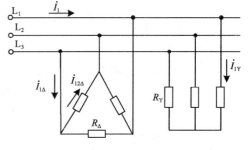

图 4-3-1 例 4-3-1 的图

则相电压 $\dot{U}_1 = 220 \angle -30° \text{V}$

(1)三相负载对称,只要计算其中一相,其他两相可以推算求得。

对于星形连接的负载,其相电流即为线电流为

$$\dot{I}_{1Y} = \frac{\dot{U}_1}{R_\text{Y}} = \frac{220\angle -30°}{10}\text{A} = 22 \angle -30° \text{A}$$

对于三角形连接的负载,其相电流为

$$\dot{I}_{12\Delta} = \frac{\dot{U}_{12}}{R_\Delta} = \frac{380 \angle 0°}{10 \angle 0°}\text{A} = 38 \angle 0° \text{A}$$

三角形连接的负载,其线电流 $I_{1\Delta} = \sqrt{3}I_{12\Delta}$,在相位上 $\dot{I}_{1\Delta}$ 滞后于 $\dot{I}_{12\Delta}$ 30°,因此

$$\dot{I}_{1\Delta} = 38\sqrt{3} \angle 0 - 30° \text{A} = 38\sqrt{3} \angle -30° \text{A}$$

（2）三相电路的有功功率

$$P_\triangle = \sqrt{3}U_1I_{l\triangle} = \sqrt{3} \times 380 \times 38 \times \sqrt{3}\text{kW} = 43.3\text{kW}$$

$$P_Y = \sqrt{3}U_1I_{lY} = \sqrt{3} \times 380 \times 22\text{kW} = 14.5\text{kW}$$

可见，同样的负载，三角形连接消耗的有功功率是星形连接时有功功率的 3 倍，无功功率和视在功率也是如此。既然负载消耗的功率和连接方式有关，那么要使负载正常运行，必须正确连接电路。在同样电源电压下，错将星形连接成三角形时，负载会因 3 倍的过载而烧毁。反之，错将三角形连接成星形，负载无法正常工作。

# 习　题

**一、选择题**

1.三相对称负载三角形连接时，相电压 $U_P$ 与线电压 $U_L$、相电流 $I_P$ 与线电流 $I_L$ 的关系是____。

　A. $I_P = I_L, U_L = \sqrt{3}U_P$　　　　　　　　B. $I_L = \sqrt{3}I_P, U_L = U_P$

　C. $I_P = I_L, U_L = U_P$　　　　　　　　　D. $I_L = \sqrt{3}I_P, U_L = \sqrt{3}U_P$

2.当电动机为星形连接时，绕组相电压为 220V 时，绕组线电压为____。

　A. 220V　　　　　B. 380 V　　　　　C. $220\sqrt{2}$ V　　　　D. $380\sqrt{2}$ V

3.电源星形联接时，在相电压对称情况下，三个线电压也对称，且线电压比它们所对应的相电压超前____相位角。

　A. 60°　　　　　　B. 90°　　　　　　C. 30°　　　　　　D. 120°

4.当照明负载采用星形连接时，必须采用____。

　A. 三相三线制　　　B. 三相四线制　　　C. 单相制　　　　D. 任何线制

5.三相对称负载星形连接时，测得其相电压为 220 V，相电流为 4A，功率因数为 0.6，则其三相有功功率为____。

　A. 2 640 W　　　　B. 1 584 W　　　　C. 915 W　　　　D. 528 W

6.交流电路中功率因数的高低取决于____。

　A. 线路电压　　　　　　　　　　　　B. 线路电流

　C. 负载参数　　　　　　　　　　　　D. 线路功率的大小

7.对称三相电压是指____。

　A. 三相电压的有效值相等

　B. 三相电压的瞬时值相位互差 120°电角度

　C. 三相电压的频率相等

　D. A＋B＋C

8.设三相发电机的三相绕组接成星形，若相电压 $u_A = 220\sqrt{2}\sin 314t$ V，则线电压 $u_{CA}$ 为____。

　A. $380\sqrt{2}\sin(314t+30°)$ V　　　　　B. $380\sqrt{2}\sin(314t-90°)$ V

　C. $380\sqrt{2}\sin(314t-120°)$ V　　　　D. $380\sqrt{2}\sin(314t+150°)$ V

9. 三相电路的负载分别为 $R$、$X_L$、$X_C$,且 $R=X_L=X_C$,则此三相负载属于三相____。

    A. 对称负载          B. 不对称负载          C. 对应负载          D. 等值负载

10. 三相四线制电路中,中线的作用是____。

    A. 保证负载相电压相等              B. 保证负载的线电压相等

    C. 保证负载的线电流相等             D. 保证负载的相电流相等

11. 三相对称负载的有功功率表达式是(L 表示线,P 表示相) ____。

    A. $\sqrt{3}U_L I_L \cos\varphi$                       B. $3U_L I_L \cos\varphi$

    C. $\sqrt{3}U_P I_P \cos\varphi$                      D. $3U_L I_P \cos\varphi$

## 二、计算题

1. 已知三相电源的线电压为 380V,每相负载的电阻为 $R=40\Omega$,感抗 $X_L=30\Omega$,负载星形连接,求相电压 $U_P$、线电压 $U_1$ 及相电流 $I_P$、线电流 $I_1$。

2. 题 1 中,若负载为三角形连接,则相电压 $U_P$、线电压 $U_1$ 及相电流 $I_P$、线电流 $I_1$ 为多少?

3. 有一三相电动机,每相绕组的等效电阻 $R=29\Omega$,等效感抗 $X_L=21.8\Omega$,试求下列两种情况下电动机的相电流、线电流以及从电源输入的功率,并比较所得的结果:

    (1)绕组联成星形接于 $U_1=380V$ 的三相电源上;

    (2)绕组联成三角形接于 $U_1=220V$ 的三相电源上。

4. 已知三相四线制电源的相电压为 220V。三个电阻负载星形连接,负载电阻为 $R_a=40\Omega, R_b=40\Omega, R_c=40\Omega$,求:

    (1)负载的相电压、相电流及中性线的电流,并作出它们的相量图。

    (2)如无中性线(负载中性点不与电源的中性线连接),则负载的相电压及负载中性点的电压;

    (3)如无中性线,当 $L_1$ 相短路时,求各相电压、相电流,并作出它们的相量图。如无中性线,当 $L_1$ 相断路时,其他两相电压和电流为多少?

5. 三相对称负载作三角形连接,如习题图 4-1 所示,$U_1=220V$,当 $S_1$、$S_2$ 均闭合时,各电流表读数均为 17.3A,三相功率(Three-Phase Power)$P=4.5$ kW,试求:

    (1)每相负载的电阻和感抗;

    (2)$S_1$ 合、$S_2$ 断开时,各电流表读数和有功功率 $P$;

    (3)$S_1$ 断、$S_2$ 闭合时,各电流表读数和有功功率 $P$。

6. 在线电压为 380V 的三相四线制电源上,接有对称星形连接的白炽灯,消耗的总功率为 180W,此外在 $L_3$ 相还接有额定电压 220V,功率为 40W,功率因数 $\cos\varphi=0.5$ 的日光灯一只,电路如习题图 4-2 所示,试求各电流表的读数。

7. 有一台三相电动机,其绕组接成三角形,接在线电压为 380V 的电源上,从电源所取用的功率 $P_1=11.43$kW,电路的功率因数 $\cos\varphi=0.87$,求电动机的相电流 $I_P$、线电流 $I_1$。

8. 在线电压为 380 V 的三相电源上,接两组电阻性对称负载如习题图 4-3 所示,求线路电流 $I$。

9. 在习题图 4-4 中,电源线电压 $U_1=380V$。

    (1)如果图中各相负载的阻抗模都等于 10Ω,是否可以说负载是对称的?

    (2)试求各相电流,并用电压与电流的相量图计算中性线电流。如果中性线电流的参考方向选定的与电路图上的相反,则结果有何不同?

(3)试求三相平均功率。

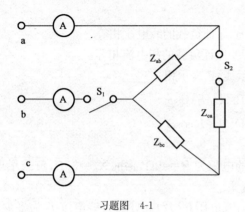

习题图 4-1

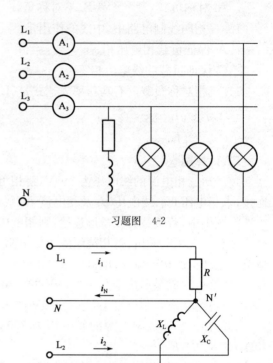

习题图 4-2

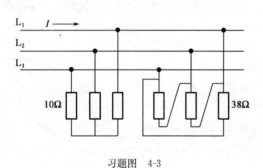

习题图 4-3

习题图 4-4

# 第5章 磁路与铁心线圈电路

**基本要求：**

1. 掌握磁场的基本物理量；
2. 掌握电磁感应定律；
3. 掌握常用磁性材料的磁性能；
4. 了解电磁铁的吸力以及交流电磁铁与直流电磁铁的异同。

本章首先介绍磁路的知识，包括磁路的基本物理量、磁性材料的磁性能、磁路及其基本定律以及交流铁心线圈电路；其次，讲述电磁铁的运行原理和应用。

前几章讨论了分析与计算各种电路的基本定律和基本方法，而很多电工设备（如发电机、电动机、变压器、继电器、接触器、电工测量仪表等）中，不仅有电路的问题，而且还有磁路的问题。只有对电路和磁路的基本知识都掌握了，才能对各种电工设备作全面分析。本章前两节的内容已经在物理课中讲过，可以自学复习。

## 5.1 磁场的基本物理量

在磁体的周围空间有磁场（Magnetic Field）存在，磁场的特征可以用磁感应强度、磁通、磁导率、磁场强度等几个物理量来描述。

### 一、磁感应强度 $B$（Flux Density）

磁感应强度 $B$ 是表示磁场内某点的磁场强弱（磁力线的多少）和磁场方向（磁力线的方向）的物理量，它是一个矢量。

磁感应强度的大小为

$$B = \frac{F}{lI} \tag{5-1-1}$$

式中：$F$——电磁力；

   $l$——磁导体的长度；

   $I$——通过磁导体的电流。

磁感应强度的方向可用右手螺旋定则来确定。如果磁场内各点的磁感应强度的大小相等，方向相同，这样的磁场则称为均匀磁场。磁感应强度 $B$ 的单位为特斯拉（T）。

### 二、磁通 $\Phi$（Magnetic Flux）

磁感应强度 $B$（如果不是均匀磁场，则取 $B$ 的平均值）与垂直于磁场方向的面积 $S$ 的乘积，称为通过该面积的磁通 $\Phi$，即

$$\Phi = BS \quad 或 \quad B = \frac{\Phi}{S} \tag{5-1-2}$$

磁通 $\Phi$ 反映了磁导体某个范围内磁力线的多少。故又可称磁感应强度的数值为磁通密度，其单位是韦［伯］（Wb）。

### 三、磁导率（Magnetic Permeability）

不同的介质，其导磁能力不同。磁导率 $\mu$ 是描述磁场介质导磁能力的物理量。如图 5-1-1 所示的线圈通电后，在其周围产生磁场。磁场的强弱与通过线圈的电流 $I$ 和线圈的匝数 $N$ 的乘积成正比。线圈内部半径为 $x$ 处各点的磁感应强度可表示为

$$B_x = \mu\frac{NI}{l_x} = \mu\frac{NI}{2\pi x} \tag{5-1-3}$$

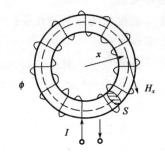

图 5-1-1　环形线圈

式中：$l_x$——$x$ 点处的磁力线的长度。

可见，某点磁感应强度 $B$ 的大小与磁导体介质（$\mu$）、流过的电流 $I$、线圈的匝数 $N$ 及该点的位置（$x$）有关。

磁导率 $\mu$ 的单位是亨/米（H/m）。由实验测出，真空的磁导率

$$\mu_0 = 4\pi \times 10^{-7}\,\text{H/m}$$

非磁性物质的磁导率 $\mu \approx \mu_0$，磁性材料的磁导率 $\mu \gg \mu_0$。任意一种物质的磁导率 $\mu$ 和真空的磁导率 $\mu_0$ 的比值，称为该物质的相对磁导率 $\mu_r$，即

$$\mu_r = \frac{\mu}{\mu_0} \tag{5-1-4}$$

### 四、磁场强度（Magnetic Field Intensity）

磁感应强度 $B$ 是表示磁场内某点的磁场强弱和方向的物理量，磁场强度 $H$ 是磁感应强度 $B$ 的一个辅助物理量，它也是一个矢量。

磁场强度 $H$ 为磁场中某一点磁感应强度 $B$ 与该点的介质的磁导率 $\mu$ 的比值，即

$$H = \frac{B}{\mu} \tag{5-1-5}$$

由式（5-1-3）和式（5-1-5）可得

$$H = \frac{B}{\mu} = \frac{\mu\dfrac{NI}{l_x}}{\mu} = \frac{NI}{l_x} = \frac{NI}{2\pi x} \tag{5-1-6}$$

式（5-1-6）表明磁场内某点的磁场强度 $H$ 只与电流 $I$、线圈的匝数 $N$ 及该点的位置 $x$ 有关，而与该点处介质的磁导率 $\mu$ 无关。

可见,引入了磁场强度 $H$ 这个物理量,可方便磁路的计算。磁场强度 $H$ 的单位是安/米(A/m)。式(5-1-7)中线圈匝数与电流的乘积 $NI$ 称为磁通势,用字母 $F$ 代表,即

$$F = NI \tag{5-1-7}$$

它的单位是安(A)。磁通势是产生磁通的源泉,它同电路中电动势是产生电流的源泉一样。

## 5.2　磁性材料的磁性能

磁性材料很多,常用的主要有铁、镍、钴及其合金材料钕铁硼、钐钴、铝镍钴、铁氧体等,它们具有下列磁性能。

### 一、高导磁性

磁性材料具有极高的磁导率 $\mu$,其值可达数百、数千乃至数万,这就使它们具有被强烈磁化(呈现磁性)的特性。

高磁导率的成因:磁性物质没有外磁场时,各磁畴是混乱排列的,磁场互相抵消;当在外磁场作用下,磁畴就逐渐转到与外场一致的方向上,即产生了一个与外场方向一致的磁化磁场,从而磁性物质内的磁感应强度大大增加——物质被强烈地磁化了,如图 5-2-1 所示。

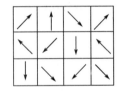 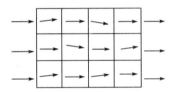

a)无外场,磁畴排列杂乱无章　　　　b)在外场作用下,磁畴排列逐渐进入有序化

图 5-2-1　磁性物质的磁化示意图

式(5-1-3)反映了磁性材料的磁导率 $\mu$ 和磁感应强度 $B$ 的关系,即

$$B_x = \mu \frac{NI}{l_x} = \mu H_x \tag{5-2-1}$$

由上式可以看出,当(空心)线圈通过电流时,会产生磁场。若线圈绕制在磁性材料(如铁心,其 $\mu$ 很大)上所构成的(铁心)线圈,线圈通过电流时,会产生极高的磁感应强度 $B$;反之,若使线圈达到一定的磁感应强度,则所需的励磁电流 $I$ 就可以大大地降低。因此在许多的电气设备当中都放有一定形状的铁心材料,使得设备的体积、重量大大降低,同时又解决了既要磁通大,又要励磁电流小的矛盾。利用优质的磁性材料可使同一容量的电机的重量和体积大大减轻和减小。

非磁性材料不具有磁化的特性。

### 二、磁饱和性

每种磁性材料都有一个反映其导磁性的曲线 $B$-$H$,如图 5-2-2 所示。根据此曲线和(式 5-2-1),可以求得磁性材料的 $\mu$ 和 $H$ 的关系,如图 5-2-3 所示。它反映了在某磁场强度下,

该磁性材料的磁导率 $\mu$ 的值。

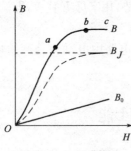
图 5-2-2  $B$-$H$ 曲线图

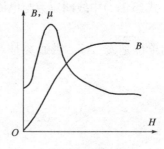
图 5-2-3  $\mu$-$H$ 曲线图

铁、镍等磁性材料的导磁性能是在受磁化后表现出来的,但磁性材料由于磁化作用的加强,所产生的磁场强度不会无限地增加。如变压器铁心线圈在励磁电流的作用下,铁心受到磁化,产生磁场,其 $B$ 与 $H$ 关系曲线如图 5-2-2 所示。

从图示可以看出,曲线分成三段:

(1)$oa$ 段:$B$ 与 $H$ 差不多按正比例变化;

(2)$ab$ 段:随着 $H$ 的增长,$B$ 增长缓慢,此段称为曲线的膝部;

(3)$bc$ 段:随着 $H$ 的增长,$B$ 几乎不增长,达到磁饱和的状态。

几乎所有的磁性材料都具有磁饱和性,$B$ 和 $H$ 不成正比关系,所以其磁导率 $\mu$ 不是常数,按图 5-2-3 曲线随 $H$ 变化。$B$-$H$ 曲线又称磁化曲线(Magnetization Curve),它是通过实验手段测得的。

由于磁通 $\Phi$ 与 $B$ 成正比,产生磁通的励磁电流 $I$ 与 $H$ 成正比,因此在存在磁性物质的情况下,$\Phi$ 与 $I$ 不成正比。

### 三、磁滞性

当铁心线圈在交流励磁电流作用下,铁心受到反复磁化。磁感应强度 $B$ 随磁场强度 $H$ 而变化的关系如图 5-2-4 所示。由图可知,当 $H$ 已减到零值时,$B$ 的值还未回到零值(图中"2"和"5"所示)。这种磁感应强度滞后于磁场强度变化的性质称为磁性物质的磁滞性。图 5-2-4 所示的曲线也就称为磁滞回线。

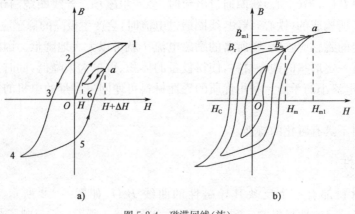
图 5-2-4  磁滞回线(族)

下面我们讨论一下磁滞回线。

由式(5-1-6)可知,$H$ 正比于线圈励磁电流 $i$ 的有效值 $I$,所以:

(1)线圈中的励磁电流 $i$ 由零向正方向增长时,铁心被磁化,产生磁感应强度 $B$ 按磁化曲线变化(0—1 段)。

(2)线圈中的励磁电流 $i$ 由正方向降至零时($H=0$),铁心磁化获得的磁性尚未完全消失,磁感应强度 $B$ 按磁化曲线 1—2 段变化。此时,铁心中所保留感应强度的称为剩磁 $B_r$。

(3)线圈中的励磁电流 $i$ 过零向反方向增长时,$B$ 按磁化曲线 2—3—4 段变化。

(4)线圈中的励磁电流 $i$ 由反方向降至零时(此时 $H=0$),$B$ 按 4—5 段变化。此时,铁心中也有剩磁$-B_r$。

(5)线圈中的励磁电流 $i$ 由零向正方向增长时,$B$ 按 5—6—1 段变化。

励磁电流 $i$ 如此不断地交替变化,$B$ 按 1—2—3—4—5—6—1 段不断地变化,形成图 5-2-4 所示的闭合曲线。如果在回线上的任一点上[如图 5-2-4a)中的 $a$ 点],小范围内来回反复变化一次或者数次,可以生产一条局部回线。图 5-2-4b)所示回线族是在不同的最大值 $H_m$ 下形成的磁滞回线族。

磁性材料都有磁滞性,即当 $H=0$ 时,$B$ 不为零,铁心中有剩磁 $B_r$,剩磁有时候是有用的,有时候则无用。要使铁心中的剩磁消失,通常改变线圈中励磁电流的方向,也就是改变磁场强度 $H$ 的方向进行反复磁化,图 5-2-4 中 2—3 和 5—6 段。使 $B=0$ 时的值,也就是使铁磁质完全退磁所需的反向磁场称为矫顽磁力 $H_c$。

需要指出:磁性材料的磁化曲线和磁滞回线是通过实验的方法测得的;磁性材料不同,磁化曲线和磁滞回线也不同。图 5-2-5 中表示出了几种磁性材料的磁化曲线。

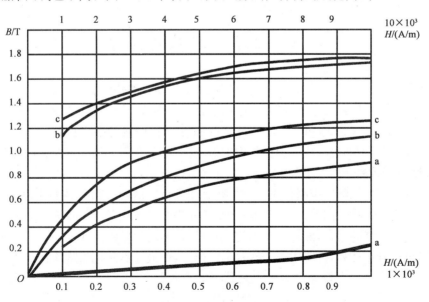

图 5-2-5 磁化曲线

a-铸铁;b-铸钢;c-硅钢片

按照磁性物质的磁性能,磁性材料可以分成三种类型:

(1)软磁材料

具有较小的矫顽磁力,磁滞回线较窄。一般用来制造电机、电器及变压器等的铁心。常用的有铸铁、硅钢、坡莫合金及铁氧体等。铁氧体在电子技术中的应用也很广泛,例如可做计算机的磁心、磁鼓以及录音机的磁带、磁头。

(2)永磁材料

具有较大的矫顽磁力,磁滞回线较宽。一般用来制造永久磁铁。常用的有碳钢及铁镍铝钴合金等。近年来稀土永磁材料发展很快,像稀土钴、稀土钕铁硼等,其矫顽磁力更大。

(3)矩磁材料

具有较小的矫顽磁力和较大的剩磁,磁滞回线接近矩形,稳定性良好。在计算机和控制系统中可用作记忆元件、开关元件和逻辑元件。常用的有镁锰铁氧体及 1J51 型铁镍合金等。

常用的几种磁性材料的最大相对磁导率、剩磁及矫顽磁力列在表 5-2-1 中。

**常用磁性材料的最大相对磁导率、剩磁及矫顽磁力**　　　　　　表 5-2-1

| 材 料 名 称 | $\mu_{max}$ | $B_r/T$ | $H_c(A/m)$ |
|---|---|---|---|
| 铸铁 | 200 | 0.475～0.5 | 880～1 040 |
| 硅钢片 | 8 000～10 000 | 0.800～1.200 | 32～64 |
| 坡莫合金(78.5%Ni) | 20 000～200 000 | 1.100～1.400 | 4～24 |
| 碳钢(0,45%C) | | 0.800～1.100 | 2 400～3 200 |
| 铁镍铝钴合金 | | 1.100～1.350 0 | 40 000～52 000 |
| 稀土钴 | | 0.600～1.000 | 320 000～690 000 |
| 稀土钕铁硼 | | 1.100～1.400 | 600 000～900 000 |

# 5.3　磁路及其基本定律

在变压器、电动机和各种铁磁元件等电气设备和测量仪表中,为了使减小的励磁电流产生足够大的磁通或磁感应强度,采用磁导率高的磁性材料做成一定形状的铁心,形成导磁路径。

所谓磁路(Magnetic Circuit)就是经过这些磁性材料构成的磁通路径,它是一个闭合通路。磁路特点:铁心中的磁场比周围空气中的磁场强得多;在限定的区域内利用较小的电流获得较强的磁场;主磁通远远大于漏磁通。

前面讨论的闭环线圈的磁路如图 5-1-1 所示,磁通经过铁心闭合,铁心中磁场均匀分布,这种磁路也称均匀磁场。图 5-3-1 是四极直流电机的磁路,图 5-3-2 是交流接触器的磁路,磁通都经过铁心和空气隙闭合,磁场分布不均,所以又称不均匀磁路。

对磁路进行分析计算,也要用到一些基本定律,其中最基本的是磁路欧姆定律。根据前面我们讨论过磁场强度 $B$ 与励磁电流 $I$ 的关系,即

$$B = \mu \frac{NI}{l} = \mu H$$

由此式可得

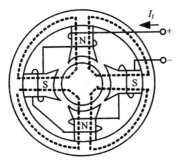

图 5-3-1　直流电机的磁路

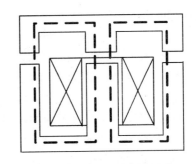

图 5-3-2　交流接触器的磁路

$$NI = Hl = \frac{B}{\mu}l = \frac{\Phi}{\mu S}l \qquad (5\text{-}3\text{-}1)$$

或

$$\Phi = \frac{NI}{\dfrac{l}{\mu S}} = \frac{F}{R_{\mathrm{m}}} \qquad (5\text{-}3\text{-}2)$$

式中：$F$——磁通势（Magneto Motive Force），此为产生磁通的激励，$F = NI$；

　　　$R_{\mathrm{m}}$——磁阻（Reluctance），表示磁路对磁通具有阻碍作用；

　　　$l$——磁路（Magnetic Circuit）的平均长度；

　　　$S$——磁路的截面积。

式(5-3-2)在形式上与电路的欧姆定律相似，故也称为磁路的欧姆定律。

**磁路与电路对照**　　表 5-3-1

| 磁　　　路 | 电　　　路 |
|---|---|
| 磁动势 $F$<br>磁通量 $\Phi$<br>磁感应强度 $B$<br>磁阻 $R_{\mathrm{m}} = \dfrac{l}{\mu S}$ | 电动势 $E$<br>电流 $I$<br>电流密度 $J$<br>电阻 $R = \dfrac{l}{\gamma S}$ |
| $\Phi = \dfrac{F}{R_{\mathrm{m}}} = \dfrac{NI}{\dfrac{l}{\mu S}}$ | $I = \dfrac{E}{R} = \dfrac{E}{\dfrac{l}{\gamma S}}$ |

从表 5-3-1 可以看出，磁路与电路有很多相似之处，但磁路的分析与计算要比电路难得多。关于磁路的计算，我们可以直流磁路计算作简单的介绍。

如果磁路是均匀，则可用式(5-3-1)计算求得。

如果磁路是由不同的材料或不同长度和截面积的几段组成的，即磁路是由磁阻不同的几

段串联而成的,即

$$NI = H_1l_1 + H_2l_2 + \cdots + H_nl_n = \sum(Hl) \qquad (5\text{-}3\text{-}3)$$

式(5-3-3)中的 $H_nl_n$ 也称为磁路各段的磁压降。

图 5-3-3 是继电器的磁路,从图中可以看出磁路是由三段串联(其中一段是空气隙)而成的。若已知磁通和各段的材料及尺寸,则可按下面的步骤来求磁通势:

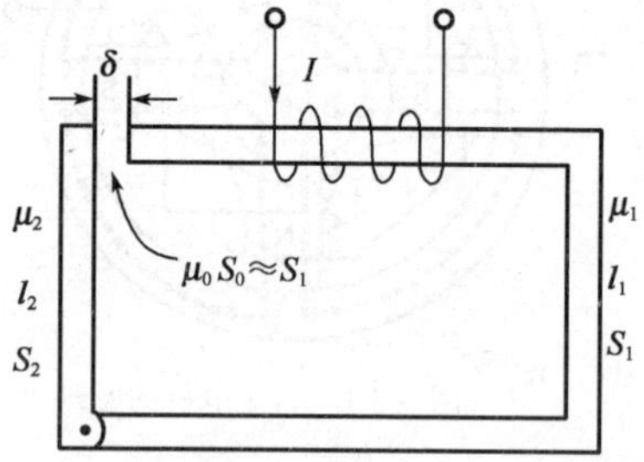

(1)由于各段磁路的截面积不同,但其中又通过同一磁通,因此各段磁路的磁感应强度也就不同,可分别按下列各式计算

$$B_1 = \frac{\Phi}{S}, B_2 = \frac{\Phi}{S}, \cdots$$

图 5-3-3 继电器的磁路

(2)根据各段磁路材料的磁化曲线($B$-$H$ 曲线)找出 $B_1$,$B_2$,$\cdots$ 相对应的磁场强度 $H_1$,$H_2$,$\cdots$。空气隙或其他非磁性材料的磁场强度 $H_0$,可直接应用下式获得

$$H_0 = \frac{B_0}{\mu_0} = \frac{B_0}{4\pi \times 10^{-7}} \text{A/m}$$

(3)计算各段磁路的磁压降 $Hl$。

(4)应用式(5-3-3)求出磁通势 $NI$。

【例 5-3-1】 已知有一铁心线圈,线圈的匝数 1 000,磁路平均长度 60cm,其中含有的 0.2cm空气隙,若要使铁心中的磁感应强度为 1.0T,问需要多大的励磁电流?(假定铁心材料,磁感应强度为 1.0T 时,对应的磁场强度为 600A/m)

【解】 根据式(5-3-3)得总磁通势为

$$NI = Hl + H_0l_0 = Hl + \frac{B_0}{4\pi \times 10^{-7}}l_0$$

$$= \left[ 600 \times (0.6 - 0.002) + \frac{1.0}{4\pi \times 10^{-7}} \times 0.002 \right] \text{A}$$

$$= (58.8 + 1\,592.3)\text{A}$$

$$= 1\,951.1\text{A}$$

已知线圈的匝数 $N=1\,000$,在励磁电流 $I$ 为

$$I = \frac{1\,951}{1\,000}\text{A} = 1.95\text{A}$$

【例 5-3-2】 已知有一闭合的均匀铁心线圈,其匝数为 300,铁心中的磁感应强度为 0.9T,磁路的平均长度为 45cm,试求:

(1)铁心材料为铸铁时线圈中的电流;

(2)铁心材料为硅钢片时线圈中的电流。

【解】 先从图 5-2-4 中的磁化曲线查出磁场强度 $H$,然后再根据式(5-3-2)算出电流。

(1)$H_1 = 9\,000\text{A/m}$,$I_1 = \frac{H_1l}{N} = \frac{9\,000 \times 0.45}{300}\text{A} = 13.5\text{A}$

(2)$H_2 = 260\text{A/m}$,$I_2 = \frac{H_2l}{N} = \frac{260 \times 0.45}{300}\text{A} = 0.39\text{A}$

可见由于所用铁心材料的不同,要得到同样的磁感应强度,则所需要的磁通势或励磁电流的大小相差就很悬殊。因此,采用磁导率高的铁心材料,可使线圈的用铜量大为降低。如果在上面(1)、(2)两种情况下,线圈中通有同样大小的电流0.39A,则铁心中的磁场强度是相等的,都是260A/m。但从图5-2-4的磁化曲线可查出

$$B_1 = 0.05\text{T} \qquad B_2 = 0.9\text{T}$$

两者相差17倍,磁通也相差17倍。在这种情况下,如果要得到相同的磁通,那么铸铁铁心的截面积就必须增加17倍。因此,采用磁导率高的铁心材料,可使铁心的用铁量大为降低。

**【例5-3-3】**　有一环形铁心线圈,其内径为10cm,外径为15cm,铁心材料为铸钢。磁路中含有一空气隙,其长度等于0.2cm。设线圈中通有1A的电流,如要得到0.9T的磁感应强度,试求线圈匝数。

**【解】**　磁路的平均长度为

$$l = \left[\frac{(10+15)}{2}\pi\right]\text{cm} = 39.2\text{cm}$$

从图5-2-4中所示的铸钢的磁化曲线查出,当$B=0.9\text{T}$时,$H_1=500\text{A/m}$,于是

$$H_1 l_1 = [500 \times (39.2 - 0.2) \times 10^{-2}]\text{A} = 195\text{A}$$

空气隙中的磁场强度为

$$H_0 = \frac{B_0}{\mu_0} = \frac{0.9}{4\pi \times 10^{-7}}\text{A/m} = 7.2 \times 10^5\text{A/m}$$

于是

$$H_0\delta = \frac{B_0}{\mu_0} = 7.2 \times 10^5 \times 0.2 \times 10^{-2}\text{A} = 1\,440\text{A}$$

总磁通势为

$$NI = H_1 l_1 + H_0\delta = (195 + 140)\text{A} = 1\,635\text{A}$$

线圈匝数为

$$N = \frac{NI}{I} = \frac{1\,635}{1} = 1\,635$$

可见,当磁路中含有空气隙时,由于其磁阻较大,磁通势差不多都用在空气隙上面。

总结以上几个例题,可得出下面几个实际结论:

(1)如果要得到相等的磁感应强度,采用磁导率高的铁心材料,可使线圈的用铜量大为降低;

(2)如果线圈中通有同样大小的励磁电流,要得到相等的磁通,采用磁导率高的铁心材料,可使铁心的用铁量大为降低;

(3)线圈匝数一定,当磁路中含有空气隙时,由于其磁阻较大,要得到相等的磁感应强度,必须增大励磁电流。

# 5.4　交流铁心线圈

根据铁心线圈的励磁电流不同,把铁心线圈分为直流铁心线圈和交流铁心线圈。直流铁

心线圈的励磁电流是直流(如直流电机的励磁线圈、电磁吸盘及各种直流电器的线圈),产生的磁通是恒定的,在线圈和铁心中不会感应出电动势来,其损耗仅仅是线圈的热损耗(即 $RI^2$);而交流铁心线圈的励磁电流是交流电流,铁心中产生的电流是交变的,在线圈和铁心中会产生感应电动势,存在电磁关系、电压和电流关系以及功率损耗问题,分析过程较烦琐。

### 一、电磁关系

图 5-4-1 是交流铁心线圈的电磁路图。

当线圈通过励磁电流 $i$,则在铁心中产生磁通势 $Ni$。它有两部分组成:主磁通 $\Phi$ 和漏磁通 $\Phi_0$。主磁通 $\Phi$ 是流经铁心的工作磁通,漏磁通 $\Phi_\sigma$ 是由于空气隙或其他原因损耗的磁通,它不流经铁心。主磁通(Main Flux)和漏磁通(Leakage Flux)都要在线圈中产生感应电动势,一个是主磁通感应电动势 $e$,另一个是漏磁通感应电动势 $e_\sigma$。

因为主磁通 $\Phi$ 是流经铁心的,铁心的磁导率 $\mu$ 是随磁场强度 $H$ 而变化的,所以铁心线圈的励磁电流 $i$ 和主磁通 $\Phi$ 不呈线性关系;而漏磁通 $\Phi_\sigma$ 不流经铁心,其漏磁电感 $L_\sigma$ 可近似是个定值,所以励磁电流和漏磁通呈线性关系。

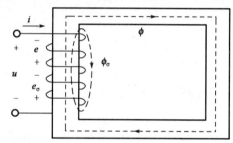

图 5-4-1 交流铁心线圈电路和漏磁通

### 二、电压电流关系

铁芯线圈交流电路中电压和电流之间的关系可由基尔霍夫电压定律得出,即

$$u + e + e_\sigma = Ri \tag{5-4-1}$$

式(5-4-1)中,$e$ 是主磁通感应电动势,其值根据法拉第定律得出,即为

$$e = -N\frac{\mathrm{d}\Phi}{\mathrm{d}t}$$

$e_\sigma$ 是漏磁通感应电动势,其值根据法拉第定律得出,即为

$$e_\sigma = -\frac{\mathrm{d}\Phi_\sigma}{\mathrm{d}t} = -L_\sigma\frac{\mathrm{d}i}{\mathrm{d}t}$$

$R$ 为铁心线圈的电阻,所以式(5-4-1)可表示为

$$u = Ri - e - e_\sigma = Ri + L_\sigma\frac{\mathrm{d}i}{\mathrm{d}t} + (-e) = u_R + u_\sigma + u' \tag{5-4-2}$$

若 $u$ 为正弦量,则式(5-4-2)用相量表示为

$$\dot{U} = R\dot{I} + (-\dot{E}) + (-\dot{E_\sigma}) = R\dot{I} + (-\dot{E}) + \mathrm{j}X_\sigma\dot{I} = \dot{U}_R + \dot{U}_\sigma + \dot{U}' \tag{5-4-3}$$

式中:$X_\sigma$——漏磁感抗,$X_\sigma = \omega L$。

若设主磁通 $\Phi = \Phi_\mathrm{m}\sin\omega t$,则

$$e = -N\frac{\mathrm{d}\Phi}{\mathrm{d}t} = -N\frac{\mathrm{d}(\Phi_\mathrm{m}\sin\omega t)}{\mathrm{d}t} = -N\omega\Phi_\mathrm{m}\cos\omega t$$

$$= 2\pi fN\Phi_\mathrm{m}\sin(\omega t - 90) = E_\mathrm{m}\sin(\omega t - 90) \tag{5-4-4}$$

式中:$E_\mathrm{m}$ 是主磁电动势 $e$ 的幅值,$E_\mathrm{m} = 2\pi fN\Phi_\mathrm{m}$,其有效值为

$$E = \frac{E_{\mathrm{m}}}{\sqrt{2}} = \frac{2\pi f N \Phi_{\mathrm{m}}}{\sqrt{2}} = 4.44 f N \Phi_{\mathrm{m}} \qquad (5\text{-}4\text{-}5)$$

通常,线圈的电阻 $R$ 和感抗 $X$ 较小,于是可忽略不计,得

$$\dot{U} \approx -\dot{E} \qquad (5\text{-}4\text{-}6)$$

$$U \approx E = 4.44 f N \Phi_{\mathrm{m}} \qquad (5\text{-}4\text{-}7)$$

可见,当电压、频率、线圈匝数一定时,$\Phi_{\mathrm{m}}$ 基本保持不变,即交流铁心(Iron Core)线圈(Winding)具有恒磁通特性。

### 三、功率损耗

与直流铁心线圈不同,交流铁心线圈的功率损耗包括铜损和铁损。铁心的交变磁化作用产生铁损(Iron Loss),由磁滞和涡流产生的,所以,交流铁心线圈的有功功率(功率损耗)为

$$P = UI\cos\varphi = RI^2 + \Delta P_{\mathrm{Fe}}$$

铜损(Copper Loss)是由于铁心线圈有电阻值 $R$,当有电流经过时产生的热损耗。

铁损 $\Delta P_{\mathrm{Fe}}$ 是磁滞损耗 $\Delta P_{\mathrm{h}}$ 和涡流损耗 $\Delta P_{\mathrm{e}}$ 两部分组成,它们都引起铁心发热。

磁滞损耗 $\Delta P_{\mathrm{h}}$ 是由于铁心的磁滞性产生的,减小磁滞损耗的方法是选用磁滞回线狭小的磁性材料做线圈的铁心。硅钢就是变压器和电机中常用的铁心材料。

涡流损耗 $\Delta P_{\mathrm{e}}$ 是由于铁心的涡流产生的。当线圈中通有交流电流时,交变的电流将产生交变的磁通,一方面在线圈中产生感应电动势,另一方面也要在铁心内产生电动势和感应电流,这种电流称为涡流。减小涡流损耗的方法是,铁心有彼此绝缘(Insulation)的钢片叠成(如硅钢片)。涡流是有害的,它会引起铁心的发热,要加以限制。但在有些场合下,我们也可以利用,如利用涡流和磁场相互作用而产生的电磁力的原理制造感应式仪表、滑差电机或用其热效应冶炼金属等。

## 5.5　电　磁　铁

电磁铁通常是由线圈、铁心和衔铁三个主要部分组成的,如图 5-5-1 所示。

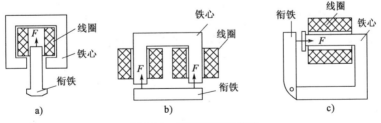

图 5-5-1　几种电磁铁的构造

其工作原理大致如下:线圈通电后在它的周围会产生磁场,如果在线圈内放入软磁材料做成的铁心,铁心就会被磁化产生磁性。对于电磁铁来说,励磁线圈通电后产生的磁通经过铁心和衔铁形成闭合磁路,使衔铁也被磁化,并产生与铁心不同的异性磁极,从而产生电磁吸力。

电磁铁有直流电磁铁和交流电磁铁两大类。电磁铁在工业中的应用极为普遍,如继电器、

接触器等,利用电磁铁来吸合、分离触点。

电磁铁的吸力 $F$ 是它的主要参数之一,即由于线圈得电,铁心被磁化后对衔铁的引力。吸力的大小与铁心和衔铁间空气隙的截面积 $S_0$、空气隙中磁感应强度 $B_0$ 的平方成正比。计算吸力的基本公式为

$$F = \frac{10^7}{8\pi} B_0^2 S_0 (\mathrm{N})$$ (5-5-1)

交流电磁铁中磁场是交变的,设

$$B_0 = B_\mathrm{m} \sin \omega t$$

则吸力为

$$f = \frac{10^7}{8\pi} B_\mathrm{m}^2 S_0 \sin^2 \omega t = \frac{10^7}{8\pi} B_\mathrm{m}^2 S_0 \left( \frac{1 - \cos 2\omega t}{2} \right)$$

$$= F_\mathrm{m} \left( \frac{1 - \cos 2\omega t}{2} \right) = \frac{1}{2} F_\mathrm{m} - \frac{1}{2} F_\mathrm{m} \cos 2\omega t$$ (5-5-2)

式中:$F_\mathrm{m}$——吸力的最大值,其平均值为

$$F = \frac{1}{T} \int_0^T f \mathrm{d}t = \frac{1}{2} F_\mathrm{m} = \frac{10^7}{16\pi} B_\mathrm{m}^2 S_0 (\mathrm{N})$$

其中,吸力的单位是牛顿(N)。

由式(5-5-2)可知,吸力在零与最大值 $F_\mathrm{m}$ 之间脉动,如图5-5-2所示。因而衔铁以两倍电源频率在颤动,引起噪声,同时触点容易损坏。为了消除这种现象,可在磁极的部分端面上套一个分磁环,如图5-5-3所示。于是在分磁环(或称短路环)中便产生感应电流,以阻碍磁通的变化,使在磁极两部分中的磁通 $\phi_1$ 与 $\phi_2$ 产生一相位差,因而磁极各部分的吸力也就不会同时降为零,这就消除了衔铁的颤动,当然也就除去了噪声。

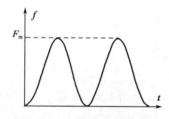

图 5-5-2 交流电磁铁的吸力

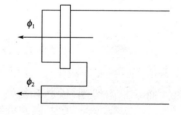

图 5-5-3 分磁环

在交流电磁铁中,为了减小铁损,它的铁心是由钢片叠成。而在直流电磁铁中,铁心是用整块软钢制成的。

交直流电磁铁除有上述的不同外,在使用时还应该知道,它们在吸合过程中电流和吸力的变化情况也是不一样的。

在直流电磁铁中,励磁电流仅与线圈电阻有关,不因气隙的大小而变。但在交流电磁铁的吸合过程中,线圈中电流(有效值)变化很大。因为其中电流不仅与线圈电阻有关,而主要的还与线圈感抗有关。在吸合过程中,随着气隙的减小,磁阻减小,线圈的电感和感抗增大,因而电流逐渐减小。因此,如果由于某种机械障碍,衔铁或机械可动部分被卡住,通电后衔铁吸合不上,线圈中就流过较大电流而使线圈严重发热,甚至烧毁,这点必须注意,如表5-5-1所示。

即使额定电压相同的交、直流电磁铁也绝不能互换使用。

**直流电磁铁与交流电磁铁比较**　　　　　　　　　　　　　　　表 5-5-1

| 内　　容 | 直流电磁铁 | 交流电磁铁 |
|---|---|---|
| 铁心结构 | 由整块软钢制成,无短路环 | 由硅钢片制成,有短路环 |
| 吸合过程 | 电流不变,吸力逐渐增加 | 吸力基本不变,电流减小 |
| 吸合后 | 无振动 | 有轻微振动 |
| 吸合不好时 | 线圈不会过热 | 线圈会过热,可能会烧坏 |

用电磁铁来制动机床和起重机的电动机,电路如图 5-5-4 所示。

当接通电源时,电磁铁动作而拉开弹簧 2,把抱闸 3 提起,于是开了装在电动机轴上的制动轮 4,这时电动机便可自由转动。

当电源断开时,电磁铁的衔铁落下,弹簧便把抱闸压在制动轮上,于是电动机就被制动停转。在各种电磁继电器和接触器中,电磁铁的任务是通断电路。

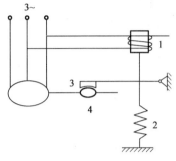

图 5-5-4　电磁铁 1 的线圈与电动机并联

# 习　　题

**一、选择题**

1. 能定量反映磁场中各个不同点磁场强度的物理量是____。
   A. 磁通密度　　　　　B. 磁力线　　　　　C. 磁通　　　　　D. 电磁力

2. 右手螺旋定则中,拇指所指的方向是____。
   A. 电流方向　　　　　B. 磁力线方向　　　　C. 电场方向　　　　D. A 或 B

3. 一段导线在磁场中运动,则____。
   A. 一定产生感应电势　　　　　　　　B. 一定产生感应电流
   C. 一定产生感应电势和电流　　　　　D. 不一定产生感应电势

4. 铁磁材料在磁化时,其磁通密度随励磁电流的增加而增加的量越来越少时,称之为磁化过程的____。
   A. 线性段　　　　　B. 半饱和段　　　　C. 饱和段　　　　D. 反比段

5. 铁心线圈通交流电后,铁心发热的主要原因是____。
   A. 涡流损耗　　　　　B. 磁滞损失　　　　C. 剩磁　　　　D. A+B

6. 导体在磁场中作切割磁力线运动,产生感应电动势,此电动势的方向以____来判断。
   A. 左手定则　　　　　B. 右手定则　　　　C. 左手螺旋定则　　　　D. 楞次定律

7. 电磁感应现象是指____。
   A. 有磁场就会产生感应电动势
   B. 载流导体在磁场中受力的作用
   C. 载流导体周围存在有磁场

D. 变化的磁场能使线圈中产生感应电动势

二、问答题

1. 有一铁心线圈，匝数 $N=1\,000$，铁心的截面积 $S=20\mathrm{cm}^2$，平均长度 $L=50\mathrm{cm}$。要使得在铁心中产生磁通 $\Phi=0.001\mathrm{Wb}$，求通入线圈的直流电流 $I$ 的大小。

2. 上题中（题1），如通入线圈的直流电流为 $2\mathrm{A}$，求铁心中产生的磁通。

3. 简述交流铁心线圈的功率损耗有哪些？它们是怎样产生的？如何减少？

4. 简述交流铁心线圈的空气隙的影响。

5. 有一交流铁心线圈，电源电压 $U=220\mathrm{V}$，$f=50\mathrm{Hz}$，电路中的电流 $I=4\mathrm{A}$，功率 $P=100\mathrm{W}$，设线圈漏磁和线圈电阻忽略不计，求：

（1）铁心线圈的功率因数；

（2）铁心线圈的等效电阻和感抗。

6. 简述电磁铁的工作原理、主要用途及其特点。

7. 直流电磁铁与交流电磁铁有什么不同？额定电压相同的交、直流电磁铁能否互相代替使用？

# 第6章 半导体器件

**基本要求：**

1.熟练掌握 PN 结的特性；

2.熟练掌握二极管的符号、特性以及伏安特性曲线；

3.熟练掌握三极管的结构、类型、符号以及特性曲线。

半导体二极管、三极管、场效应管是电子技术的常用元件。只有知道这些常见元件的结构、工作原理，并熟悉其性能和特点，才能正确选择和合理使用半导体元件，快速准确分析电子电路的工作原理。本章主要介绍半导体特点、PN 结的形成及其特点，然后介绍二极管、三极管、场效应管的结构、工作原理、主要参数以及它们的外部特性和简单的应用电路。

## 6.1 半导体器件基础

所谓半导体，就是它的导电能力介于导体与绝缘体之间，如硅、锗、硒以及大多数金属氧化物和硫化物都是半导体。

很多半导体的导电能力在不同条件下有很大的差别。例如有些半导体对温度特别敏感，环境温度升高时，它们的导电能力要增强很多，利用这种特性做成各种光敏电阻。又如有些半导体受到光照时，它们的导电能力变得很强，当无光照时，又变得像绝缘体那样不导电，利用这种特性做成各种光敏电阻。

更重要的是，如果在纯净的半导体中掺入某种微量杂质元素后，其导电能力就会大幅度增加。例如在纯硅中掺入百万分之一的磷以后，其电阻率 $\rho$ 从 $2.14 \times 10^5 \Omega \cdot cm$ 变化到 $0.2\Omega \cdot cm$。各种不同用途的半导体器件（如二极管、三极管、场效应管）就是利用半导体的这个特性制成的。

通常半导体有纯净半导体和杂质半导体之分，纯净半导体又称为本征半导体。

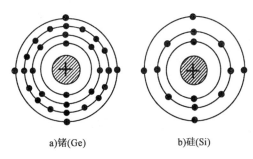

a)锗(Ge)　　　　b)硅(Si)

图 6-1-1　锗、硅原子结构图

### 一、本征(Intrinsic)半导体

典型的半导体材料硅和锗，都是四价元素，即每个原子的外层有四个价电子，其原子结构如图 6-1-1 所示。相邻原子的一对最外层电子成为共用电子，组成稳定结构，这样的组合称为共价键结构，如图 6-1-2 所示。本征半导体在不受外界激发或绝对零度时($T=0$K)不导电，但

当受到阳光照射或温度升高时,将有少数价电子获得足够的能量,从而克服原子核的束缚成为自由电子,并在原来共价键位置留下一空位,称为空穴。自由电子和空穴被称为半导体的两种载流子。因此,半导体会在两种载流子作用下导电,这种产生自由电子-空穴对的过程称为本征激发,如图 6-1-3 所示。但这种导电是由于少数自由电子游离出来而产生的,所以导电能力比较弱。本征半导体虽然有载流子的存在,但仍然呈中性。

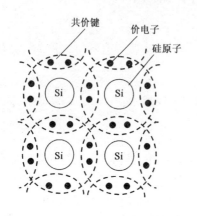

图 6-1-2  单晶硅中的共价键结构

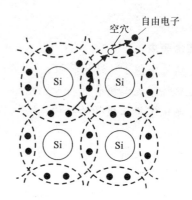

图 6-1-3  空穴和自由电子的形成

## 二、N 型半导体和 P 型半导体

本征半导体的导电能力很低,实际使用价值不大。通常采用掺入微量杂质(通常是三价或五价的元素)的方法提高其导电能力。

根据掺入的杂质不同,杂质半导体有两大类:N 型半导体和 P 型半导体。

N 型半导体是指在本征半导体中掺入五价元素(如磷、砷、锑)等,由于这类元素的最外层电子数目有五个,由原子结构理论知,它的四个电子与周围相邻的四个硅原子形成稳定的共价键结构,如图 6-1-4 所示,多余的第五个电子很容易挣脱原子核的束缚而成为自由电子,即掺入五价元素后,与本征半导体相比自由电子数目大大增加,成为多数载流子。由于自由电子增多后,增加了自由电子填补空穴的机会,使空穴数目反而减少,故空穴成为少数载流子。

P 型半导体是指在本征半导体中掺入三价元素(如硼、铝、铟)等,由于这类原子的最外层电子的数目有三个,由原子结构理论知,一个这样的原子与周围相邻的四个硅原子形成稳定的共价键结构,但会留下一个空穴,如图 6-1-5 所示。即掺入三价元素后,与本征半导体相比,空穴数目大大增加,成为多数载流子。由于空穴增多,增加了自由电子填补空穴的机会,使自由电子数目反而减少,故在 P 型半导体中自由电子被称为少数载流子。

要注意的是,不论是 N 型半导体还是 P 型半导体,虽然它们都有一种载流子占多数,但整个晶体仍然是不带电的。

## 三、PN 结

P 型或 N 型半导体的导电能力虽然大大增强,并不能直接用来制造半导体器件。

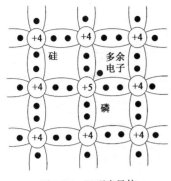

图 6-1-4　N 型半导体

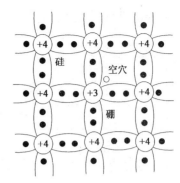

图 6-1-5　P 型半导体

### 1. PN 结的形成

图 6-1-6 是用专门的制造工艺在同一块半导体基片上形成 P 型半导体和 N 型半导体,在两种半导体的交界面附近,存在自由电子和空穴的浓度差。于是 N 区中的电子向 P 区扩散,并被 P 区的空穴复合。而 P 区的空穴也向 N 区扩散,并在 N 区被电子复合。结果在界面的两侧形成了由等量正、负离子形成的空间电荷区,建立内电场,方向由 N 区指向 P 区,因此内电场有阻碍多子扩散、利于少子漂移的作用。最后,因浓度差而产生的扩散力被内电场力所抵消,使扩散和漂移运动达到动态平衡。在一定条件下(例如温度一定),空间电荷区的宽度相对稳定,即形成 PN 结。这时,形成电荷区的正负离子虽然带电,但是他们不能移动,不参与导电,所以空间电荷区的电阻率很高。而在这区域内,载流子极少,所以空间电荷区又称耗尽区。PN 结中没有电流。

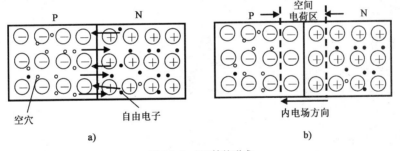

图 6-1-6　PN 结的形成

### 2. PN 结的单向导电性

(1)PN 结加正向电压

即 P 区接在电源的正极上,N 区接在电源的负极上,此时称 PN 结为正向偏置,如图 6-1-7 所示。由于正向电压与内电场的方向相反,所以有利于多子扩散,抑制少子漂移。因此,加正向电压时,正向电流较大,处于导通状态。

(2)PN 结加反向电压

将 PN 结的 N 区接在电源的正极上,P 区接在电源的负极上,称为给 PN 结加上反向电压(或称反向偏置)如图 6-1-8 所示。此反向电压和内电场的作用相同,抑制多子扩散,利于少子漂移。因此,加反向电压时,反向电流很小,处于截止状态。

由以上分析可知,PN 结具有单向导电性。

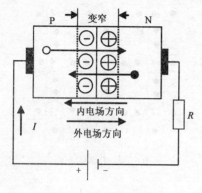

图 6-1-7　PN 结加正向电压

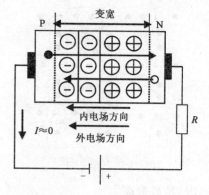

图 6-1-8　PN 结加反向电压

# 6.2　半导体二极管

## 一、二极管的符号和类型

半导体二极管(Diode),实际上是由一个 PN 结加上电极引线与外壳(塑料、玻璃或金属材料)制成的。由 P 区引出的电极称为阳极(Anode)或正极(Positive Electrode),由 N 区引出的电极称为阴极(Catelectrode)或负极(Negative Electrode)。外形图如图 6-2-1 所示,符号如图 6-2-2所示。

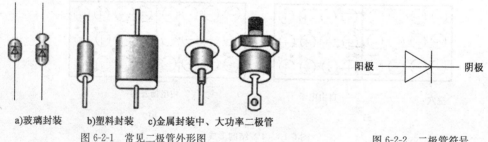

a)玻璃封装　　b)塑料封装　　c)金属封装中、大功率二极管

图 6-2-1　常见二极管外形图

图 6-2-2　二极管符号

二极管的类型很多,根据 PN 结接触面的大小,二极管可分为点接触型和面接触型。点接触型二极管(一般是锗管)的特点是 PN 结的接触面积小,不能通过大电流但其电容也小,常用于高频检波和脉冲数字电路里的开关元件,也可用于小电流整流。使用时要注意,它不能承受较高的反向电压和大电流。面接触型二极管(硅管较多)的 PN 结面积大,可以通过的正向电流比点接触型的二极管大得多,常用作整流管,但其结电容也大,只适用在低频电路中工作。按所用材料不同分有锗管和硅管,按用途分有整流管、检波二极管、稳压二极管和开关二极管等。

## 二、二极管的伏安特性

二极管实际上就是一个 PN 结,当在其两端分别加上正反向电压,如图 6-2-3 所示,并逐点测量流过其中的电流,就可以描绘出反映二极管两端电压和流过其中电流之间的特性曲线。该曲线称为二极管的伏安特性(Volt-Ampere Characteristics)。图 6-2-4 给出了较为典型的硅管的伏安特性曲线。注意图中正反向电压、电流大小和单位的不同。

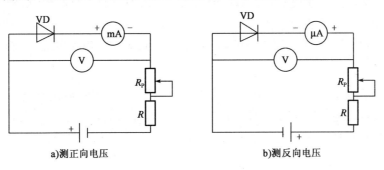

a)测正向电压　　　　　　　　　　b)测反向电压

图 6-2-3　测试二极管伏安特性电路

### 1.正向特性

由图 6-2-4 可见,对某一给定的二极管,当外加的电压低于一定值时,由于外电场还不能克服 PN 结内电场对多数载流子作扩散运动的阻力,故正向电流很小,几乎为零。而当正向电压超过此定值时,正向电流增长很快,这个正向电压的定值通常被称为死区电压,其大小与材料及环境温度有关。一般来说,硅管的死区电压为 0.5V,锗管的死区电压为 0.1V。当二极管正向电压超过死区电压后,正向电流变化很大,而电压变化不大:硅管约为 0.6~0.7V;锗管约为 0.2~0.3V。为了讨论和计算方便,通常认为二极管正向导通后电压固定在某个值,这个值被称为导通电压,以后我们在计算时,统一取硅管的导通电压为 0.6V,锗管的导通电压为 0.2V。

### 2.反向特性

当外加反向电压时,反向电流很小,二极管反向截止。

当外加反向电压增大到一定值时,反向电流突然增大,二极管被反向击穿(Breakdown)。此时的反向电压称为反向击穿电压,一般的二极管反向击穿后将因反向电流过大而损坏。

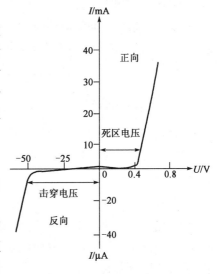

图 6-2-4　二极管的伏安特性曲线

有时为了讨论方便,在一定条件下,可以把二极管的伏安特性理想化,即认为二极管的死区电压和导通电压都等于零,反向电流也等于零,这样的二极管称为理想二极管。

## 三、二极管的参数

二极管的参数是反映二极管性能质量的指标,在选用二极管时,必须根据二极管参数合理使用二极管。二极管的参数如下:

### 1. 最大整流电流 $I_{OM}$

最大整流电流是指二极管长时间使用时,允许流过的最大正向平均电流。使用时通过二极管的平均电流要小于这个电流,否则,电流过大,将因 PN 结过热而烧坏二极管。点接触型二极管的最大整流电流在几十个毫安以下。面接触型二极管的最大整流电流较大,通常在 100mA 以上。而专门为整流电路设计的整流二极管的最大整流电流可达几个安培。

### 2. 反向工作峰值电压 $U_{RM}$

为确保二极管安全使用所允许施加的最大反向电压,一般为反向击穿电压的一半或三分之二。如 2CP10 硅二极管的最高反向工作电压为 25V,而反向击穿电压约为 50V。点接触型二极管的最高反向工作电压一般是数十伏,而面接触型二极管的最高反向电压可达数百伏。

### 3. 反向峰值电流 $I_{RM}$

二极管加反向工作峰值电压时的反向电流值。此值越小,则二极管的单向导电性就越好。反向电流大,表明二极管的单向导电性能差,并且受温度的影响大。硅管的反向电流较小,一般在几个微安以下;锗管的反向电流较大,为硅管的几十到几百倍。

### 4. 最大整流电流时的正向压降 $U_F$

锗管通常≤1.2V;硅管通常≤1.5V。

### 5. 最高工作频率 $f_M$

指保持二极管单向导电性能时外加电压的最高频率。二极管工作频率与 PN 结的极间电容大小有关,容量越小,工作频率越小。

二极管的参数很多,其中最大整流电流 $I_{OM}$ 和反向工作峰值电压 $U_{RM}$ 是主要参数。

## 四、二极管的检测

在使用二极管时,必须注意它的极性不能接错,否则电路不能正常工作,甚至会损坏器件。如果二极管上没有极性标记,可以用万用表的电阻挡大致测量二极管电阻的大小来判断管子的好坏和极性。

### 1. 好坏的判断

用万用表测量小功率二极管时,需把万用表的旋钮拨到欧姆 $R \times 100$ 或 $R \times 1K$ 挡,然后用两根表笔测量二极管的正反向电阻值。一般二极管的正向电阻约为几十到几百欧,反向电阻约为几千欧到几百千欧。

测量所得的正反向电阻相差越大,说明二极管的单向导电性越好。若测得管子的正反向电阻值接近,表示管子已失去单向导电作用;若正反向电阻都很小或为零,则表示管子已被击穿;若正反向电阻都很大,则说明管子内部已断路,都不能使用。

### 2. 极性的判断

在测量二极管的正、反向电阻值时,当测得的电阻值较小时,红表笔与之相接的那个电极就是二极管的负极,与黑表笔相接的那个电极为二极管的正极。反之,当测得的电阻值较大时,与红表笔相接的那个电极为管子的正极,与黑表笔相接的那个电极就是负极。

### 五、二极管电路应用举例

二极管的应用范围很广,主要都是利用它的单向导电性。它可用于整流、检波、限幅、钳位、元件保护以及在数字电路中作为开关元件等。

【例 6-2-1】 如图 6-2-5 所示电路中,已知电路中的二极管为硅管,电源电压及电阻值如图所示,问二极管 VD 是否能导通,$U_{ab}$ 为多少? 流过电阻的电流各为多少?

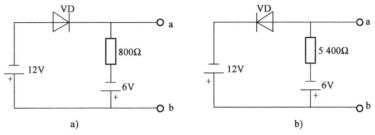

图 6-2-5 例 6-2-1 题图

【解】 分析时,可以先假设二极管不导通,来判断加在二极管两端的正向电压是否大于导通电压,若大于导通电压,则二极管导通,二极管两端实际电压等于导通电压;否则二极管截止,这条电路中无电流(反向饱和电流略去不计)。

图 a)中,假设二极管不导通后,以 b 点为参考点(即令 $V_b=0$),则二极管的正极电位为 $-12V$,负极电位为 $-6V$,所以二极管的正向电压为

$$-12V-(-6V)=-6V<0.6V$$

所以二极管截止,$U_{ab}=-6V$,流过电阻的电流为零。

图 b)中,假设二极管不导通后,以 b 点为参考点(即令 $V_b=0$),则二极管的正极电位为 $-6V$,负极电位为 $-12V$,所以二极管的正向电压为

$$-6V-(-12)V=6V>0.6V$$

所以二极管导通,导通电压为 $0.6V$,$U_{ab}=(-12+0.6)V=-11.4V$,流过电阻的电流

$$I=\frac{-12+0.6+6}{5\,400}A=-0.001A=-1mA$$

负号表示电流方向从 b 流向 a。

【例 6-2-2】 如图 6-2-6 所示,已知 $E=5V$,输入信号为正弦波 $u_i=10\sin\omega t\,V$,二极管的正向导通电压为 $0.6V$,画出输出电压信号的波形图。

【解】 分析这个电路实际上仍为分析二极管的导通与否,因为二极管的负极接在电源 $E$ 的正极,所以当电压的幅值小于 $E+0.6V$(导通电压)时,二极管是截止的,此时二极管中无电流通过,则输出的开路电压始终等于输入电压。

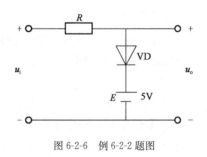

图 6-2-6 例 6-2-2 题图

当信号电压的幅值大于 $E+0.6V$(导通电压)时,二极管是导通的,此时输出电压就等于

$$E+0.6V=5.6V$$

所以输出电压信号的波形图如图 6-2-7 所示，其中虚线为输入电压波形。

在这里，二极管起削波作用。

**【例 6-2-3】** 在图 6-2-8 所示电路中，已知输入端 A 的电位 $V_A = +3V$，输入端 B 的电位 $V_B = 0V$，电阻 $R = 11.8k\Omega$，电源 $E = -9V$，二极管的导通电压为 0.2V，求输出端 Y 的电位和流过 $R$ 的电流 $I$。

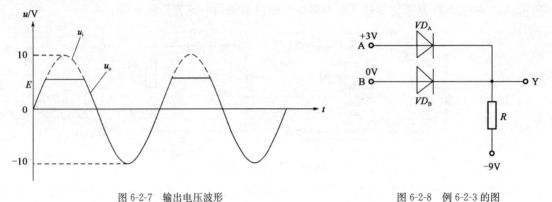

图 6-2-7 输出电压波形 　　　　　　　　　　　图 6-2-8 例 6-2-3 的图

**【解】** 分析：如果电路中有多个二极管，首先判断哪个二极管优先导通，在此基础上，判断另外二极管是否导通。由于 $VD_A$ 两端正向电压为 $[3-(-9)]V=12V$，故 $VD_A$ 导通，$VD_B$ 两端正向电压为 $[0-(-9)]V=9V<12V$，所以 $VD_A$ 优先导通，此时 Y 点的电位等于 $V_Y=(3-0.2)V=2.8V$。再看 $VD_B$，其两端的正向电压为 $(0-2.8)V=-2.8V$，故 $D_B$ 截止。

所以，$V_Y=(3-0.2)V=2.8V$

流过 $R$ 中的电流为

$$I = \frac{3-(-9)-0.2}{11.8}mA = 1mA$$

在这里，二极管 $VD_A$ 起钳位作用，二极管 $VD_B$ 起隔离作用。

## 六、特殊二极管

除一般二极管外，还有许多特殊结构和用途的二极管。例如，稳压管、发光二极管、光电二极管、光敏二极管、热敏二极管等，以下是对前三种二极管的介绍。

1. 稳压管（Zener Diode）

稳压管又称齐纳二极管，是一种特殊的面接触型半导体硅二极管。专为在电路中稳定电压而设计，故称稳压管。其表示符号如图 6-2-9 所示。

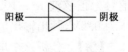

图 6-2-9 稳压管符号

如图 6-2-10 所示，稳压管的伏安特性曲线与一般二极管的伏安特性曲线相比较，其正向曲线基本相同。但稳压管通过专门设计，与一般二极管相比较有两个特别的地方：一是稳压管工作的反向击穿电压一般比较低，它的反向击穿电压就是稳压值，且它的反向特性曲线都比较陡，为了防止稳压管热击穿而损坏，电路中要串联限流电阻；二是稳压管的反向击穿是可逆的，当外加电压去掉后，稳压管又恢复常态，故它可长期工作在反向击穿区而不至损坏。从反向特性曲线可以看出，随反向电压的增大，在一定范围内,反向电流很小;当反向电压增大到击穿电压(即稳压管的稳压值)后,电流虽然在很大的范围内变化,但稳压管两端的电压几乎稳定不变,稳压管就是利用这一特性在电路中起稳压作用的。

与一般二极管不同,稳压管的参数有:

(1)稳定电压 $U_z$

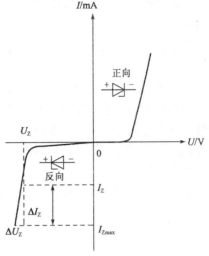

稳定电压就是稳压管在正常工作时,管子两端的电压。电子器件手册上给出的稳定电压值是在规定的工作电流和温度下测量出来的,但由于制造工艺的分散性,同一型号的稳压管其稳压值可能也有所不同,但每一个管子本身的稳压值是一定的。如 2CW14 的 $U_z$ 为 6～6.5V,即有的管子稳压在 6V,也有的管子稳压在 7.5V。再如 2CW18 稳压管的稳压值为 10～12V,有的可能稳压在 10.5V,也有的可能稳压在 11.8V。

图 6-2-10　稳压管的伏安特性曲线

(2)稳定电流 $I_z$

稳定电流是指稳压管工作在稳定电压下流过稳压管的反向电流。例如 2CW14 的 $I_z$ 为 10mA,2CW18 的 $I_z$ 为 5mA。

(3)最大稳定电流 $I_{ZM}$

最大稳定电流是指稳压管允许通过的最大反向电流,稳压管在工作时不应超出这个值。例如 2CW14 的 $I_{ZM}$ 为 33mA,2CW18 的 $I_{ZM}$ 为 20mA。

(4)动态电阻 $r_Z$

动态电阻是指稳压管两端的电压变化量与相应的电流变化的比值,即

$$r_Z = \frac{\Delta U_Z}{\Delta I_Z}$$

显然,稳压管的反向伏安特曲线越陡,则动态电阻越小,稳压性能越好,例如 2CW14 的 $r_Z \leqslant 15\Omega$,2CW18 的 $r_Z \leqslant 30\Omega$。

(5)最大耗散功率 $P_{ZM}$

最大耗散功率是指稳压管不致发生热击穿的最大功率损耗。$P_{ZM} = U_Z I_{ZM}$,2CW18 的 $P_{ZM}$ 为 250mW。

**2. 发光二极管(Light-Emitting Diode,LED)**

(1)发光二极管的符号及特性

发光二极管的符号如图 6-2-11 所示。它是一种将电能直接转换成光能的固体器件,简称 LED。发光二极管通常用元素周期表中Ⅲ、Ⅴ族元素的化合物如砷化镓、磷化镓等制成。发光二极管的驱动电压为 1.5～3V,工作电流为 2～20mA,电流的大小决定发光的亮度,电压、电流的大小依器件型号不同而稍有差异。当这种管子通以电流时将发出光来,光的波长不同,颜色也不同,常见的有红、绿、黄等颜色。发光二极管的驱动电压低、工作电流小,具有很强的抗振动和抗冲击能力。基于其体积小、可靠性高、耗电少和寿命长等优点,已被广泛应用于信号指示等电路中。

发光二极管的开启电压通常称为正向电压,不同颜色的管子该电压不同。

发光二极管的反向击穿电压一般大于5V,但为使器件长时间稳定而又可靠地工作,安全使用电压选择在5V以下。

发光二极管在出厂时,一根引线做的比另一根长,较长引线表示阳极,另一根为阴极。

(2)发光二极管的应用

①电源通断指示电路

电源通断指示电路如图6-2-12所示,在指示电路中发光二极管通常称为指示灯。发光二极管的供电电源可以是直流也可以是交流,但必须注意的是,发光二极管是一种电流控制器件,应用中只要保证发光二极管的正向工作电流在所规定的范围内,它就可以正常发光。

②数码管

数码管就是用发光二极管经过一定的排列组成的显示器件。如图6-2-13所示,是最常用的七段数码显示。要使它显示0~9的一系列数字,只要点亮其内部相应的显示段即可。

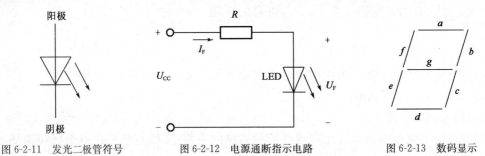

图6-2-11 发光二极管符号        图6-2-12 电源通断指示电路        图6-2-13 数码显示

3. 光电二极管(Photodiode)

光电二极管的管壳上有一个玻璃窗口,可以接受光照,且产生与光照强度成正比的反向电流,其符号如图6-2-14所示。因此可用作光的测量,当制成大面积的光电二极管时,可当作一种能源,称为光电池,如图6-2-15所示。

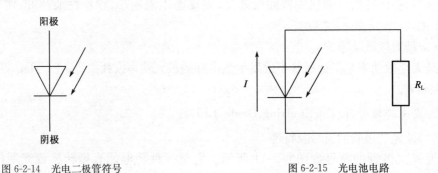

图6-2-14 光电二极管符号              图6-2-15 光电池电路

# 6.3 半导体三极管

半导体三极管(亦称晶体管)是最重要的一种半导体器件。它的电流放大作用和开关作用促使电子技术飞速发展。它是通过一定的工艺,将两个PN结结合在一起的器件。由于两个PN结之间相互联系、相互影响,在外加条件作用下,使半导体三极管表现出不同于单个 PN 结的特性。

### 一、三极管(Transistor)的类型、结构和符号

半导体三极管的种类很多:从所用材料上分有硅管和锗管两类;从制作工艺上分有平面型和合金型两类,硅管主要是平面型,锗管都是合金型;按工作频率区分,有高频管、低频管;按承受功率大小区分有小、中、大功率管。根据结构的不同,三极管又可分为 NPN 型和 PNP 型两类。常见三极管的外形如图 6-3-1 所示。

a)硅酮塑料封装　　b)金属封装小功率管　　c)金属封装大功率管

图 6-3-1　常见三极管结构外形图

无论是 NPN 型还是 PNP 型晶体管,都有三个区:发射区、基区、集电区,从这三个区可以分别引出三个电极:基极(Base)B、集电极(Collector)C、发射极(Emitter)E,两个 PN 结分别为发射区与基区之间的发射结和集电区与基区之间的集电结。见图 6-3-2。

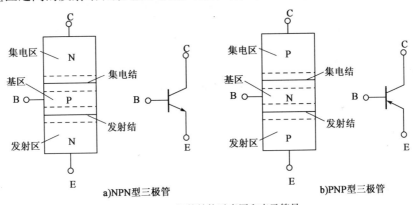

a)NPN型三极管　　　　　　　　b)PNP型三极管

图 6-3-2　三极管结构示意图和表示符号

以 NPN 管为例,我们来进行讨论。如图 6-3-2a)所示,NPN 型三极管由两个 PN 结的三层半导体制成,其特点是中间一层 P 型半导体特别薄(几微米到几十微米),两边各为一层 N 型半导体。虽然发射区和集电区都是 N 型半导体,但是发射区比集电区掺的杂质多,因此它们并不对称,使用时这两个极不能混淆。

注意:PNP 型和 NPN 型晶体管表示符号的区别是发射结的箭头方向不同,它表示发射结加正向电压时的电流方向。

NPN 型和 PNP 型晶体管的工作原理类似,仅在使用时电源极性连接不同而已。下面以 NPN 型晶体管来讨论其性质。

### 二、电流分配与电流放大作用

为了定量地分析晶体管的电流分配关系和放大原理,我们先做一个实验。实验电路如

图 6-3-3所示,将三极管接成两个回路:基极回路和集电极回路。发射极是公共端,因此这种接法称为晶体管的共发射极(Common-Emitter Configuration)接法。

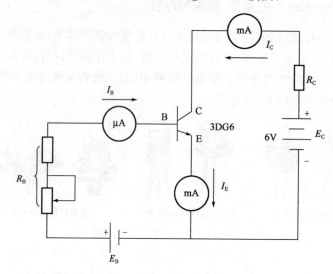

图 6-3-3　晶体管电流放大的实验电路

电路中 $E_B < E_C$,电源极性如图所示。这样就保证了发射结加的是正向电压(正向偏置),集电结加的是反向电压(反向偏置),这是晶体管实现电流放大作用的外部条件。

改变可变电阻 $R_B$,则基极电流 $I_B$、集电极电流 $I_C$ 和发射极电流 $I_E$ 都发生变化。电流方向如图所示,测量结果列于表 6-3-1 中。

**晶体管电流测量数据**　　　　　　　　　　　　　　　表 6-3-1

| $I_B$/mA | 0 | 0.02 | 0.04 | 0.06 | 0.08 | 0.10 |
|---|---|---|---|---|---|---|
| $I_C$/mA | <0.001 | 0.7 | 1.50 | 2.3 | 3.10 | 3.95 |
| $I_E$/mA | <0.001 | 0.72 | 1.54 | 2.36 | 3.18 | 4.05 |
| $I_C/I_B$ | — | 35 | 37.5 | 38.3 | 38.75 | 39.5 |
| $\Delta I_C/\Delta I_B$ | — | 40 | 40 | 40 | 42.5 | — |

由实验及测量结果可得出如下结论:

(1)基极电流 $I_B$ 与集电极电流 $I_C$ 之和等于发射极电流 $I_E$,即

$$I_E = I_B + I_C$$

此结果符合基尔霍夫电流定律。

(2)集电极电流 $I_C$ 和发射极电流 $I_E$ 比基极电流 $I_B$ 大得多,通常可认为发射极电流约等于集电极电流,即

$$I_E \approx I_C \gg I_B$$

(3)很小的 $I_B$ 变化可以引起很大的 $I_C$ 变化。从表中数据可知,基极电流较小的变化可以引起集电极电流较大的变化,也就是说,基极电流对集电极电流有小量控制大量的作用。这就是三极管的电流放大作用。

(4)要使晶体管起放大作用,发射结必须加正向电压(正向偏置),集电结必须加反向电压(反向偏置)。

还有,由表 6-3-1 我们看到对一个半导体三极管来说,电流放大系数在一定范围内几乎不变。

### 三、三极管的特性曲线

晶体管的特性曲线是分析放大电路的重要依据。三极管在共发射极接法时,信号从基极—发射极回路输入,从集电极—发射极回路输出。所以晶体管有输入特性曲线和输出特性曲线。这些特性曲线可用晶体管特性仪直观地显示出来。

#### 1. 输入特性曲线

输入特性曲线是指当集电极—发射极之间的电压 $U_{CE}$ 为常数时,输入电路(基极电路)中基极电流 $I_B$ 与基极—发射极电压 $U_{BE}$ 之间的关系,即 $I_B = f(U_{BE})$,如图 6-3-4 所示。可以看到,它类似二极管的正向伏安特性曲线,三极管的输入特性曲线也有一段死区,只有在发射结外加电压大于死区电压时,晶体管才会出现 $I_B$。硅管的死区电压约为 0.5V,锗管的死区电压约为 0.1V。在正常导通时,NPN 型硅管的 $U_{BE}$ 约为 0.6~0.7V,而 PNP 型锗管的 $U_{BE}$ 约为 $-0.2 \sim -0.3$V。且对三极管而言,当 $U_{CE} > 1$V 后即使再加大 $U_{CE}$,这条输入特性曲线基本上保持不变,它是与 $U_{CE}$ 无关的。

#### 2. 输出特性曲线

三极管的输出特性曲线是指当基极电流 $I_B$ 为常数时,输出电路(集电极电路)中集电极电流 $I_C$ 与集电极—发射极电压 $U_{CE}$ 之间的关系曲线 $I_C = f(U_{CE})$。在不同的 $I_B$ 下,可得出不同的曲线,所以晶体管输出特性曲线是一组曲线,如图 6-3-5 所示。

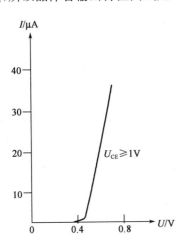

图 6-3-4　3DG6 晶体管的输入特性曲线

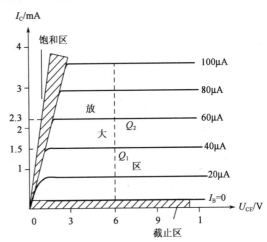

图 6-3-5　3DG6 晶体管的输出特性曲线

根据晶体管的工作状态不同可将输出特性分为三个区域。

(1)放大区

输出特性曲线的近水平部分是放大区。当发射结处于正向偏置,集电结处于反向偏置三极管处于放大状态。放大区也称线性区,在此区 $I_C = \bar{\beta} I_B$。

(2)截止区

$I_B=0$ 的曲线与横轴之间的区域。$I_B=0$ 时，$I_C=I_{CEO}\approx0$（$I_{CEO}$ 称作穿透电流）。晶体管集电极与发射极之间接近开路，类似开关断开状态。对 NPN 型硅管而言，当 $U_{BE}<0.5V$ 时，即已开始截止，但是为了可靠截止，常使 $U_{BE}<0$。截止时集电结和发射结都处于反向偏置。

（3）饱和区

输出特性曲线近似直线上升的部分称为饱和区。当 $U_{CE}<U_{BE}$ 时，三极管处于饱和状态。在饱和区，$I_B$ 的变化对 $I_C$ 的影响较小，两者不成比例。晶体管饱和时，$U_{CE}$ 值称为饱和压降，因此时的 $U_{CE}$ 值接近于零，晶体管的 C、E 两极之间接近短路，类似开关闭和状态。饱和时，发射结和集电结都处于正向偏置。

在数字电路中，三极管常用作开关元件，这时，三极管就工作在截止区和饱和区。三极管工作区的判断分析非常重要，例如：当放大电路中的三极管不工作在放大区时，放大信号就会出现严重失真。

### 四、三极管检测

用万用表测量三极管一般用×100Ω 挡，将任意一个表笔固定在三极管任意一个脚上，用另一表笔测另外两个脚，如果一次导通（电阻值小）一次不导通，则固定的脚不是基极，表笔不变，另换一个脚。如果两次都不导通，交换表笔再测。如果两次都导通，则固定的脚是基极。如果固定的表笔是黑表笔，则三极管是 NPN 型管。如果固定的表笔是红表笔，则三极管是 PNP 型管。

在测出三极管的类型和基极后，可用下面的方法测出三极管的另外两个极。

NPN 管：任意假设一个集电极，用黑表笔接在假设的集电极上，红表笔接在假设的发射极上，将两个手指弄湿捏住集电极和基极，看表针摆动情况并记住，然后假设另一个极为集电极，重复前面的做法，表针摆动大的那一次假设正确。黑表笔接的是集电极，红表笔接的是发射极。

PNP 管：任意假设一个集电极，用红表笔接假设的集电极上，黑表笔接发射极上，将两个手指弄湿捏住集电极和基极，看表针摆动情况并记住，然后假设另一个极为集电极，重复前面的做法，表针摆动大的那一次假设正确。红表笔接的是集电极，黑表笔接的是发射极。

三极管损坏一般是集电极和发射极间击穿，用万用表测集电极和发射极之间的电阻，若电阻为∞三极管一般是好的，若电阻值很小三极管坏了（大功率三极管除外）。或者用前面的办法找不出三极管的三个极，则三极管坏了，或者这个器件不是三极管。

【例 6-3-1】 已知图 6-3-6 中各三极管均为硅管，测得各管脚的电压值分别为图 6-3-6 中所示，问各三极管工作在什么区？

【解】 分析这类问题主要是根据基极—发射极电压和集电极—发射极电压来确定三极管工作区域：

图 a)中因为基极—发射极电压 $U_{BE}=0.75V$，而集电极—发射极电压 $U_{CE}=0.3V$，故可判断它的两个 PN 结均处于正向偏置，所以该三极管工作在饱和区。

图 b)中因为基极—发射极电压 $U_{BE}=0.62V$，而集电极—发射极电压 $U_{CE}=6V$，故可判断它的发射结正偏，集电结反偏，所以该三极管工作在放大区。

图 c)中因为基极—发射极电压 $U_{BE}=-0.2V$，而集电极—发射极电压 $U_{CE}=6V$，故可判断它的两个 PN 结均处于反向偏置，所以该三极管工作在截止区。

**【例 6-3-2】**　已知图 6-3-7 放大电路中各个三极管均为 NPN 型,且测得各个管脚的对地电位,判断各三极管管脚及其类型。

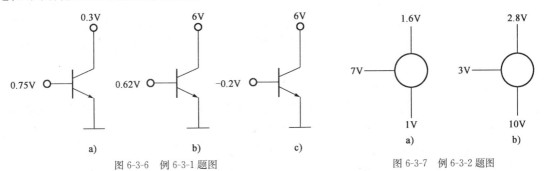

图 6-3-6　例 6-3-1 题图　　　　　　　　　　　　图 6-3-7　例 6-3-2 题图

**【解】**　分析时既然已知各个三极管均工作在放大电路中,即它们应满足三极管在放大区的工作条件,根据各个管脚的对地电位,判断原则是:

(1)中间值应为 B 极;

(2)最小值应为 E 极;

(3)最大值应为 C 极;

(4)$U_{BE}=0.6V$ 为硅管,$U_{BE}=0.2V$ 为锗管。

所以判断结果如图 6-3-7 所示,且 a)为硅管,b)为锗管。

### 五、半导体三极管的参数

晶体管的特性除用特性曲线表示外,还可用一些数据来说明,这些数据就是晶体管的参数。晶体管的参数也是设计电路、选用晶体管的依据。主要参数如下:

(1)电流放大系数 $\beta$

电流放大系数是指输出电流与输入电流的比值,它是用来衡量三极管电流放大能力的参数。管子连接方式不同时,输出电流的比值与输入电流的比值当然也不相同,但最常用的是共发射极电路的电流放大系数。由于工作状态的不同,在直流和交流两种情况下,也各有不同的电流放大系数。

共发射极电路直流电流放大系数,用 $\bar{\beta}$ 表示。

$$\bar{\beta} = \frac{I_C}{I_B}$$

共发射极电路交流电路放大系数,指集电极电流的变化量与基极电流的变化量之比,常用 $\beta$ 表示。

$$\beta = \frac{\Delta I_C}{\Delta I_B}$$

**【例 6-3-3】**　从图 6-3-5 所给出的 3DG6 三极管的输出特性曲线上

(1)计算 $Q_1$ 点处的直流电流放大系数 $\bar{\beta}$;

(2)由 $Q_1$ 和 $Q_2$ 两点,计算交流电流放大系数 $\beta$。

**【解】**　(1)在 $Q_1$ 点处,$I_B=40\mu A=0.04mA$,$I_C=1.5mA$,故

$$\bar{\beta} = \frac{I_C}{I_B} = \frac{1.50}{0.04} = 37.5$$

(2)由 $Q_1$ 和 $Q_2$ 两点得

$$\beta = \frac{\Delta I_C}{\Delta I_B} = \frac{2.3 - 1.5}{0.06 - 0.04} = 40$$

可见,这两个电流放大系数的数值并不相等,但在输出特性曲线近于平行等距的情况下两者数值相差不大,$\bar{\beta} = \beta$,故一般讨论时都不作严格区分。由于三极管的输出特性曲线是非线性的,电流放大系数严格来说都不为常数,但在特性曲线近于水平部分可以认为是常数。常用 $\beta$ 值在 20~200 之间。

(2)极间反向电流 $I_{CBO}$,$I_{CEO}$

集电极、基极间反向截止电流 $I_{CBO}$:指发射极开路时,集电结在反向电压作用下,集电极、基极间的反向电流。和二极管一样,$I_{CBO}$ 越小越好。$I_{CBO}$ 受温度影响较大,硅材料晶体管的 $I_{CBO}$ 比锗材料晶体管的小几倍到几十倍,所以在温度较高时,一般选用硅材料晶体管。

集电极、发射极间反向截止电流 $I_{CEO}$:指基极开路时,集电极和发射极之间加一定的反向电压时的集电极电流。其中 $I_{CEO} = (1 + \bar{\beta}) I_{CBO}$,这个电流应越小越好。

(3)集电极最大允许电流 $I_{CM}$

集电极电流过大时会引起 $\beta$ 值下降,当 $\beta$ 值下降到正常值的三分之二时的集电极电流称为集电极最大允许电流 $I_{CM}$。作为放大管使用时,$I_C$ 不宜超过 $I_{CM}$,超过时引起 $\beta$ 值下降。

(4)集电极—发射极反向击穿电压 $U_{BR(CEO)}$

基极开路时,加在集电极和发射极之间的最大允许电压,称为集电极—发射极反向击穿电压 $U_{BR(CEO)}$。当三极管的集电极—发射极电压 $U_{CE}$ 大于此值时,$I_{CEO}$ 大幅度上升,说明三极管已被击穿。

电子器件手册上给出的一般是常温(25℃)时的值,在高温下,其反向击穿电压将要降低,使用时应特别的注意。

(5)集电极最大允许耗散功率 $P_{CM}$

由于集电极电流在流经集电结时要产生功率损耗,使结温升高,从而会引起三极管参数变化,当三极管因发热而引起的变化不超过允许值时集电极所消耗的最大功率,称为集电极最大允许耗散功率 $P_{CM}$。

$$P_{CM} = I_{CM} U_{CE}$$

由 $I_{CM}$、$U_{BR(CEO)}$、$P_{CM}$ 共同包围的区域为三极管的安全工作区,如图 6-3-8 所示。

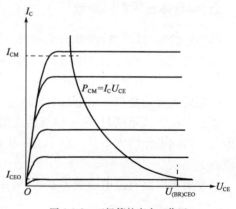

图 6-3-8  三极管的安全工作区

# 6.4  场 效 应 管

## 一、概述

场效应管(Field-Effect Transistor)是一种利用电场效应来控制其电流大小的晶体管。它是一种较新型的半导体器件,其外形与一般的三极管相似,但两者的控制特性却不相同。三极管是电流控制器件,它工作在放大和饱和状态时,发射结正向偏置,因它的输入电阻较低,仅有 $10^2 \sim 10^4 \Omega$,需要信号源提供输入电流。而场效应管则是电压控制器件,因它的输入电阻很高,可达

$10^9 \sim 10^{15}\ \Omega$,所以工作时不需要信号源提供电流。鉴于场效应管具有输入电阻高、噪声低、热稳定性好、抗辐射能力强、耗电少和便于集成等优点,在大规模集成电路中应用极为广泛。

场效应管有两种类型:结型场效应管和绝缘栅型场效应管,绝缘栅型场效应管又分成增强型和耗尽型两大类,每一类中又有 N 沟道和 P 沟道之分。因为绝缘栅型场效应管制作工艺简单,便于集成,在此仅介绍绝缘栅型场效应管的工作原理。

## 二、N 沟道绝缘栅场效应管

### 1. 结构与符号

N 沟道绝缘栅场效应管的结构如图 6-4-1a)所示,它使用一块杂质浓度较低的 P 型薄硅片作衬底,其上扩散相距很近的高掺杂浓度的 N+区,并在硅片表面生成一层薄薄的二氧化硅绝缘层,且在其上及两个 N+区表面分别接上 3 个铝电极:栅极 G(Gate)、源极 S(Source)和漏极 D(Drain)。因为栅极和其他电极及导电沟道之间是绝缘的,所以称为绝缘栅场效应管,或称金属—氧化物—半导体场效应管,简称 MOS 管(MOS 是英语 Metal Oxide Semiconductor 的缩写)。因其在工作时漏、源极之间形成 N 型导电沟道;或者漏极、源极之间已存在原始 N 型导电沟道,所以称为 N 沟道。N 沟道增强型 NMOS 管(简称增强型 NMOS 管)的符号如图 6-4-1b)所示。N 沟道耗尽型 NMOS 管(简称耗尽型 NMOS 管)的符号如图 6-4-1c)所示。

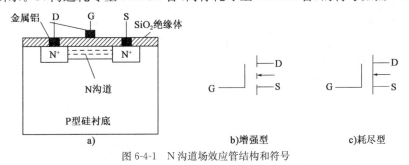

图 6-4-1  N 沟道场效应管结构和符号

### 2. 工作原理和特性

(1)N 沟道增强型绝缘栅场效应管

在图 6-4-1 中,当 $U_{GS}=0$ 时,在每个 N 型区和 P 型衬底的交界处都形成了一个 PN 结,从源极到漏极之间这两个 PN 结是反向串联的,不管漏极与源极之间所加的电压极性如何,总有一个 PN 结是反向偏置的。因此,漏源极之间的电阻很大,忽略 PN 结的反向电流的话,可认为漏极电流 $I_D=0$。

当在栅极和源极之间加上正向电压时,P 型衬底中的电子受到吸引到达表层,形成 N 型导电沟道。导电沟道形成之后,如果在漏、源极之间加上正向电压(漏极接正极、源极接负极)就会有漏极电流 $I_D$,这种 MOS 管在 $U_{GS}=0$ 时没有导电沟道,只有 $U_{GS}$ 增大到一定程度才能形成 N 型导电沟道,称为增强型 NMOS 管。我们把在一定 $U_{DS}$ 下,开始出现导电沟道所需加上的栅源极电压称为增强型 NMOS 管的开启电压,用 $U_{GS(th)}$ 表示。只有 $U_{GS}>U_{GS(th)}$ 时,随栅源电压 $U_{GS}$ 的变化 $I_D$ 亦随之变化,这就是增强型 MOS 管的栅极控制作用。

图 6-4-2 和图 6-4-3 分别称为场效应管的转移特性曲线和输出特性曲线。转移特性曲线是指在 $U_{DS}$ 一定的条件下,输入电压对输出电流的控制特性。即

$$I_D = f(U_{GS}),且\ U_{DS} = 常数$$

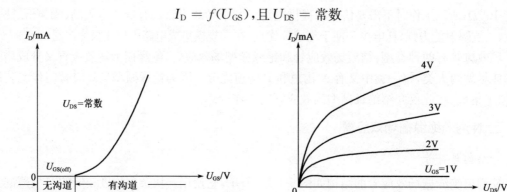

图 6-4-2  N 沟道增强型 MOS 管的转移特性曲线          图 6-4-3  N 沟道增强型 MOS 管的输出特性曲线

虽然 $U_{DS}$ 不同时会对转移特性有影响,但在它的工作区内,$I_D$ 几乎与 $U_{DS}$ 无关,对应不同 $U_{DS}$ 值的转移特性曲线几乎重合,所以通常只有一条曲线来表示放大区内的转移特性,如图 6-4-2 所示。由转移特性曲线可以更清楚地看出栅源电压对漏极电流的控制作用,所以说场效应管是电压控制器件。

输出特性曲线是指在栅源电压 $U_{GS}$ 一定的情况下,漏极电流 $I_D$ 与漏源极间的电压 $U_{DS}$ 之间的关系曲线。输出特性曲线也是一组曲线,观察 $I_D$ 随 $U_{GS}$ 及 $U_{DS}$ 的变化情况,可以分成可变电阻区、放大区和击穿区。场效应管应用于放大电路时就工作在放大区。在这个区域,$I_D$ 几乎与 $U_{DS}$ 无关,而由电压 $U_{GS}$ 控制。用一个小电压去控制一个大电流,是场效应管的最大特点。

（2）N 沟道耗尽型绝缘栅场效应管

N 沟道耗尽型绝缘栅场效应管（简称耗尽型 NMOS 管）通过改进工艺使得这种场效应管即使未加栅源电压,即 $U_{GS}=0$ 时已经有了导电沟道,这时如果在漏、源极之间加上正向电压,就会有漏极电流。我们把 $U_{GS}=0$ 时在一定的 $U_{DS}$ 作用下产生的漏极电流称为漏极电流,用 $I_{DSS}$ 表示。如果给耗尽型 NMOS 管加上负的栅源电压 $U_{GS}$,则 $I_D$ 减小,当负的栅源电压 $U_{GS}$ 达到一定值时 $I_D=0$。此时的栅源电压称为夹断电压,用 $U_{GS(off)}$ 表示。

耗尽型场效应管转移特性曲线和输出特性曲线如图 6-4-4 和图 6-4-5 所示。可见,耗尽型 NMOS 管无论栅源电压为正还是为负都可以控制漏极电流,这就使它的应用更具有灵活性。

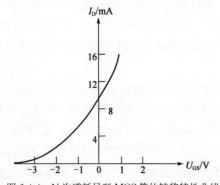

图 6-4-4  N 沟道耗尽型 MOS 管的转移特性曲线

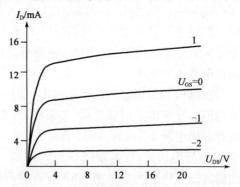

图 6-4-5  N 沟道耗尽型 MOS 管的输出特性曲线

由于场效应晶体管的各种性能比较好,所以它在集成电路中的应用很广,有专门的 NMOS、PMOS 集成电路,更有结合这两种类型的混合集成电路,称为 CMOS 电路。与一般的晶体三极管组成的集成电路相比,它有耗电少、输入电阻高等许多优点。

　　绝缘栅场效应管的主要参数中,表示场效应管放大能力的参数是跨导(Transconduct-ance),用符号 $g_m$ 表示。跨导是当漏源电压 $U_{DS}$ 为常数时,漏极电流的变化 $\Delta I_D$ 对引起这一变化的栅源电压的变化 $\Delta U_{GS}$ 的比值,即

$$g_m = \frac{\Delta I_D}{\Delta U_{GS}}\Big|_{U_{DS}}$$

　　跨导是衡量场效应管栅、源电压对漏极电流控制能力的一个重要参数。表 6-4-1 为各类场效应管的图形符号、电压特性及特性曲线。

各类场效应管的图形符号、电压特性及特性曲线　　　　　　　表 6-4-1

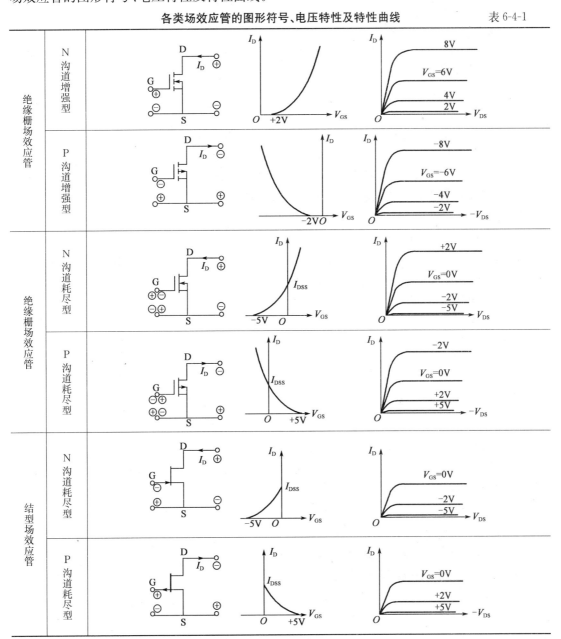

综上所述,场效应晶体管与双极性晶体管比较,有以下特点:

(1)场效应晶体管(单极型,只有一种极性的载流子参与导电)是电压控制元件,而双极型晶体管(双极型,两种不同极性的载流子参与导电)是电流控制元件,都可获得较大的电压放大倍数。

(2)场效应晶体管温度稳定性好,双极型晶体管受温度影响大。

(3)场效应晶体管制造工艺简单,便于集成化,适合制造大规模集成电路。

# 习　　题

**一、选择题**

1. 用万用表测二极管时,正反方向电阻都很大,说明____。

    A. 管子正常　　　　　　B. 管子短路　　　　　C. 管子断路　　　　　D. 都不对

2. 稳压管在电路中作稳压时接法应是____。

    A. 阳极接正,阴极接负　　　　　　　　B. 阴极接正,阳极接负

    C. 串接电阻后任意连接　　　　　　　　D. 串电容后任意连接

3. 晶体管具有放大作用时,它的集电结____偏,发射结____偏。

    A. 正/反　　　　　　　B. 反/正　　　　　　　C. 正/正　　　　　　　D. 反/反

4. PNP 三极管工作在放大状态时,三个电极的电位关系:____

    A. $V_C > V_B > V_E$　　　B. $V_B > V_C > V_E$　　　C. $V_E > V_B > V_C$　　　D. 以上都错

5. 晶体管具有放大作用主要体现在____。

    A. 电压放大　　　　　　B. 电流放大　　　　　C. 正向放大　　　　　D. 反向放大

6. 三极管接在放大电路上,它的三个管脚的电位分别为 $U_1 = 6V$,$U_2 = 5.4V$,$U_3 = 12V$,则对应该管的管脚排列依次是____。

    A. E,B,C　　　　　　　B. B,E,C　　　　　　　C. B,C,E　　　　　　　D. C,B,E

7. 场效应管是____器件。

    A. 电流控制电压　　　B. 电压控制电压　　　C. 电压控制电流　　　D. 电流控制电流

8. 在检修电子线路时,设管子为 NPN 型,如果测得 $U_{CE} = 0.3V$,则说明管子工作在____状态。

    A. 截止区　　　　　　　B. 饱和区　　　　　　C. 放大区　　　　　　D. 过损耗区

9. 晶体管有____个极,____个 PN 结。

    A. 2/2　　　　　　　　B. 3/2　　　　　　　　C. 3/3　　　　　　　　D. 2/3

10. 结型场效应管利用栅源极间所加的____来改变导电沟道电阻。

    A. 反偏电压　　　　　　B. 反向电流

    C. 正偏电压　　　　　　D. 正向电流

11. 如习题图 6-1 所示,$R = 1k\Omega$,设二极管导通时的管压降为 0.5V,则电压表的读数是____。

    A. 0.5V　　　　　　　　B. 15V

    C. 3V　　　　　　　　　D. 5V

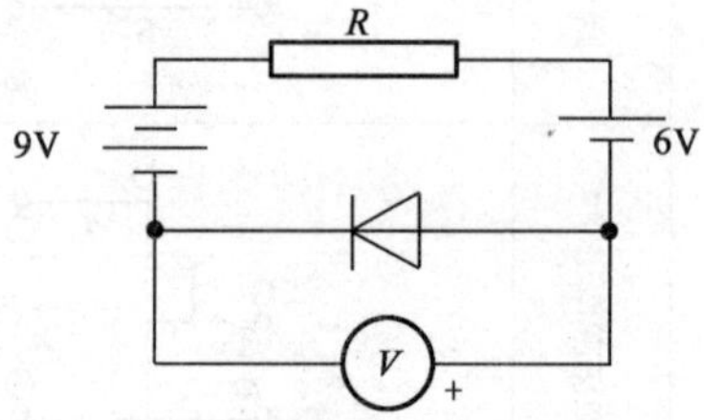

习题图　6-1

**二、计算题**

1. 在习题图 6-2 所示的各电路图中,已知 $E=5\mathrm{V}$,$u_{\mathrm{i}}=12\sin\omega t\,\mathrm{V}$,二极管的正向压降忽略不计,试分别判断输出电压 $u_{\mathrm{o}}$ 的数值范围。

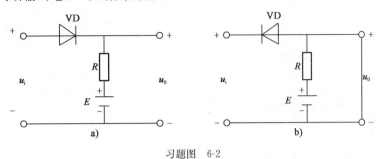

习题图　6-2

2. 在习题图 6-3 所示的各电路图中,已知 $E=5\mathrm{V}$,$u_{\mathrm{i}}=10\sin\omega t\,\mathrm{V}$,二极管的正向压降忽略不计,试分别画出输出电压 $u_{\mathrm{o}}$ 的波形。

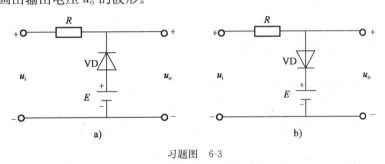

习题图　6-3

3. 如习题图 6-4 所示各电路中,各二极管是导通的还是截止的? 若忽略每个二极管的导通压降,求出各电路的 $U_{\mathrm{ab}}$。

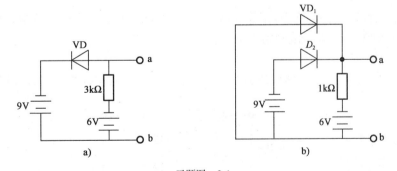

习题图　6-4

4. 在习题图 6-5 中,试求下列几种情况下输出端 Y 的电位 $V_{\mathrm{Y}}$ 及各元件($R/VD_{\mathrm{A}}/VD_{\mathrm{B}}$)通过的电流:

(1)$V_{\mathrm{A}}=V_{\mathrm{B}}=0\mathrm{V}$;(2)$V_{\mathrm{A}}=+3\mathrm{V}$,$V_{\mathrm{B}}=0\mathrm{V}$;(3)$V_{\mathrm{A}}=V_{\mathrm{B}}=+3\mathrm{V}$

二极管的正向压降忽略不计。

5. 在习题图 6-6 中,试求下列几种情况下输出端 Y 的电位 $V_{\mathrm{Y}}$ 及各元件($R/VD_{\mathrm{A}}/VD_{\mathrm{B}}$)通过的电流:

$(1)V_A=+10V,V_B=0V;(2)V_A=+6V,V_B=+5.8V;(3)V_A=V_B=+5V$

设二极管的正向电阻为零,反向电阻为无穷大。

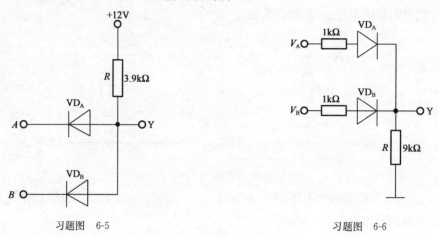

习题图　6-5　　　　　　　　　　　　　　习题图　6-6

6. 在习题图 6-7a)所示的电路中,已知输入电压 $u_i$ 的波形如习题图 6-7b)所示,稳压管的稳压值为 5V,试画出 $u_R$ 和 $u_o$ 的波形图。

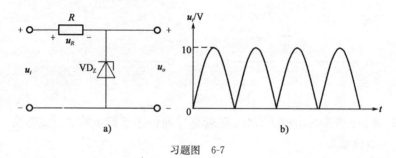

习题图　6-7

7. 有一个三极管接在电路中,工作在放大状态,今测得它的三个管脚的电位分别是 $V_1=4V,V_2=3.4V$ 和 $V_3=9.4V$,试判别管子的三个电极,并判别这个三极管是硅管还是锗管,是 NPN 型还是 PNP 型?

8. 习题图 6-8 中稳压管的稳压值为 5V,二极管正向导通管压降为 0.7V,求 $U_0$ 电压。

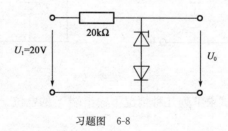

习题图　6-8

# 第7章 基本放大电路

**基本要求：**

1. 掌握三种放大电路的动、静态分析及特点；
2. 了解阻容耦合和直接耦合的优缺点；
3. 了解差分放大电路的工作原理及差模信号和共模信号的概念；
4. 了解负反馈的定义及特点。

在日常生活和生产实践中，往往要对微弱的电信号进行放大，以便控制和推动较大功率的负载。例如，日常所用的收音机和电视机，需要将天线接收到的微弱电信号放大到一定程度，使扬声器发出声音，或使电视屏幕显示出图像，放大电路在广播、通信、测量和自动控制中都有广泛的应用。随着电子技术的发展，集成放大电路占了主导地位，分立元件放大电路在实际应用中虽已不多见，但基本放大电路是所有模拟集成电路的基本单元。对初学者来说，从分立元件组成的基本放大电路入手，掌握一些基本放大电路的概念是非常必要的。本章将分析几种放大电路的组成、工作原理及特点，为学习后续章节打好基础。

## 7.1 基本放大电路的组成和工作原理

### 一、基本放大电路的组成

图 7-1-1 虚线框内的部分是由三极管构成的共发射极接法的基本交流放大电路。放大电路的输入电压是 $u_i$，与信号源（用一个电动势为 $e_s$，且与电阻 $R_S$ 串联的电压源等效表示）相连，输出电压是 $u_o$，与负载 $R_L$（$R_L$ 是扬声器线圈、继电器线圈、电动机绕组、测量仪表线圈、下一级

放大电路输入端等的等效电阻）相连。在电子电路中常把公共端接地，说明电路中各点电位都以它为参考。电源 $+U_{CC}$ 就是对这点而言，如 $U_{CC}$ 为 $+12V$ 即该点与参考点之间的电位差为 12V。

电路中各元件的作用如下：

三极管（Transistor）T：起电流放大作用，当微弱的输入信号 $u_i$ 引起三极管基极电流微小变化时，通过其电流放大作用，可以使集电极电流有较大变化。

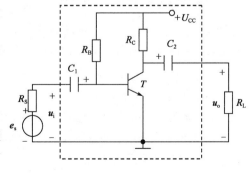

图 7-1-1 基本交流放大电路

集电极电源(Collector Source)$U_{CC}$:为三极管的发射结提供正向偏置,为集电结提供反向偏置,从而保证三极管工作在放大状态。$U_{CC}$一般为几伏到几十伏。

基极电阻(Base Resistor)$R_B$:它的作用是使发射结处于正向偏置,并与$U_{CC}$配合使三极管有合适的静态基极电流$I_B$。$R_B$的阻值一般为几十千欧到几百千欧。

集电极电阻(Collector Resistor)$R_C$:它的作用是将集电极电流的变化转化成电压的变化,以实现电压放大。$R_C$的阻值一般为几千欧到几十千欧。

耦合电容(Coupling Condenser)$C_1$和$C_2$:隔直流通交流的作用,在信号频率范围内,认为容抗近似为零。所以分析电路时,在直流通路中电容视为开路,在交流通路中电容视为短路。$C_1$、$C_2$一般为十几微法到几十微法的有极性的电解电容。在使用时,应注意它的极性与加在它两端的工作电压极性相一致,正极接高电位,负极接低电位。

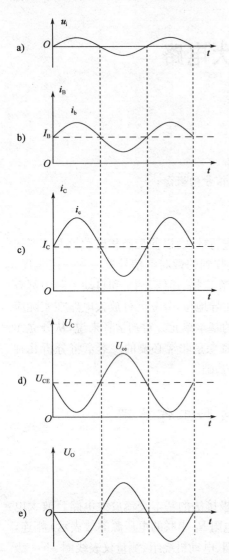

图 7-1-2　放大电路中电压、电流的波形

## 二、电路的组成原则

(1)电源极性的接法:必须保证发射结正偏而集电结反偏,使三极管处于放大状态。对于 NPN 管,3 个电极的电位大小关系应满足 $V_C>V_B>V_E$;对于 PNP 管,3 个电极的电位大小关系应满足 $V_C<V_B<V_E$。

(2)输入回路的接法:必须保证输入电压 $u_i$ 能产生流入三极管的基极电流 $i_b$,便于 $i_b$ 控制集电极电流 $i_c$。

(3)输出回路的接法:必须保证 $i_c$ 尽可能多得流到负载上去,即尽可能减小其他支路的分流。

## 三、基本放大电路的工作原理

当 $u_i=0$ 时,称放大电路处于静态。基极回路的电压 $U_{BE}$、电流 $I_B$ 和集电极回路的电压 $U_{CE}$、电流 $I_C$ 均为直流量,各直流量的波形如图 7-1-2 虚线所示。

当 $u_i \neq 0$ 时,设输入信号 $u_i$ 为正弦信号,通过耦合电容 $C_1$ 加到晶体管的基—射极,产生交流电流 $i_b$,因而基极总电流 $i_B = I_B + i_b$。集电极电流受基极电流的控制,总电流 $i_C = I_C + i_c = \beta (I_B + i_b)$。电阻 $R_C$ 上的压降为 $i_C R_C$,它随 $i_C$ 成比例地变化。而集—射极的总管压降 $u_{CE} = U_{CC} - i_C R_C = U_{CC} - (I_c + i_c)R_C = U_{CE} - i_c R_C$,它却随 $i_c R_C$ 的增大而减小。耦合电容 $C_2$ 隔直流分量 $U_{CE}$,将交流分量 $u_{ce} = -i_c R_C$ 送至输出端,这就是放大后的信号电压 $u_0 = u_{ce} = -i_c R_C$。

与输入电压相比,输出电压 $u_0$ 有如下特点:

(1)$u_0$ 的幅度增大了;

(2)$u_0$ 的频率与 $u_i$ 相同;

（3）$u_o$ 的相位与 $u_i$ 相反。

# 7.2 基本放大电路的分析方法

任何放大电路都是由两大部分组成的。一是直流通路,其作用是为晶体管处在放大状态提供发射结正偏和集电结反偏,即为静态分析;二是交流通路,其作用是把交流信号输入—放大—输出,即动态分析。下面分别就直流通路和交流通路进行分析。

## 一、静态分析

放大电路未接入 $u_i$ 前称静态(Statics)。静态分析就是确定静态值,即直流量,由电路中的 $I_B$、$I_C$ 和 $U_{CE}$ 一组数据来表示。这组数据是晶体管输入、输出特性曲线上的某个工作点,习惯上称静态工作点,用 $Q(I_B、I_C、U_{CE})$ 表示。放大电路的质量与静态工作点的合适与否关系甚大。

放大电路的静态分析可用两种方法:估算法和图解法。

### 1. 估算法

将耦合电容 $C_1$、$C_2$ 视为开路,画出图 7-2-1 所示的共发射极放大电路的直流通路,由电路得

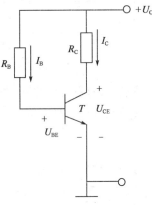

$$I_B = \frac{U_{CC} - U_{BE}}{R_B}$$

$$I_C = \beta I_B$$

$$U_{CE} = U_{CC} - I_C R_C$$

晶体管导通后,硅管 $U_{BE} = 0.6\mathrm{V}$、锗管 $U_{BE} = 0.2\mathrm{V}$。而当 $U_{CC}$ 较大时,$U_{BE}$ 可以忽略不计。

图 7-2-1 放大电路的直流通路

【例 7-2-1】 已知 $U_{CC} = 12\mathrm{V}$,$R_B = 285\mathrm{k}\Omega$,$R_C = 3.75\mathrm{k}\Omega$,电流放大系数 $\beta = 40$,用估算法求静态值。

【解】 $U_{BE} = 0.6\mathrm{V}$

$$I_B = \frac{U_{CC} - U_{BE}}{R_B} = \frac{12 - 0.6}{285 \times 10^3} \mathrm{mA} = 0.04\mathrm{mA} = 40\mu\mathrm{A}$$

$$I_C = \beta I_B = 40 \times 40\mu\mathrm{A} = 1.6\mathrm{mA}$$

$$U_{CE} = U_{CC} - I_C R_C = (12 - 1.6 \times 3.75)\mathrm{V} = 6\mathrm{V}$$

### 2. 图解法

运用三极管特性曲线,通过作图的方法,直观地分析放大电路的工作情况,称为图解法。

（1）估算静态值 $I_B$

利用 $I_B = \dfrac{U_{CC} - U_{BE}}{R_B}$,求出 $I_B$ 的近似值。在输出特性曲线上,确定已求 $I_B$ 的一条曲线。

（2）作直流负载线

因为 $$U_{CE} = U_{CC} - I_C R_C$$

所以
$$I_C = \frac{U_{CC} - U_{CE}}{R_C} = \frac{U_{CC}}{R_C} - \frac{U_{CE}}{R_C}$$

由于上式是一条直线型方程,当 $U_{CC}$ 选定后,这条直线完全由直流负载电阻 $R_C$ 确定,所以把这条直线叫做直流负载线。直流负载线的作法是:在晶体管输出特性曲线上找出两个特殊点 $M(U_{CC}, 0)$、$N(0, U_{CC}/R_C)$,将 $MN$ 连接,如图 7-2-2 所示。直流负载线的斜率为

$$K_l = \tan\alpha = -\frac{1}{R_C}$$

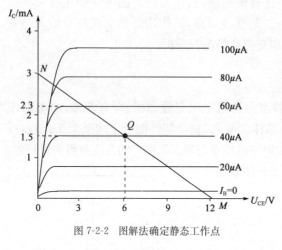

在晶体管输出特性曲线上已求 $I_B$ 对应曲线与直流负载线 $MN$ 的交点 $Q$ 就是静态工作点。$Q$ 点所对应的 $I_B$、$I_C$ 和 $U_{CE}$ 也就求出来了。由图 7-2-2 可见,基极电流的大小影响静态工作点的位置。若 $I_B$ 偏低,则静态工作点 $Q$ 靠近截止区;若 $I_B$ 偏高则 $Q$ 靠近饱和区。因此,在已确定直流电源 $U_{CC}$、集电极电阻 $R_C$ 的情况下,静态工作点设置的合适与否取决于 $I_B$ 的大小,调节基极电阻 $R_B$,改变电流 $I_B$,可以调整静态工作点。

图 7-2-2　图解法确定静态工作点

【例 7-2-2】 已知图 7-1-1 中 $U_{CC} = 12\text{V}$,$R_B = 285\text{k}\Omega$,$R_C = 3.75\text{k}\Omega$,用图解法求其静态值。

【解】 (1)求静态值

$$I_B = \frac{U_{CC} - U_{BE}}{R_B} = \frac{12 - 0.6}{285 \times 10^3}\mu\text{A} \approx 40\mu\text{A}$$

(2)作直流负载线

当 $I_C = 0$ 时,$U_{CE} = U_{CC} = 12\text{V}$,即 $M(12, 0)$;

当 $U_{CE} = 0$ 时,$I_C = U_{CC}/R_C = 3\text{mA}$,即 $N(0, 3)$;

将 $MN$ 连接,此即直流负载线。

如图 7-2-2 所示,$I_B = 40\mu\text{A}$ 的输出特性曲线与直流负载线 $MN$ 交于 $Q(6, 1.5)$,得静态值:$I_C = 1.5\text{mA}$,$U_{CE} = 6\text{V}$。

显然用估算法计算比较简单,且误差也不大,采用图解法时也常常先估算出 $I_B$ 的值,再在输出特性曲线上作图得到 $I_C$ 和 $U_{CE}$ 的值。

## 二、放大电路的动态分析

静态工作点确定以后,放大电路在输入电压信号 $u_i$ 的作用下,若晶体管能始终工作在特性曲线的放大区,则放大电路输出端就能获得基本上不失真的放大的输出电压信号 $u_o$。放大电路的动态(Dynamics)分析,是要求出放大电路的电压放大倍数,放大电路的输入电阻和输出电阻,应根据放大电路的交流通路来进行。图解法和微变等效电路法是放大电路动态分析的常用方法。

### 1. 图解法

(1)交流负载线

放大电路在工作时,在输出端总要接上一定的负载,如图 7-1-1 所示。在静态时,由于隔

直电容 $C_2$ 的作用，$R_L$ 对电路的 $Q$ 点无响应。

动态工作时，隔直电容 $C_1$ 和 $C_2$ 其容抗可以忽略；同时考虑到电源 $U_{CC}$ 的内阻很小，放大电路的交流通路如图 7-2-3 所示。此时图中的电压和电流都是交流成分。显然，放大电路的交流负载电阻为 $R_L'$，即 $R_L' = R_L /\!/ R_C$。

因此，对于交流分量而言，应当用 $R_L'$ 来表示输出电流、电压之间的关系。表示交流分量电压、电流关系的负载线斜率应该是 $-1/R_L'$，由交流通路决定；直流负载线的斜率为 $-1/R_C$，由直流通路决定。显然，交流负载线要比直流负载线陡一些，交流负载线表示放大电路动态时工作点移动的轨迹。

交流负载线和直流负载线必然在 $Q$ 点相交，这是因为在线性工作范围内，输入电压在变化过程中是一定经过零点的。在通过零点时 $u_i=0$，因此，在这一时刻既是动态过程中的一个点，又与静态工作情况相符，所以，这一时刻的 $i_C$ 和 $u_{CE}$ 应同时在两条负载线上。

因此过 $Q$ 点作一条斜率为 $-1/R_L'$ 的直线就可得到交流负载线，如图 7-2-4 所示。

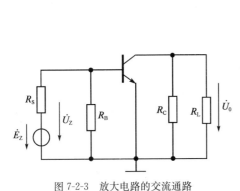

图 7-2-3 放大电路的交流通路

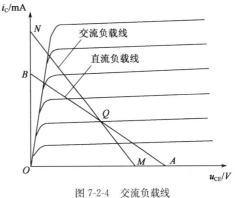

图 7-2-4 交流负载线

（2）放大电路接入正弦信号时的工作情况

为了全面了解电路的动态工作过程，图 7-2-5 将输入、输出特性曲线和四个电压电流波形画在了一起。

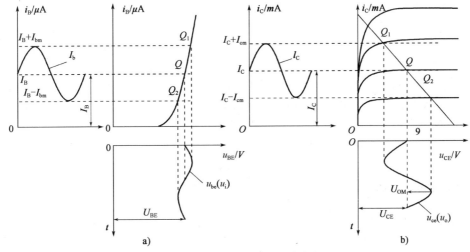

图 7-2-5 图解法分析放大电路波形

从输入特性曲线求基极电流的波形关系。三极管发射结电压 $u_{BE} = U_{BE} + u_i$。在 $u_i$ 的正半周,工作点从 $Q$ 点往上移,使基极电流的瞬时值 $i_B$ 增大,当 $u_i$ 到达正向最大值时,$i_B$ 增大到最大值 $I_B + I_{bm}$;$u_i$ 在的负半周,工作点从 $Q$ 点往下移,$i_B$ 减小,当 $u_i$ 到达负向最大值时,$i_B$ 减小到最小值 $I_B - I_{bm}$。只要输入信号 $u_i$ 幅度比较小,工作点移动范围不大,可以认为电流和电压呈线性关系。所以,在正弦电压 $u_i$ 作用下,基极电流 $i_B$ 是静态电流 $I_B$ 与一个正弦交流分量 $i_b$ 的叠加,即 $i_B = I_B + i_b = I_B + I_{bm}\sin\omega t$,$u_{BE}$ 与 $i_B$ 之间的波形关系,如图 7-2-5a)所示。

从输出特性曲线求集电极电流和电压的波形关系。在空载($R_L = \infty$)的条件下,如图 7-2-5b)所示,在 $u_i$ 的正半周,$i_B$ 由 $I_B$ 增大到 $I_B + I_{bm}$,工作点从 $Q$ 点上移到 $Q_1$,集电极电流的瞬时值 $i_C$ 由 $I_C$ 增大到 $I_C + I_{cm}$,集射极电压瞬时值 $u_{CE}$ 由 $U_{CE}$ 减小到 $U_{CE} - U_{cem}$;在 $u_i$ 的负半周,$i_B$ 由 $I_B$ 减小到 $I_B - I_{bm}$,工作点从 $Q$ 点下移到 $Q_2$,$i_C$ 由 $I_C$ 减小到 $I_C - I_{cm}$,$u_{CE}$ 由 $U_{CE}$ 增大到 $U_{CE} + U_{cem}$。可见 $i_C$ 和 $u_{CE}$ 也都包含有直流分量和交流分量,即

$$i_C = I_C + I_{cm}\sin\omega t$$

$$u_{CE} = U_{CE} - U_{cem}\sin\omega t$$

由于电容 $C_2$ 隔直作用,电路输出电压 $u_o = -U_{cem}\sin\omega t$。电压放大倍数 $A_u = -U_{cem}/U_{im}$,其中的负号表示输出电压 $u_o$ 与输入电压 $u_i$ 的相位相反。

### 2. 静态工作点与非线性失真

所谓失真(Distortion),是指输出信号的波形与输入波形不一致。引起失真的原因有很多,其中,由于静态工作点不合适或者输入信号太大,使放大电路的工作范围超出了三极管特性曲线上的放大区(线性范围),通常称为非线性(Nonlinear)失真。下面具体分析几种情况:

截止失真(Cut-Off Distortion):在单管电压放大电路中,若 $R_B$ 很大,则 $I_B$ 很小,静态工作点为图 7-2-6 中的 $Q_1$ 点,在输入信号的负半周,三极管进入截止区,输出波形产生失真,如图 7-2-6a)所示,这种失真称为截止失真。

饱和失真(Saturation Distortion):如果把 $R_B$ 调得过小,$I_B$ 太大,静态工作点就落在 $Q_2$ 点,在输入信号的正半周,三极管进入饱和区,输出波形产生失真,如图 7-2-6b)所示,这种失真称为饱和失真。

在放大电路输出电压不发生饱和失真和截止失真的前提下,由以上分析可知,当工作点 $Q$ 在负载线中点时,输出端可得到最大不失真的输出电压。

图解法优点是非常直观,缺点主要是在特性曲线上作图比较麻烦,特别是输入信号很小时,在特性曲线上求 $i_b$ 更不容易作得准确;当输入信号频率较高时,由于三极管的结电容的作用,特性曲线也不再适用;当放大电路比较复杂时,图解法也不太适用。因此,图解法适用于分析信号幅度比较大,频率较低且没有反馈的放大电路,如分析功率放大电路时常用图解法。

### 3. 微变等效电路法

(1)晶体管的微变等效电路

所谓晶体管的微变等效电路,就是晶体管在小信号(微变量)的情况下工作在特性曲线直线段时,将晶体管(非线性元件)用一个线性电路代替。

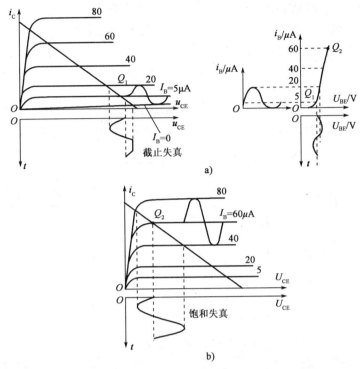

a)

b)

图 7-2-6　工作点对失真的影响

由图 7-2-7a) 晶体管的输入特性曲线可知,在小信号作用下的静态工作点 $Q$ 邻近的 $Q_1 \sim Q_2$ 工作范围内的曲线可视为直线,其斜率不变。两变量的比值称为晶体管的输入电阻,即

$$r_{be} = \frac{\Delta U_{BE}}{\Delta I_B} \bigg|_{U_{CE}=常数} = \frac{u_{be}}{i_b}$$

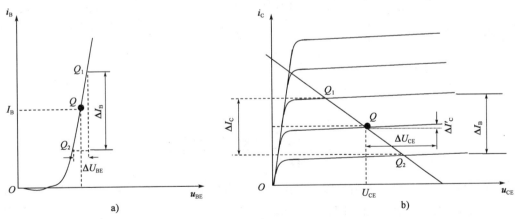

a)

b)

图 7-2-7　从晶体管的特性曲线表示 $r_{be}$、$\beta$ 和 $r_{ce}$

上式表示晶体管的输入回路可用管子的输入电阻 $r_{be}$ 来等效代替,其等效电路如图 7-2-8b) 所示。根据半导体理论及文献资料,工程中低频小信号下的 $r_{be}$ 可用下式估算

$$r_{be} = 300 + (1+\beta) \frac{26\text{mV}}{I_E\text{mA}} \tag{7-2-1}$$

111

小信号低频下工作时的晶体管的 $r_{be}$ 一般为几百到几千欧。

实际晶体管的输出特性并非与横轴绝对平行。当 $I_B$ 为常数时，$\Delta U_{CE}$ 变化会引起 $\Delta I_C'$ 这个线性关系就是晶体管的输出电阻 $r_{ce}$，即

$$r_{ce}=\frac{\Delta U_{CE}}{\Delta I_C'}\bigg|_{I_B=常数}=\frac{u_{ce}}{i_C}$$

$r_{ce}$ 和受控恒流源 $\beta i_b$ 并联。由于输出特性近似为水平线，$r_{ce}$ 又高达几十千欧到几百千欧，在微变等效电路中可视为开路而不予考虑。图 7-2-8b)为简化了的微变等效电路。

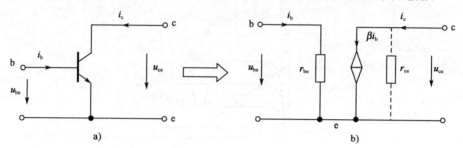

图 7-2-8  三极管的微变等效电路

(2)共射极放大电路的微变等效电路

放大电路的直流通路确定静态工作点。交流通路则反映了信号传输过程并通过它可以分析计算放大电路的性能指标。图 7-2-3 是图 7-1-1 共射放大电路的交流通路,将交流通路中的晶体管用微变等效电路来取代,可得图 7-2-9 所示共射放大电路的微变等效电路。

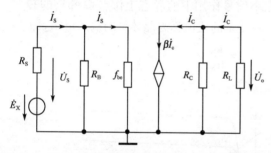

图 7-2-9  共射极放大电路的微变等效电路

**4.动态分析**

(1)电压放大倍数 $A_u$

电压放大倍数是小信号电压放大电路的主要技术指标。设输入为正弦信号,图 7-2-9 中的电压和电流都可用相量表示。

由图 7-2-9 可列出

$$\dot{U}_o=-\dot{I}_c(R_C \mathbin{/\mkern-5mu/} R_L)$$

$$\dot{U}_i = \dot{I}_b r_{be}$$

$$A_u = \frac{\dot{U}_o}{\dot{U}_i} = \frac{-\beta\dot{I}_b(R_C \mathbin{/\mkern-5mu/} R_L)}{\dot{I}_b r_{be}} \tag{7-2-2}$$

$A_u$ 为复数,它反映了输出与输入电压之间大小和相位的关系。$A_u$ 中的负号表示共射放大电路的输出电压与输入电压的相位反相。

当放大电路输出端开路时,(未接负载电阻 $R_L$),可得空载时的电压放大倍数($A_{uo}$),

$$A_{uo}=-\beta\frac{R_C}{r_{be}}$$

可得出:放大电路接有负载电阻 $R_L$ 时的电压放大倍数比空载时降低了。$R_L$ 越小,电压放大倍数越低。一般共射放大电路为提高电压放大倍数,总希望负载电阻 $R_L$ 大一些。

输出电压 $\dot{U}_\text{o}$ 与输入信号源电压 $\dot{E}_\text{s}$ 之比,称为源电压放大倍数($A_\text{us}$),则

$$A_\text{us}=\frac{\dot{U}_\text{o}}{\dot{E}_\text{S}}=\frac{\dot{U}_\text{o}}{\dot{U}_\text{i}}\cdot\frac{\dot{U}_\text{i}}{\dot{E}_\text{S}}=A_\text{u}\cdot\frac{r_\text{i}}{R_\text{S}+r_\text{i}}\approx\frac{-\beta R_\text{L}'}{R_\text{S}+r_\text{be}}$$

$r_\text{i}=R_\text{B}\ //\ r_\text{be}\approx r_\text{be}$(通常 $R_\text{B}\gg r_\text{be}$)。可见 $R_\text{S}$ 越大,电压放大倍数越低。一般共射放大电路为提高电压放大倍数,总希望信号源内阻 $R_\text{S}$ 小一些。

(2)放大电路的输入电阻 $r_\text{i}$

一个放大电路的输入端总是与信号源(或前一级放大电路)相联的,其输出端总是与负载(或后一级放大电路)相接的。因此,放大电路与信号源和负载之间(或前级放大电路与后级放大电路),都是互相联系,互相影响的。图 7-2-10 表示它们之间的联系。

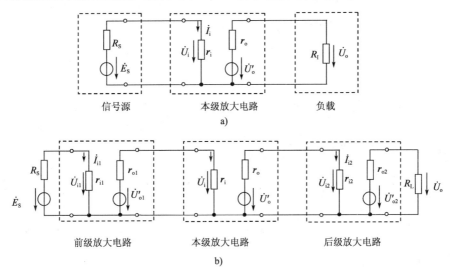

a)

b)

图 7-2-10　放大电路与信号源及前后级电路的联系

输入电阻 $r_\text{i}$ 也是放大电路的一个主要的性能指标。

放大电路是信号源(或前一级放大电路)的负载,其输入端的等效电阻就是信号源(或前一级放大电路)的负载电阻,也就是放大电路的输入电阻 $r_\text{i}$。其定义为输入电压与输入电流之比,即

$$r_\text{i}=\frac{\dot{U}_\text{i}}{\dot{I}_\text{i}} \tag{7-2-3}$$

从微变等效电路图中可知

$$\dot{I}_\text{i}=\frac{\dot{U}_\text{i}}{R_\text{B}}+\frac{\dot{U}_\text{i}}{r_\text{be}}$$

所以

$$r_\text{i}=\frac{\dot{U}_\text{i}}{\dot{I}_\text{i}}=R_\text{B}\ //\ r_\text{be}\approx r_\text{be}$$

一般输入电阻越高越好。原因是:第一,较小的 $r_\text{i}$ 从信号源取用较大的电流而增加信号源

113

的负担;第二,电压信号源内阻 $R_S$ 和放大电路的输入电阻 $r_i$ 分压后,$r_i$ 上得到的电压才是放大电路的输入电压 $\dot{U}_i$(如图 7-2-11 所示),$r_i$ 越小,相同的 $\dot{E}_s$ 使放大电路的有效输入 $\dot{U}_i$ 减小,那么放大后的输出也就小;第三,若与前级放大电路相联,则本级的 $r_i$ 就是前级的负载电阻 $R_L$,若 $r_i$ 较小,则前级放大电路的电压放大倍数也就越小。总之,要求放大电路要有较高的输入电阻。

(3)放大电路输出电阻的计算

放大电路是负载(或后级放大电路)的等效信号源,其等效内阻就是放大电路的输出电阻 $r_o$,它是放大电路的性能参数。它的大小影响本级和后级的工作情况。放大电路的输出电阻 $r_o$,即从放大电路输出端看进去的戴维宁等效电路的等效内阻,实际中我们采用以下方法计算输出电阻。

将输入信号源短路,但保留信号源内阻,在输出端加一信号 $U_o'$ 以产生一个电流 $I_o'$,则放大电路的输出电阻为

$$r_o = \frac{U_o'}{I_o'} \Big|_{\dot{E}_S = 0}$$

共射极放大电路的输出电阻可由图 7-2-12 所示的等效电路计算得出。由图 7-2-12 可知,当 $E_S = 0$ 时,$I_b = 0$,$\beta I_b = 0$,而在输出端加一信号 $U_o'$,产生的电流 $I_o'$ 就是电阻 $R_C$ 中的电流,取电压与电流之比为输出电阻。

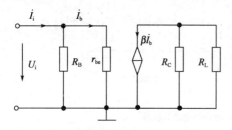

图 7-2-11 放大电路的输入电阻

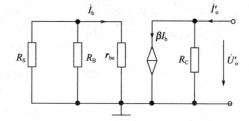

图 7-2-12 放大电路的输出电阻

$$r_o = \frac{\dot{U}_o'}{\dot{I}_o'} \Big|_{\dot{E}_S = 0, R_L = \infty} = R_C$$

由此可见,输出电阻越小,负载得到的输出电压越接近于输出信号,或者说输出电阻越小,负载大小变化对输出电压的影响越小,带载能力就越强。

一般输出电阻越小越好。原因是:第一,放大电路对后一级放大电路来说,相当于信号源的内阻,若 $r_o$ 较高,则使后一级放大电路的有效输入信号降低,使后一级放大电路的 $A_{us}$ 降低;第二,放大电路的负载发生变动,若 $r_o$ 较高,必然引起放大电路输出电压有较大的变动,也即放大电路带负载能力较差。总之,希望放大电路的输出电阻 $r_o$ 越小越好。

【例 7-2-3】 在图 7-1-1 中,已知 $U_{CC} = 12V$,$R_C = 4\Omega$,$R_B = 300k\Omega$,$R_L = 4k\Omega$,三极管的 $\beta = 40$,试求:

(1)静态值;

(2)电压放大倍数 $A_u$、输入电阻 $r_i$、输出电阻 $r_o$,若信号源有内阻 $R_S = 0.6k\Omega$,则其放大倍数 $A_{us}$ 为多少?

【解】　$(1) I_B = \dfrac{U_{CC} - U_{BE}}{R_B} = \dfrac{12 - 0.6}{300 \times 10^3} \text{mA} = 0.038 \text{mA} \approx 38 \mu A$

$I_C = \beta I_B = 40 \times 38 \mu A = 1520 \mu A = 1.52 \text{mA}$

$U_{CE} = U_{CC} - R_C I_C = (12 - 4 \times 1.52) \text{V} = 5.9 \text{V}$

$r_{be} = 300 + (1 + \beta) \dfrac{26}{I_E} = \left(300 + 41 \times \dfrac{26}{1.56}\right) \Omega = 983 \Omega \approx 1 \text{k}\Omega$

$(2) r_i = R_B \mathbin{/\mkern-5mu/} r_{be} = 300 \mathbin{/\mkern-5mu/} 1 \approx 1 \text{k}\Omega$

$r_o \approx R_C = 4 \text{k}\Omega$

$A_{us} = A_u \dfrac{r_i}{r_i + R_S} = -80 \times \dfrac{1}{1 + 0.6} = -50$

# 7.3　分压式偏置放大电路

从前面的分析可知,放大电路工作时要有一个适当的静态工作点。基本放大电路虽然电路简单,调试方便,但在实际工作中,其静态工作点难以保持稳定。引起静态工作点不稳定的原因繁多,如电源电压的波动,电路参数的变化,管子老化等,但影响最大的是温度的变化。由半导体的特点可知,温度变化时,三极管的特性和参数将发生变化,主要有:温度升高使三极管的穿透电流 $I_{CEO}$ 增大;温度升高使三极管的电流放大系数 $\beta$ 增大;温度升高使输入特性曲线向左移动,即死区电压和导通电压降低。一般三极管温度每升高 $1^\circ C$,$U_{BE}$ 下降 $0.2 \text{mV}$,同时引起 $I_B$ 增加。

要想克服基本放大电路的这些特点,具有稳定静态工作点作用的典型电路是分压偏置式放大电路,分压偏置电路如图 7-3-1 所示。

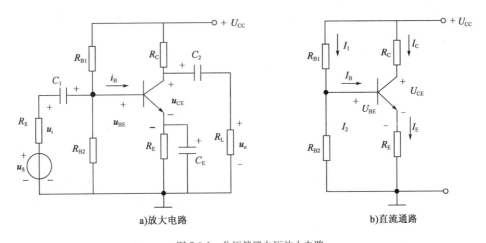

a)放大电路　　　　　　　　　　　　　　b)直流通路

图 7-3-1　分压偏置电压放大电路

## 一、稳定静态工作点的原理

由于温度上升后,集中表现为三极管集电极电流 $I_C$ 的增大,因此稳定静态工作点就是设法稳定静态电流 $I_C$。分压偏置电路就是通过电路的改进,使 $V_B$ 保持不变,让 $V_E$ 随温度升高而增大,而由三极管输入特性可知,$I_B$ 大小取决于 $U_{BE}$,而 $U_{BE} = V_B - V_E$,当温度升高时 $U_{BE}$ 反而下降,导致 $I_B$ 下降,以此来达到稳定 $I_C$ 的目的。

分压式偏置电路与前面的固定偏置电路相比多了三个元件。上偏置电阻 $R_{B1}$ 和下偏置电阻 $R_{B2}$ 构成一个分压电路,以固定三极管基极的电位,再利用发射极回路中的电阻 $R_E$ 获得反映集电极电流变化的电压 $V_E$,使之与 $V_B$ 相比较得到它们的差值来控制 $I_B$,以维持 $I_C$ 的基本稳定。该电路中的 $C_E$ 称作发射极交流旁路电容,它的存在可以使研究交流电路时不必考虑 $R_E$ 的影响。

**1.静态工作点稳定的条件**

(1) $I_1 \approx I_2 \gg I_B$,故可忽略 $I_B$ 的分流作用,因而近似有基极电位

$$V_B = R_{B2}I_2 = \frac{R_{B2}}{R_{B2} + R_{B1}}U_{CC}$$

(2) $V_B \gg U_{BE}$

引入发射极电阻后,由图 7-3-1b)可列出

$$U_{BE} = V_B - V_E = V_B - I_E R_E$$

若使 $V_B \gg U_{BE}$,就可以认为

$$I_C \approx I_E = \frac{V_B - U_{BE}}{R_E} \approx \frac{V_B}{R_E}$$

**2.稳定静态工作点的物理过程**

当温度升高后,使静态集电极电流 $I_C$ 增加,则发射极电流 $I_E$ 也增加,发射极的电位 $V_E$ 也增加,但由于 $V_B$ 是固定的,因此 $V_E$ 的增加导致 $U_{BE}$ 减小,从而使 $I_B$ 自动减小,牵制了 $I_C$ 的增加,使之基本维持温度升高之前的值。这个过程可表示成

$$温度 \uparrow \rightarrow I_C \uparrow \rightarrow I_E \uparrow \rightarrow V_E \uparrow \rightarrow U_{BE} \downarrow \rightarrow I_B \downarrow \rightarrow I_C \downarrow$$

## 二、分压式偏置电路的计算

采用估算法,如图 7-3-1 所示的偏置电路,在已知电源电压 $U_{CC}$、$R_{B1}$、$R_{B2}$、$R_C$、$R_E$ 及三极管的电流放大系数 $\beta$ 的情况下,当满足稳定工作点的条件时,可以求出它的静态值

$$V_B = \frac{R_{B2}}{R_{B2} + R_{B1}}U_{CC}$$

$$I_C \approx I_E = \frac{V_B - U_{BE}}{R_E} \approx \frac{V_B}{R_E}$$

$$I_B = \frac{I_C}{\beta}$$

$$U_{CE} = U_{CC} - I_C(R_C + R_E)$$

动态分析时,仍然把直流电源及电容都视为短路,可画出该电路的微变等效电路图,如图 7-3-2所示。

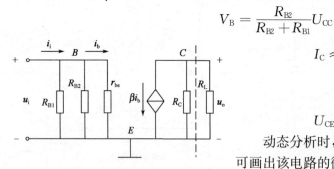

图 7-3-2　分压偏置电路的微变等效电路

(1)电压放大倍数

$$A_u = \frac{\dot{U}_o}{\dot{U}_i} = -\beta\frac{R_C /\!/ R_L}{r_{be}}$$

当放大电路输出端开路时

$$A_u = \frac{\dot{U}_o}{\dot{U}_i} = -\beta\frac{R_C}{r_{be}}$$

若考虑信号源有内阻 $R_S$ 时,电压放大倍数为

$$A_{us} = \frac{\dot{U}_o}{\dot{U}_i} = -\beta \frac{R_C \parallel R_L}{r_{be}} \frac{r_i}{R_S + r_i}$$

(2)输入电阻

$$r_i = \frac{\dot{U}_i}{\dot{I}_i} = \frac{\dot{U}_i}{\dfrac{\dot{U}_i}{R_{B1}} + \dfrac{\dot{U}_i}{R_{B2}} + \dfrac{\dot{U}_i}{r_{be}}}$$

$$r_i = R_B \parallel r_{be} = R_{B1} \parallel R_{B2} \parallel r_{be} \approx r_{be}$$

(3)输出电阻

$$r_o \approx R_C$$

【例 7-3-1】 在图 7-3-1 中,已知 $U_{CC}=12V$,$R_C=2k\Omega$,$R_{B1}=20k\Omega$,$R_{B2}=10k\Omega$,$R_E=2k\Omega$,$R_L=2k\Omega$,三极管的 $\beta=40$。

(1)试计算静态值;

(2)计算电压放大倍数 $A_u$、输入电压 $r_i$、输出电阻 $r_o$,若信号源有内阻 $R_S=0.5k\Omega$,则其放大倍数 $A_{us}$ 为多少?

【解】 (1)计算静态工作点

$$V_B = \frac{R_{B2}}{R_{B2} + R_{B1}} U_{CC} = \frac{10}{10+20} \times 12V = 4V$$

$$I_C \approx I_E = \frac{V_B - U_{BE}}{R_E} = \frac{4-0.6}{2}mA = 1.7mA$$

$$I_B = \frac{I_C}{\beta} = \frac{1.7}{40}mA = 0.042mA$$

$$U_{CE} = U_{CC} - I_C(R_C + R_E) = (12 - 4 \times 1.7)V = 5.2V$$

(2)当不计 $R_S$ 时的电压放大倍数为

$$r_{be} = 300 + (1+\beta)\frac{26}{I_E} = \left(300 + 41 \times \frac{26}{1.7}\right)\Omega \approx 1k\Omega$$

$$A_u = -\beta \frac{R_C \parallel R_L}{r_{be}} = -40$$

$$r_i = R_{B1} \parallel R_{B2} \parallel r_{be} = 20 \parallel 20 \parallel 1 = 1k\Omega$$

$$r_0 \approx R_C = 2k\Omega$$

(3)当 $R_S=0.5k\Omega$ 时的电压放大倍数为

$$A_{us} = \frac{\dot{U}_o}{\dot{U}_i} = -\beta \cdot \frac{R_C \parallel R_L}{r_{be}} \cdot \frac{r_i}{R_S + r_i} = -40 \times \frac{0.5}{1+0.5} = -13.3$$

### 三、发射极接有偏置电阻的分压偏置电路

在前面提到,由于发射极旁路电容 $C_E$ 的存在,在讨论交流信号放大时可以不必考虑 $R_E$ 的影响,但若如图 7-3-3 所示,把发射极电阻 $R_E$ 分成两部分 $R_{E1}$ 和 $R_{E2}$,$R_{E2}$ 并联在 $C_E$ 的两端,则因 $R_{E1}$ 没有旁路电容,它除了对静态工作点有稳定作用之外,对放大电路的输入电阻 $r_i$ 和交流放大倍数 $A_u$ 都有一定的影响。其静态分析与上面一样,故不再给出其计算公式。

动态分析如下：

先作出微变等效电路图 7-3-4，在这里采用估算法。

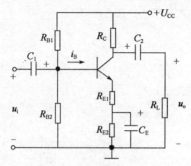

图 7-3-3　带 $R_E$ 的放大电路

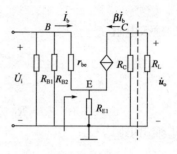

图 7-3-4　带 $R_E$ 放大电路的微变等效电路

(1)电压放大倍数

$$\dot{U}_i = [r_{be} + (1+\beta)R_{E1}]\dot{I}_b$$

$$\dot{U}_o = -\beta(R_C // R_L)\dot{I}_b$$

$$A_u = \frac{\dot{U}_o}{\dot{U}_i} = -\beta\frac{R_C // R_L}{r_{be} + (1+\beta)R_{E1}}$$

(2)输入电阻

$$\dot{U}_i = \dot{I}_b r_{be} + (1+\beta)\dot{I}_b R_{E1}$$

$$r_i = \frac{\dot{U}_i}{\dot{I}_i} = \frac{\dot{U}_i}{\dfrac{\dot{U}_i}{R_B} + \dfrac{\dot{U}_i}{r_{be} + (1+\beta)R_{E1}}} = \frac{\dot{U}_i}{\dfrac{\dot{U}_i}{R_{B2}} + \dfrac{\dot{U}_i}{R_{B2}} + \dfrac{\dot{U}_i}{r_{be} + (1+\beta)R_{E1}}}$$

$$r_i = R_{B1} // R_{B2} // [r_{be} + (1+\beta)R_{E1}]$$

(3)输出电阻

$$r_0 \approx R_C$$

可见，发射极接有电阻 $R_E$ 时，其电压放大倍数比发射极不接此电阻时要降低很多，但换来的是交流输出信号的稳定，不会因外界环境因素的变化而变化。

【例 7-3-2】　在图 7-3-3 中，已知 $U_{CC}=12V$，$R_C=2k\Omega$，$R_{B1}=20k\Omega$，$R_{B2}=10k\Omega$，$R_{E1}=200\Omega$，$R_{E2}=1.3k\Omega$，$R_L=4k\Omega$，三极管的 $\beta=60$。

(1)试计算静态值；

(2)计算电压放大倍数 $A_u$、输入电阻 $r_i$。

【解】　(1)计算静态工作点

$$V_B = \frac{R_{B2}}{R_{B2}+R_{B1}}U_{CC} = \frac{10}{10+20}\times12V = 4V$$

$$I_C \approx I_E = \frac{V_B - U_{BE}}{R_E} = \frac{4-0.6}{1.5}mA = 2.3mA$$

$$I_B = \frac{I_C}{\beta} = \frac{2.3}{60}mA = 0.04mA$$

$$U_{CE} = U_{CC} - I_C(R_C + R_{E1} + R_{E2}) = (12-2.3\times3.5)V = 3.95V$$

显然静态工作点的计算方法与例 7-3-1 完全相同。

(2)电压放大倍数为

$$r_{be} = 300 + (1+\beta)\frac{26}{I_E} = \left(300 + 61 \times \frac{26}{2.34}\right)\Omega = 977\Omega \approx 1k\Omega$$

$$A_u = -\beta\frac{R_C /\!/ R_L}{r_{be} + (1+\beta)R_{E1}} = -\frac{60 \times 1.33}{1 + (1+60) \times 0.2} \approx -6$$

(3)输入电阻

$$r'_i = \frac{\dot{U}_i}{\dot{I}_b} = r_{be} + (1+\beta)R_{E1} = (1 + 61 \times 0.2)k\Omega = 13.2k\Omega$$

$$r_i = r'_i /\!/ R_{B1} /\!/ R_{B2} = 4.4k\Omega$$

# 7.4 射极输出器

从图 7-4-1 中可以看到,它与前面介绍的电路不同,它的输出端是从发射极引起的,故称射极输出器。

从放大电路的交流通路[图 7-4-1a)]中,注意到直流电源相对于交流信号来说是短路的;交流输入信号是从基极和集电极两端输入的,而输出交流信号是在发射极和集电极之间,也就是说输入回路和输出回路是以三极管的集电极为公共端的,因此,射极输出器是共集电极电路。射极输出器在实际电路中应用很广,在学习中要注意它的特点和用途。

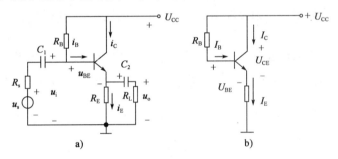

图 7-4-1 射极输出器

**1.静态分析**

图 7-4-1b)为射极输出器的直流通路,由此确定静态值:

$$U_{CC} = R_B I_B + U_{BE} + R_E(1+\beta)I_B$$

$$I_B = \frac{U_{CC} - U_{BE}}{R_B + (1+\beta)R_E}$$

$$I_E \approx I_C = \beta I_B$$

$$U_{CE} = U_{CC} - I_E R_E$$

**2.动态分析**

(1)电压放大倍数

由射极输出器的交流微变等效电路(图 7-4-2)及电压放大倍数的定义得

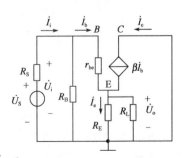

图 7-4-2 射极输出器的微变等效电路

$$\dot{U}_0 = (R_E /\!/ R_L) \dot{I}_e = (R_E /\!/ R_L)(1+\beta) \dot{I}_b$$

$$\dot{U}_i = r_{be} \dot{I}_b + (R_E /\!/ R_L) \dot{I}_e = r_{be} \dot{I}_b + (R_E /\!/ R_L)(1+\beta) \dot{I}_b$$

$$A_u = \frac{\dot{U}_o}{\dot{U}_i} = \frac{(1+\beta)(R_E /\!/ R_L)}{r_{be} + (1+\beta)(R_E /\!/ R_L)}$$

上式表明两个特点：

一是因为 $(1+\beta)(R_E /\!/ R_L) \gg r_{be}$，故电压放大倍数小于 1，但很接近于 1。输出电压近似等于输入电压，放大倍数 ≤1。

二是上式中不带负号，说明输出电压和输入电压相同，这与共发射极放大电路中输出电压和输入电压反相的情况是不同的。

射极输出器的输出电压与输入电压同相，且大小基本相等，因而输出电压随着输入电压的变化而变化，这就是射极输出器的电压跟随作用，故它又被称为电压跟随器。

（2）输入电阻

从交流微变等效电路图 7-4-2 及输入电阻的定义得

$$r_i = \frac{\dot{U}_i}{\dot{I}_i} = \frac{\dot{U}_i}{\dfrac{\dot{U}_i}{R_B} + \dfrac{\dot{U}_i}{r_{be} + (1+\beta)(R_E /\!/ R_L)}} = \frac{1}{\dfrac{1}{R_B} + \dfrac{1}{r_{be} + (1+\beta)(R_E /\!/ R_L)}}$$

$$= R_B /\!/ [r_{be} + (1+\beta)(R_E /\!/ R_L)]$$

一般 $R_B$ 和 $[r_{be} + (1+\beta)(R_E /\!/ R_L)]$ 都要比 $r_{be}$ 大得多，因此射极输出器的输入电阻比共射极放大电路的输入电阻要高。射极输出器的输入电阻高达几十千欧到几百千欧。

（3）输出电阻

计算输出电阻的等效电路如图 7-4-3 所示，由输出电阻的定义式出发，从输出端向里看，并将信号源短路（但保留 $R_S$），输出端去掉负载电阻 $R_L$，外加一个交流电压 $\dot{U}_o$ 以产生一个电流 $\dot{I}_o$，则放大电路的输出电阻为

$$r_o = \frac{\dot{U}_o}{\dot{I}_o}$$

因此，由电路中得

$$\dot{I}_o = \dot{I}_b + \beta \dot{I}_b + \dot{I}_e = (1+\beta) \frac{\dot{U}_o}{r_{be} + R_S /\!/ R_B} + \frac{\dot{U}_o}{R_E}$$

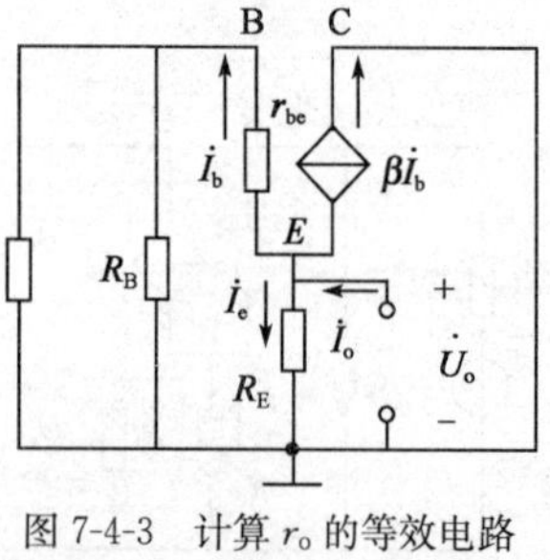

图 7-4-3 计算 $r_o$ 的等效电路

输出电阻

$$r_o = \frac{\dot{U}_o}{\dot{I}_o} = \frac{1}{(1+\beta) \dfrac{1}{r_{be} + R_S /\!/ R_B} + \dfrac{1}{R_E}}$$

输出电阻为两个等效电阻的并联，通常

$$R_E \gg \frac{r_{be} + R_S /\!/ R_B}{1+\beta} R_E \gg 1，且 \beta \gg 1$$

故输出电阻

$$r_o \approx \frac{r_{be} + R_S /\!/ R_B}{\beta}$$

射极输出器的输出电阻与共射放大电路相比是较低的，一般在几欧到几十欧。当 $r_o$ 较低时，射极输出器的输出电压几乎具有恒压性。

　　综上所述,射极输出器具有电压放大倍数恒小于 1,接近于 1,输入、输出电压同相,输入电阻高,输出电阻低的特点;尤其是输入电阻高,输出电阻低的特点,使射极输出器获得了广泛的应用。

　　**【例 7-4-1】**　某射极输出器,三极管的 $\beta=50$, $R_B=300\text{k}\Omega$, $R_L=3\text{k}\Omega$, $R_E=3\text{k}\Omega$, $R_S=0.6\text{k}\Omega$, $U_{CC}=15\text{V}$。求它的静态值,并求其电压放大倍数,输入、输出电阻。

　　**【解】**　静态值

$$I_B=\frac{U_{CC}-U_{BE}}{R_B+(1+\beta)R_E}=\frac{15-0.6}{300+(1+50)\times3}\text{mA}=32\mu\text{A}$$

$$I_E\approx I_C=\beta I_B=50\times32\mu\text{A}=1.6\text{mA}$$

$$U_{CE}=U_{CC}-I_E R_E=(15-3\times1.6)\text{V}=10.2\text{V}$$

电压放大倍数

$$r_{be}=300+(1+\beta)\frac{26}{I_E}=\left(300+51\times\frac{26}{1.6}\right)\Omega=1.1\text{k}\Omega$$

$$A_u=\frac{\dot{U}_o}{\dot{U}_i}=\frac{(1+\beta)(R_E//R_L)}{r_{be}+(1+\beta)(R_E//R_L)}=0.985\approx1$$

输入电阻

$$r_i=R_B//[r_{be}+(1+\beta)(R_E//R_L)]=61.7\text{k}\Omega$$

输出电阻

$$r_o\approx\frac{r_{be}+R_S//R_B}{\beta}=0.033\text{k}\Omega=33\Omega$$

**3. 射极输出器的作用**

　　由于射极输出器输入电阻高,常被用于多级放大电路的输入级。这样,可减轻信号源的负担,又可获得较大的信号电压。这对内阻较高的电压信号来讲更有意义。在电子测量仪器的输入级采用射极输出器作为输入级,较高的输入电阻可减小对测量电路的影响。

　　由于射极输出器的输出电阻低,常被用于多级放大电路的输出级。当负载变动时,因为射极输出器具有几乎为恒压源的特性,输出电压不随负载变动而保持稳定,具有较强的带负载能力。

　　射极输出器也常作为多级放大电路的中间级。射极输出器的输入电阻大,即前一级的负载电阻大,可提高前一级的电压放大倍数;射极输出器的输出电阻小,即后一级的信号源内阻小,可提高后一级的电压放大倍数。这对于多级共射放大电路来讲,射极输出器起了阻抗变换作用,提高了多级共射放大电路的总的电压放大倍数改善了多级共射放大电路工作性能。

# 7.5　多级放大电路

　　在实际应用中,要放大的信号往往都是非常微弱的,一般是毫伏级或微伏级,输入功率常常在 1mW 以下,因而一个单级放大电路倍数是不够的,必须把多个这样的电路串联起来,构成多级放大电路,才可以使信号逐级放大,在输出端获得足够的电压幅值和足够的输出功率,去驱动负载,多级放大电路的方框如图 7-5-1 所示。

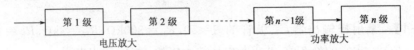

图 7-5-1 多级放大电路方框图

在多级放大电路中,每两个单级放大电路之间的连接方式称为耦合,常用的耦合方式有:阻容耦合、直接耦合和变压器耦合。阻容耦合应用于分立元件多级交流放大电路中;放大缓慢变化的信号或直流信号则采用直接耦合的方式;变压器耦合在放大电路中的应用逐渐减少。本书只讨论前两种级间耦合方式。

### 一、阻容耦合(Resistance-Capacitance Coupled)

图 7-5-2a)是一个两级的阻容耦合放大电路,其前级的输出电压是经过耦合电容 $C_2$ 和下一级的输入电阻耦合到下一级输入端的,故称为阻容耦合,此耦合如图 7-5-2b)所示。

由于电容有隔直作用,因此两级放大电路的直流通路互不相通,即每一级的静态工作点各自独立。耦合电容的选择应使信号频率在中频段时容抗视为零。多级放大电路的静态和动态分析与单级放大电路时一样。

#### 1. 多级放大电路的电压放大倍数

图 7-5-2a)的微变等效电路如图 7-5-3 所示。在计算电压放大倍数时,考虑前后级的相互影响,前一级放大电路的输出电压作为后一级的输入电压,而后一级的放大电路的输入电阻作为前一级的负载电阻,这样就考虑了前后级之间的相互影响。于是就可以把两级放大电路的总电压放大倍数问题转化为分别计算两个单级放大电路的放大倍数问题了。

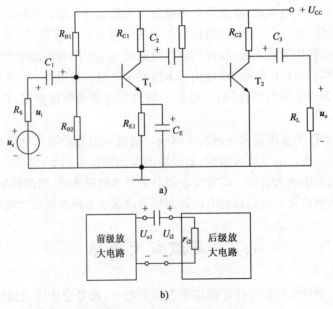

a)

b)

图 7-5-2 阻容耦合两级放大电路

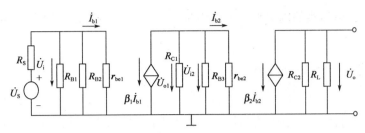

图 7-5-3　两级放大电路的微变等效电路

即由 $\dot{U}_{o1} = \dot{U}_{i2}$，所以总的电压放大倍数为

$$A_u = \frac{\dot{U}_o}{\dot{U}_i} = \frac{\dot{U}_{o2}}{\dot{U}_{i1}} = \frac{\dot{U}_{o1}}{\dot{U}_{i1}} \frac{\dot{U}_{o2}}{\dot{U}_{o1}} = \frac{\dot{U}_{o1}}{\dot{U}_{i1}} \frac{\dot{U}_{o2}}{\dot{U}_{i2}} = A_{u1} A_{u2}$$

第一级放大电路的电压放大倍数

$$A_{u1} = \frac{\dot{U}_{o1}}{\dot{U}_{i1}} = -\beta_1 \frac{R_{C1} /\!/ r_{i2}}{r_{be1}}$$

式中：$r_{i2}$——第一级放大电路的交流等效负载电阻，$r_{i2} = r_{be2} /\!/ R_{B3}$。

由于计算第一级电压放大倍数时，已经考虑了第二级对它的影响，因此第一级的输出电压也就是第二级的输入电压，即

$$\dot{U}_{o1} = \dot{U}_{i2}$$

于是第二级放大倍数为

$$A_{u2} = \frac{\dot{U}_{o2}}{\dot{U}_{i2}} = -\beta_2 \frac{R_{C2} /\!/ R_L}{r_{be2}}$$

式中：$R_L$——第二级放大电路的交流等效负载电阻。

所以，两级放大电路总的电压放大倍数为

$$A_u = A_{u1} A_{u2} = \left( -\beta_1 \frac{R_{C1} /\!/ r_{i2}}{r_{be1}} \right) \left( -\beta_2 \frac{R_{c2} /\!/ R_L}{r_{be2}} \right)$$

上式表明，两级放大电路的总电压放大倍数等于各级放大倍数乘积。

推广之，对于具有 $n$ 级串联的多级放大电路，总的电压放大倍数为

$$A_u = A_{u1} A_{u2} \cdots A_{un} \qquad (7\text{-}5\text{-}1)$$

**2. 多级放大电路的输入电阻、输出电阻**

多级放大电路的输入电阻就是第一级的输入电阻，即

$$r_i = r_{i1} = R_{B1} /\!/ R_{B2} /\!/ r_{be1}$$

多级放大电路的输出电阻，就是最后一级的输出电阻，在图 7-5-2a)所示电路中，有

$$r_o = r_{o2} = R_{C2}$$

从级间耦合的角度来看，因为后一级放大电路的输入电阻是前一级负载电阻，即 $r_{i2} = R_{L1}$，因此，为了提高前一级放大电路的电压放大倍数，希望后一级的输入电阻越高越好；前一级放大电路的输出电阻，对后一级放大电路相当于信号源的内阻，因此为了提高带负载的能力，希望前一级放大电阻的输出电阻越小越好。

这种级间耦合的概念对在实际使用中的仪器也是适用的，在选择信号发生器、电压源的时候，其内阻应非常小，一般在测量范围内可以忽略不计，否则就应该考虑其内阻的影响。在用

电压表测量电压时,电压表的内阻相对于被测对象来说是它的负载,当然越大越好,否则测量值就是不准确的。

## 二、直接耦合(Direct-Coupled)

放大电路各级之间,放大电路与信号源或负载直接连起来,或者经电阻等能通过直流的元件连接起来,称为直接耦合方式。直接耦合方式不但能放大交流信号,而且能放大变化极其缓慢的超低频信号以及直流信号。现代集成放大电路都采用直接耦合方式,这种耦合方式得到越来越广泛的应用。

然而,直接耦合方式有其特殊的问题,其中主要是前、后级静态工作点互相牵制与零点漂移两个问题。

### 1. 前、后级静态工作点互相影响

在交流阻容耦合放大电路中,由于耦合电容隔直流通交流的作用,既保证了交流信号的传递和放大,也保证了各级放大电路的静态工作点相互独立,互不影响。

在直接耦合放大电路中,前后级电路静态工作点是互相影响的。如图 7-5-4 为一直接耦合放大电路输入端直接相连,图中通过在 $T_2$ 管的发射极串联一个电阻 $R_{E2}$,把 $T_2$ 管的发射极电位抬高,从而提高了 $T_2$ 管的集电极电位,使两级都具有合适的静态工作点。但显然在设计和计算直流放大电路时,必须全面地考虑各级的静态工作点的合理配置,当放大电路的级数增多时,这个问题会显得更加复杂。

### 2. 零点漂移(Zero Drift)

在直接耦合放大电路中,若将输入端短接(让输入信号为零),在输出端接上记录仪,可发现输出端随时间仍有缓慢的无规则的信号输出,如图 7-5-5 所示,这种现象称为零点漂移。零点漂移现象严重时,能够淹没真正的输出信号,使电路无法正常工作。所以零点漂移的大小是衡量直接耦合放大器性能的一个重要指标。

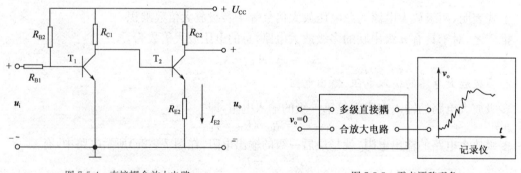

图 7-5-4  直接耦合放大电路          图 7-5-5  零点漂移现象

衡量放大器零点漂移的大小不能单纯看输出零漂电压的大小,还要看它的放大倍数。因为放大倍数越高,输出零漂电压就越大,所以零漂一般都用输出零漂电压折合到输入端来衡量,称为输入等效零漂电压。

引起零漂的原因很多,最主要的是温度对晶体管参数的影响所造成的静态工作点波动,而在多级直接耦合放大器中,前级静态工作点的微小波动都能像信号一样被后面逐级放大并且

输出。因而,整个放大电路的零漂指标主要由第一级电路的零漂决定,所以,为了提高放大器放大微弱信号的能力,在提高放大倍数的同时,必须减小输入级的零点漂移。因温度变化对零漂影响最大,故常称零漂为温漂。

减小零点漂移措施很多,但第一级采用差分放大电路是多级直接耦合放大电路的主要电路形式。

## 7.6　差分放大电路

差分放大电路(Differential Amplifier)是抑制零点漂移最有效的电路。因此,多级直接耦合放大电路的前置级广泛采用这种电路。

差分放大电路的典型电路如图 7-6-1 所示,电路由两个结构和参数完全相同的共发射极放大电路组成,并要求三极管的特性和参数完全一样。

电路有两个电源 $U_{CC}$ 和 $E_E$,两个输入端和两个输出端。当输入信号从某个管子的基极与"地"之间加入,称为单端输入如 $u_{i1}$、$u_{i2}$;而输入信号从两个基极之间加入,称为双端输入 $u_i$。若输出电压从某个管子的集电极和"地"之间取出,称为单端输出,如 $u_{o1}$、$u_{o2}$;而输出电压从两集电极之间取出,称为双端输出 $u_o$,显然 $u_o = u_{o1} - u_{o2}$。

### 一、差分放大电路抑制零点漂移的基本原理

#### 1. 依靠电路的对称性

当温度变化等原因引起两个管子的基极电流 $I_{B1}$、$I_{B2}$ 变化时,由于两边电路完全对称,势必引起两管子集电极电流 $I_{C1}$、$I_{C2}$ 的相等量的变化,且方向相同,即 $\Delta I_{C1} = \Delta I_{C2}$,集电极电位 $V_{C1}$、$V_{C2}$ 的变化量也相同,即 $\Delta V_{C1} = \Delta V_{C2}$。

采用双端输出时,输出电压 $u_o = u_{o1} - u_{o2}$,如在输入信号为零时,假定温度上升,则有

$$T \uparrow \to I_{B1}、I_{B2} \uparrow \to I_{C1}、I_{C2} \uparrow \to V_{C1}、V_{C2} \downarrow \to u_o = u_{C1} - u_{C2} = 0$$

由此可知,虽然温度变化对每个管子都产生了零点漂移,但在输出端两个管子的集电极电压的变化相互抵消了,所以抑制了输出端的零点漂移。

#### 2. 依靠发射极电阻 $R_E$ 的作用

发射极电阻 $R_E$ 具有负反馈作用,可以稳定静态工作点,从而进一步减小 $V_{C1}$、$V_{C2}$ 的绝对漂移量,具体见 7.7 节。$R_E$ 抑制输出电压的零点漂移的方法将在差分放大电路的静态分析和动态分析中具体讨论。

从理论上讲,差分放大电路可以完全消除零点漂移的影响,但实际上由于电路制造工艺的限制,两边电路不可能做到完全对称,所以电路中用电位器 $R_P$ 来调节对称性,使放大电路在静态时,输出电压 $u_o = 0$。在下面的讨论中,$R_P$ 暂不考虑。

### 二、差分放大电路的静态分析

由于电路的对称性,在此只计算 $T_1$ 管的静态值即可。图 7-6-2 为图 7-6-1 所示电路的单管直流通路。注意到两个管子合用一个发射极电阻 $R_E$,流过它的电流为二倍的 $I_E$。

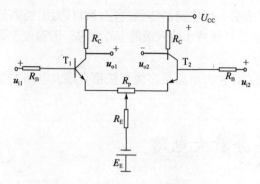

图 7-6-1　差分放大电路的典型电路

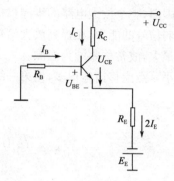

图 7-6-2　单管直流通路

静态时,设

$$I_{B1}=I_{B2}=I_B;I_{C1}=I_{C2}=I_C$$

对基极电路,列出电压回路方程

$$R_B I_B+U_{BE}+2R_E I_E=E_E$$

整理得

$$I_B=\frac{E_E-U_{BE}}{R_B+(1+\beta)2R_E}$$

$$I_C=\beta I_B$$

$$U_{CE}=U_{CC}-I_C R_C-2R_E I_E+E_E$$

差分放大电路常作为电路输入级,通常 $I_B$ 很小,当 $2R_E I_E\gg R_B I_B+U_{BE}$ 时,则有

(1)$V_E\approx0$

(2)$U_{CE}\approx U_{CC}-I_C R_C$

### 三、差分放大电路的动态分析

#### 1.输入信号之间的关系

差分放大电路有两个输入信号,可用以下三种情况来概括它们之间的关系。

(1)差模(Differential-Mode Signal)信号:当输入 $u_{i1}$ 和 $u_{i2}$ 为一对大小相等,极性相反的信号时,称为输入差模信号,用 $u_d$ 表示,即 $u_{i1}=-u_{i2}=u_d$。

(2)共模(Common-Mode Signal)信号:当输入 $u_{i1}$ 和 $u_{i2}$ 为一对大小相等,极性相同的信号时,称为输入共模信号,用 $u_c$ 表示,即 $u_{i1}=u_{i2}=u_c$。

(3)任意信号:输入信号 $u_{i1}$ 和 $u_{i2}$ 的大小和极性任意,由叠加原理,他们总可以分解成差模信号 $u_d$ 和共模信号 $u_c$ 的组合,其中

$$u_d=\frac{u_{i1}-u_{i2}}{2}\quad u_c=\frac{u_{i1}+u_{i2}}{2}$$

则:

$$u_{i1}=u_c+u_d\quad u_{i2}=u_c-u_d$$

假如:设 $u_{i1}=9mV,u_{i2}=5mV$,可将它们分解成差模分量 $u_d=2mV$ 和共模分量 $u_c=7mV$。

根据以上分析可见,讨论时我们只需分析差模和共模放大两种情况,而把任意输入信号看

成是差模和共模信号的组合,分别求解,再在输出端用叠加原理取其代数和即可。

### 2. 差模输入的动态分析

当 $u_{i1} = -u_{i2} = u_d$ 时的输入方式称为差模输入,由于电路的对称性,调零电位器也是用于调节电路对称性的,这里忽略其电阻值,故有 $r_{be1} = r_{be2} = r_{be}$,$\beta_1 = \beta_2 = \beta$。由 $u_{i1} = -u_{i2}$,有 $i_{e1} = -i_{e2}$,所以差模信号在 $R_E$ 上不产生压降,这样差模放大电路可看成是两个简单的单管电压放大电路,其单管差模微变等效电路图如图 7-6-3 所示。当放大电路的输出端接上负载 $R_L$ 时,由于 $u_{o1} = -u_{o2}$,必有 $R_L$ 的中心位置为差模电压输出的交流"地"。因此对每个单管放大电路而言,负载为 $R_L/2$。

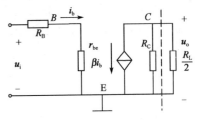

图 7-6-3　单管差微变等效电路图

每个单管的电压放大倍数为

$$A_{d1} = \frac{u_{o1}}{u_{i1}} = -\frac{\beta R_L'}{R_B + r_{be}}$$

式中:$R_L' = R_C \mathbin{/\mkern-5mu/} \left(\dfrac{R_L}{2}\right)$。

当信号 $u_i$ 在双端输入时,有

$$u_{i1} = -u_{i2} = u_d = u_i/2$$

(1)差模电压放大倍数

输出电压

$$u_{o1} = -u_{o2} \qquad u_o = u_{o1} - u_{o2} = 2u_{o1}$$

差模电压放大倍数

$$A_d = \frac{u_o}{u_i} = \frac{2u_{o1}}{2u_{i1}} = A_{d1} = -\frac{\beta R_L'}{R_B + r_{be}}$$

(2)差模输入电压

$$r_{id} = 2(R_B + r_{be})$$

(3)差模输出电阻

$$r_o = 2r_{o1} = 2R_C$$

### 3. 共模输入的动态分析

当 $u_{i1} = u_{i2} = u_c$ 时的输入方式称为共模输入。共模输出电压 $u_o = u_{o1} - u_{o2}$,在理想情况下,由电路的对称性 $u_{o1} = u_{o2}$,必有 $u_o = 0$,但实际上由于制造工艺的限制,电路不可能做到完全对称,所以仍有必要分析共模放大的情况。

对共模信号,流过 $R_E$ 上的发射极电流是同方向的,所以在 $R_E$ 两端的反馈电压为 $2i_E R_E$,在计算时必须考虑这一项,有共模电压放大倍数

$$A_{C1} = A_{C2} = \frac{u_{o1}}{u_{i1}} = -\frac{\beta R_L'}{R_B + r_{be} + (1+\beta)2R_E}$$

比较差模放大倍数和共模放大倍数可见,差分放大电路对共模信号的放大能力大大低于对差模信号的放大能力,这正是电路所需要的。温度变化和电源波动等外界因素均可等效成

127

共模信号,所以零点漂移也是共模的一种形式。差分放大电路可以有效地抑制共模信号,就是因为其在电路设计上有这两方面的措施:一是利用电路两边的对称性,由双端输出抵消共模输出信号;二是利用发射极大电阻的强共模负反馈作用减小共模输出电压。

**4. 共模抑制比**

为了定量地说明差分放大电路对差模信号的放大能力和对共模信号的抑制能力,引入共模抑制比(Common-Mode Rejection Ratio)$K_{CMRR}$,其定义为差模放大倍数 $A_d$ 与共模放大倍数 $A_c$ 之比,即

$$K_{CMRR} = \frac{A_d}{A_C} \tag{7-6-1}$$

从理论上讲,差分放大电路的共模放大倍数 $A_c = 0$,所以 $K_{CMRR}$ 就为无穷大;在实际电路中,却不为无穷大。共模抑制比越大,表示该差分放大电路性能越好。

在工程上,常用分贝表示 $K_{CMRR}$,符号为 $K_{CMR}$,即

$$K_{CMR} = 20\lg\left|\frac{A_d}{A_C}\right| \text{(dB)} \tag{7-6-2}$$

# 7.7 放大电路中的负反馈

反馈(Feedback)这个概念并不陌生,在现代社会中,大到军事、工程、管理系统和经济领域,小到人体科学,反馈几乎无所不在,例如常听到的信息反馈等等。在电子技术中,反馈是改善放大电路性能的重要手段。另外很多工业自动化控制系统及自动化测控技术中都是利用反馈来构成闭环系统,使被控制量的参数值在一定的范围内变化的。

前面讨论过的分压偏置电压放大电路中利用在发射极上接一个电阻 $R_E$ 来稳定放大电路的静态工作点,就是利用了 $R_E$ 的负反馈作用。

## 一、反馈的基本概念

在放大电路中,正向传输的信号,即信号 $u_i$ 从输入端加入,经放大电路放大后,从输出端输出。如果在输出端和输入端之间再接上一条电路,将输出的信号(电压或电流)的一部分或全部,通过这条电路(常称为反馈电路)再反方向送回到放大电路的输入端,就可以使输出信号对输入信号施加反作用。这样一个反向传输信号的过程,称为反馈。

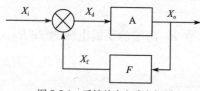

图 7-7-1 反馈放大电路方框图

图 7-7-1 为反馈放大电路方框图,它由无反馈的基本放大电路 A 和反馈电路 F 组成,反馈电路可以是电阻、电容、电感、变压器、二极管等单个元件及其组合,也可能是较为复杂的电路。它与基本放大电路构成闭环放大电路。

图 7-7-1 中 $X_i$ 是放大电路的输入信号,$X_o$ 是输出信号,$X_f$ 反馈信号,$X_d$ 为真正输入基本放大电路的净输入信号。这些信号可以是电压信号也可以是电流信号,故用 $X$ 表示。

### 二、负反馈的类型和判别方法

#### 1. 正反馈和负反馈

根据反馈信号对输入信号的影响,反馈有正、负之分。

对负反馈,有:$X_d = X_i - X_f < X_i$。例如:在分压偏置放大电路中,反馈电阻 $R_{E1}$ 的引入,使得电路的电压放大倍数降低了,$R_{E1}$、$R_{E2}$ 就是一种负反馈元件。但有了 $R_{E1}$、$R_{E2}$ 以后,放大电路的静态工作点稳定了,放大电路的输出信号性能得到改善了。因此,在放大电路中,负反馈被广泛采用。

如果反馈信号是使外输入信号 $X_i$ 作用加强,使净输入信号 $X_d$ 增加,从而使电路放大倍数增加,则是正(Positive)反馈。即 $X_d = X_i + X_f > X_i$。正反馈虽然使净输入信号 $X_d$ 增大,电压放大倍数提高,但是很容易破坏放大电路的稳定性,而引起自激振荡。因此,在一般放大电路不使用正反馈,只是用于信号发生器的振荡电路中。

#### 2. 直流反馈和交流反馈

图 7-3-1 所示的分压式偏置电路,实际上是一个具有负反馈的放大电路。此电路中反馈的作用有两个方面:一方面是对直流,即发射极串有电阻 $R_{E1}$、$R_{E2}$ 对直流(即静态工作点)具有负反馈作用,当集电极电流 $I_C$ 增加时,发射极电流 $I_E$ 则增加,因而电阻 $R_{E1}$、$R_{E2}$ 上的电压降增加,使发射极电位 $V_E$ 抬高,从而使 $U_{BE}$ 减小,基极电流 $I_B$ 减小,放大 $\beta$ 倍的集电极电流 $I_C$ 相应就减小,故电阻 $R_{E1}$、$R_{E2}$ 起负反馈作用,能够稳定静态工作点。在交流电压放大电路中,直流负反馈主要是起稳定静态工作点的作用。另一方面,对交流信号,则只有电阻 $R_{E1}$ 具有负反馈的作用,因电阻 $R_{E2}$ 已经被旁路电容 $C_E$ 短路($C_E$ 对交流信号相当于短路)。

#### 3. 串联反馈和并联反馈

串联反馈:如果反馈信号与输入信号相串联(或反馈电路的输出端与放大电路的输入端串联),就是串联反馈。凡是串联反馈,反馈信号在放大电路的输入端总是以电压的形式出现的:如分压偏置放大电路中的反馈电阻 $R_E$ 构成的反馈支路,它的反馈信号就是 $V_E$,以电压形式出现,故为串联反馈。对串联反馈而言,信号源的内阻越小,则反馈效果越好,因为对反馈电压来讲,信号源的内阻和 $r_{be}$ 是串联的,当 $R_s$ 小时,反馈电压被它分去的部分也小,反馈效果当然就好。当 $R_s = 0$ 时,反馈效果最好。

并联反馈:如果反馈信号与输入信号并联(或反馈电路的输出端与放大电路的输入端并联),就是并联反馈。凡是并联反馈,反馈信号在放大电路的输入端总是以电流的形式出现。如图 7-7-2 所示的电路中反馈电阻

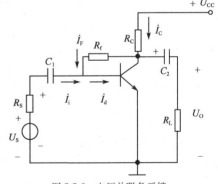

图 7-7-2　电压并联负反馈

$R_f$ 构成的反馈支路,它的输出端与放大电路的输入端并联,以电流的形式出现,故为电流反馈。对于并联反馈,信号源的内阻越大,则反馈效果越好,因为对反馈电流来讲,内阻和 $r_{be}$ 并联,当 $R_s$ 大时,反馈电流被它所在的支路分走的部分也小,$I_d$ 的变化就大了,即反馈效果好。

### 4. 电流反馈与电压反馈

电流反馈：如果反馈信号取自输出电流，并与之成正比，例如从图 7-3-3 上看，$R_{E1}$ 中流过的电流为输出电流 $I_C$，并与之成正比，这就是电流反馈，不论输入端是串联反馈或是并联反馈，电流负反馈都具有稳定输出电流的作用。

电压反馈：如果反馈信号取自输出电压，并与之成正比，例如从图 7-7-2 上看，反馈电路的输入端与放大电路的输出端 $U_{CC}$ 并联，直接接在输出端上，这就是电压反馈。电压负反馈具有稳定输出电压的作用。

由上述分类可见，反馈的判别共分为四个方面，对电路需逐一进行判别。

## 三、负反馈对放大电路的影响

### 1. 降低放大倍数

由图 7-7-1 所示的带有负反馈的放大电路方框图可见，在未引入负反馈时的放大倍数（称开环放大倍数）为 $A$。引入负反馈后的放大倍数（即包含负反馈电路在内的整个放大电路的放大倍数）为 $A_f$，则有

$$A_f = \frac{A}{1+AF}$$

反馈系数 $F$ 越大，闭环放大倍数 $A_f$ 越小，甚至小于 1。

### 2. 提高放大倍数的稳定性

当内、外界条件变化时（如温度变化、管子老化、元件参数变化和电源电压波动等），会引起放大倍数的变化，甚至引起输出信号的失真。而引入负反馈以后，则可以利用反馈量进行自我调节，提高放大倍数的稳定性，这是牺牲了一定的放大倍数而获得的好处。

### 3. 对输入电阻的影响

放大电路的负反馈会改变电路的输入电阻，以图 7-3-3 所示电路为例已经求得，在没有反馈电阻 $R_{E1}$ 时，三极管的输入电阻 $r_{be}$ 为 1kΩ。有反馈电阻的 $R_{E1}$ 后的三极管输入电阻为

$$r_i' = r_{be} + (1+\beta)R_{E1} = 13.3k\Omega$$

因为反馈电路是以 $(1+\beta)R_{E1}$ 的电阻形式与 $r_{be}$ 串联的，故大幅提高了输入电阻。

结论：串联反馈能增大总的输入电阻。

### 4. 对输出电阻的影响

电压负反馈具有稳定输出电压的作用，即具有恒压输出的特点，相当于一个内阻很小的恒压源，这个内阻就是放大电路的输出电阻，所以电压负反馈放大电路的输出电阻是很小的。

结论：电压负反馈使输出电阻减小。

电流负反馈有稳定输出电压的作用，即在负载改变时可维持电流不变，所以放大电路对负载来讲相当于一个内阻很大的恒流源，所以电流负反馈放大电路提高了输出电阻。

结论：电流负反馈使输出电阻增加。

### 5. 负反馈电路能扩展放大电路的通频带宽度，使放大电路具有更好的通频特性

# 习　题

## 一、选择题

1. 如习题图 7-1 所示的单管电压放大电路中,$C_1$,$C_2$ 耦合电容值取得较大,用的是极性电容,联接时要注意其极性,$C_1$ 的极性为____,$C_2$ 的极性为____。

 A. 左一、右十/左十、右一

 B. 左一、右十/左一、右十

 C. 左十、右一/左十、右一

 D. 左十、右一/左一、右十

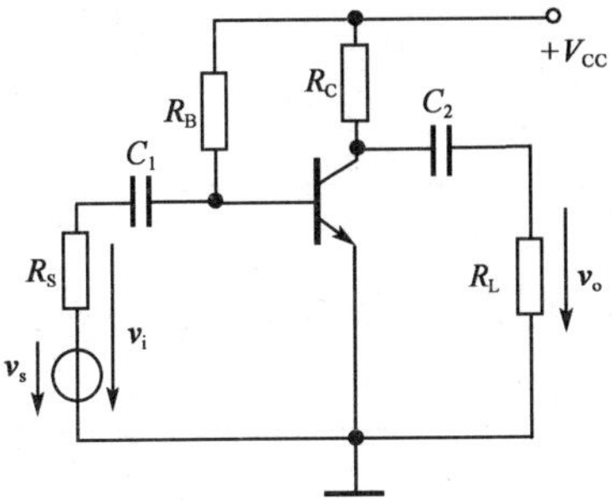

2. 在三极管基本放大电路中,为了获得最大的不失真电压放大,应该将静态工作点设置在三极管的____。

 A. 放大区中央部分  B. 放大区即可

 C. 饱和区    D. 截止区

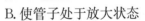

习题图　7-1

3. 如习题图 7-1 的放大电路中,集电极电阻 $R_c$ 的作用是____。

 A. 减小管子功耗     B. 使管子处于放大状态

 C. 变电流放大为电压放大   D. 可实现功率放大

4. 基本放大电路中的主要放大对象是____。

 A. 直流信号  B. 交流信号  C. 交直流信号均可 D. 直流电流

5. 射极输出器的特点之一是____。

 A. 输出电阻较低     B. 输入电阻较低

 C. 输出电阻较高     D. 输出电压于输入电压反相

6. 晶体管具有电流放大能力,而放大能源来自于放大电路中的____。

 A. 信号源  B. 晶体管本身  C. 直流电源  D. 由负载灌入

7. 在三极管基本放大电路中,由于静态工作点设置不合适而出现截止失真。为了改善失真波形,方便的做法是应____。

 A. 增大三极管基极静态输入电流  B. 减小三极管基极静态输入电流

 C. 增大信号电压      D. 目前的三极管性能不好,应更换一个

8. 在三极管基本放大电路中,测试发现静态工作点已经设置在放大区中央部分,但同时出现截止和饱和失真,这说明____。

 A. 测试错误

 B. 为消除失真,应增大三极管基极静态输入电流

 C. 输入的信号幅度过大

 D. 为消除失真,应减小三极管基极静态输入电流

## 二、计算题

1. 三极管的放大电路如习题图 7-2a)所示,已知 $U_{CC}=12V$,$R_C=3k\Omega$,$R_B=240k\Omega$,三极管的电流放大系数 $\beta=40$,三极管的输出特性曲线如习题图 7-2b)所示,$U_{BE}$ 取 $0.6V$。

(1)试用图解法求出放大电路的静态工作点;

（2）用估算法求出电路静态工作点。

2. 在习题图 7-2 中所示的偏置电压放大电路中,已知 $U_{CC}=12V$,$R_C=2k\Omega$,$R_B=300k\Omega$,三极管的电流放大系数 $\beta=40$,$U_{BE}$ 取 $0.6V$,试用估算法求出放大电路的静态工作点,画出交流微变等效电路图,并求电压放大倍数、输入电阻和输出电阻。

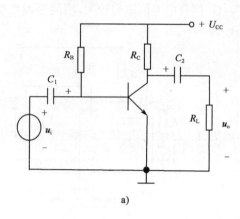
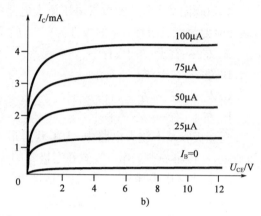

习题图　7-2

3. 上题中,若信号源内阻 $R_S=0.5k\Omega$,则电路对信号源的电压放大倍数为多少? 若不计信号源内阻,电路外接负载,且负载电阻为 $2k\Omega$,则电路对信号源的电压放大倍数又为多少?

4. 在习题图 7-3 所示分压偏置电压放大电路中,已知 $U_{CC}=15V$,$R_C=R_L=3k\Omega$,$R_E=3k\Omega$,$R_{B1}=27k\Omega$,$R_{B2}=12k\Omega$,三极管的电流放大系数 $\beta=50$,$U_{BE}$ 取 $0.6V$,试用估算法求出放大电路的静态工作点,画出交流微变等效电路图,并求电压放大倍数、输入电阻和输出电阻。

5. 上题中,如果把习题图 7-3 中发射极交流旁路电容 $C_E$ 除去。问:

（1）电路的静态值是否会发生变化?

（2）画出交流微变等效电路图;

（3）计算电压放大倍数。

6. 习题图 7-4 所示电路,已知 $U_{CC}=16V$,$R_C=3k\Omega$,$R_L=3k\Omega$,$R_{E1}=100\Omega$,$R_{E2}=2k\Omega$,$R_{B1}=60k\Omega$,$R_{B2}=20k\Omega$,$r_{be}=1k\Omega$,三极管的电流放大系数 $\beta=50$,$U_{BE}$ 取 $0.6V$。

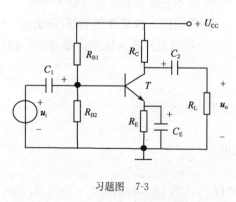
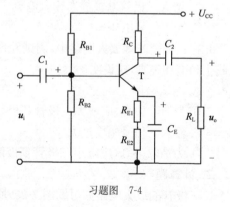

习题图　7-3　　　　　　　　　　　　习题图　7-4

（1）画出交流微变等效电路图;

（2）计算电压放大倍数 $A_u$,若信号源有内阻 $R_S=0.5k\Omega$,则电路对信号源的电压放大倍数

$A_u$ 为多少?

(3)计算电路的输入电阻和输出电阻。

7. 在习题图 7-4 所示的分压偏置电压放大电路中,已知 $U_{CC}=12V$,$R_C=4k\Omega$,$R_L=4k\Omega$,$R_{E1}=50\Omega$,$R_{E2}=3k\Omega$,$R_{B1}=20k\Omega$,$R_{B2}=10k\Omega$,$\beta=40$,$U_{BE}$ 取 $0.6V$,试用估算法求出放大电路的静态工作点,画出交流微变等效电路图,并求电压放大倍数、输入电阻和输出电阻。

8. 在习题图 7-5 所示的射极输出器电路中,已知 $U_{CC}=12V$,$R_L=2k\Omega$,$R_S=50\Omega$,$R_E=2k\Omega$,$R_{B1}=100k\Omega$,$R_{B2}=50k\Omega$,$\beta=50$,$U_{BE}$ 取 $0.6V$。

(1)求电路的静态值;

(2)画出交流微变等效电路图;

(3)估算电路的电压放大倍数、输入电阻和输出电阻。

9. 在习题图 7-6 所示射极输出器电路中,已知 $U_{CC}=12V$,$R_L=3k\Omega$,$R_S=500\Omega$,$R_E=3k\Omega$,$R_B=420k\Omega$,$\beta=80$,$U_{BE}$ 取 $0.6V$。

(1)求电路的静态值;

(2)画交流微变等效电路图,求输入、输出电阻。

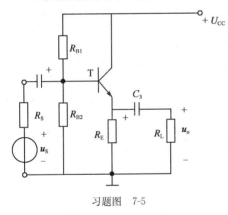
习题图　7-5

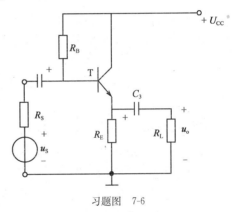
习题图　7-6

# 第8章 集成运算放大器

**基本要求：**

1. 了解集成运算放大器主要组成及主要参数；
2. 掌握理想运算放大器两个工作区的特点；
3. 掌握理想运算放大器比例、加减、积分、微分运算；
4. 了解电压比较器的原理和应用。

本章首先介绍集成运算放大器基本组成和主要参数，然后讲述理想运算放大器的分析方法，在此基础上介绍运算放大器在信号运算、信号处理方面的应用，介绍集成功率放大器，最后介绍集成运放在使用中应注意的几个问题。

## 8.1 集成运算放大器简介

集成电路（Integrated Circuit）是将晶体管、二极管、电阻、小电容等元件及导线全部集中制造在同一小块半导体基片上，成为一个完整的固定电路。在各种模拟集成电路中，集成运算放大器是应用最为广泛的器件。集成运算放大器简称集成运放，实质上是一种高增益的直接耦合多级放大器，因为最初它被应用于各种数学运算中，故名运算放大器。目前，它的应用已远远超出了数学运算领域。在信号的产生、变换、处理和测量等方面，集成运放都起着非常重要的作用。

集成运放与分立元件电路比较，体积更小，重量更轻，功耗更低，可靠性更高，灵活性更好，价格较便宜。集成电路常有三种外型，即双列直插式、扁平式和圆壳式，如图 8-1-1 所示。就导电类型分：有双极型（晶体管）、单极型（场效应管）和两者兼容的。就功能而言：有数字集成电路和模拟集成电路。模拟集成电路有集成运算放大器、集成功率放大器、集成稳压电源、集成数模和模数转换器等许多种。

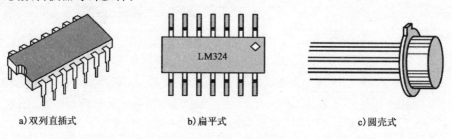

a) 双列直插式　　　　　b) 扁平式　　　　　c) 圆壳式

图 8-1-1　集成运算放大电器的外形图

### 一、运算放大器的组成

作为一种高增益、低漂移的放大器,集成放大器由多级放大电路组成,其基本放大电路由四部分组成,如图 8-1-2 所示,包括输入级、偏置电路、中间级和输出级。输入级由差分放大电路组成,目的是为了减小放大电路的零点漂移,提高输入阻抗;中间级通常由共发射极放大电路构成,目的是为了获得较高的电压放大倍数;输出级由互补对称电路或射极输出器组成,目的是为了减小输出电阻,提高电路的带负载能力;偏置电路一般由各种恒流源电路构成,作用是为上述各级电路提供稳定、合适的偏置电流,决定各级的静态工作点。

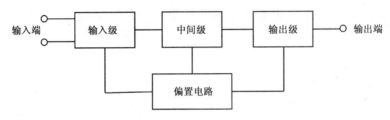

图 8-1-2　运算放大器的结构图

集成运放内部电路随型号不同而不同,但基本框图相同。集成运放有两个输入端:一个是同相输入端,用“+”表示;另一个是反相输入端,用“－”表示。图 8-1-3 所示为 $\mu A741$ 集成运算放大器的电路符号和管脚图。

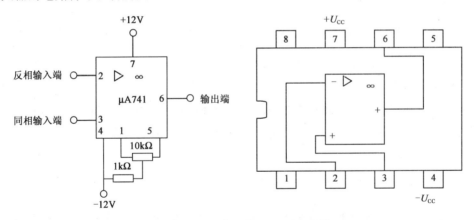

图 8-1-3　$\mu A741$ 集成运放的电路符号和管脚

它是 8 脚双列直插式组件,8 个管脚的用途是:脚 1 和 5 为外接调零补偿电位器端;脚 2 为反相输入端;脚 3 为同相输入端;脚 4 为负电源端;脚 7 为正电源端;脚 6 为输出端;脚 8 为空脚。

### 二、集成运算放大器的主要参数

1. 最大输出电压 $U_{OPP}$

能使输出电压和输入电流保持不失真关系的最大输出电压称为运算放大器的最大输出电压。F007 的最大输出电压约为 $\pm 12V$。

**2. 开环电压放大倍数 $A_{uo}$**

在没有外接反馈电路时所测出的差模电压放大倍数,称为开环电压放大倍数。$A_{uo}$ 越高,所构成的运算电路越稳定,精度也越高。

**3. 差模输入电阻 $r_{id}$**

它是衡量差动对管从差模输入信号源索取电流大小的标志,一般为 MΩ 数量级。以场效应管为输入级的可达 $10^6$ MΩ。

**4. 输出电阻 $r_o$**

$r_o$ 是集成运放开环工作时,从输出端向里看进去的等效电阻,其值越小说明集成运放带负载的能力越强。

**5. 输入失调电压 $U_{io}$**

理想的集成运放,当输入电压 $u_{i1} = u_{i2}$ 时,输出电压 $u_o = 0$,但在实际的运放中,由于制造工艺问题使得在输出 $u_o = 0$ 时,其输入端却要加一个补偿电压称为输入失调电压 $U_{io}$,$U_{io}$ 一般在几个毫伏级,显然越小越好。

**6. 输入失调电流 $I_{io}$**

指输入信号为零时,两个输入端静态基极电流之差。$I_{io}$ 在零点几微安级,其值越小越好。

**7. 输入偏置电流 $I_{iB}$**

输入信号为零时,两个输入端静态基极电流的平均值,为输入偏置电流,即 $I_{iB} = \dfrac{I_{B1} + I_{B2}}{2}$,一般在零点几微安级,这个电流也是越小越好。

**8. 共模输入电压 $U_{iCM}$**

集成运放对共模信号具有抑制的性能,但这个性能是在规定的共模电压,即共模输入电压的范围内才具备。如果超出这个电压,运算放大器的共模抑制性能就大为下降,甚至损坏器件。

### 三、理想集成运算放大器的分析方法

在分析集成运算放大器组成的各种电路时,为便于分析和计算,将实际运放视作理想运放来对待,首先要分清它的工作状态是线性区还是非线性区,这是十分重要的。

**1. 理想运算放大器**

(1)由于运算放大器开环放大倍数 $A_{uo}$ 相当高,可视为无穷大($A_{uo} \to \infty$);

(2)输入电阻 $r_i$ 相当大,可视为无穷大($r_i \to \infty$);

(3)输出电阻 $r_o$ 很低,可视为趋于零($r_o \to 0$);

(4)共模抑制比 $K_{CMRR}$ 视为无穷大($K_{CMRR} \to \infty$)。

尽管真正的理想运算放大器并不存在,然而实际集成运放的各项技术指标与理想运放的指标非常接近,特别是随着集成电路制造水平的提高,两者之间的差距已很小。因此,除特别指出外,本书所涉及的运放都按理想器件来考虑。理想集成运算放大电路在电路中的符号如

图 8-1-4 表示,它有两个输入端和一个输出端。反相输入端标上
"—"号,同相输入端标上"+"号。它们对"地"的电压(即各端的电
压)分别用 $u_-$、$u_+$ 和 $u_o$ 表示。当然在实际连接时必须加上电源电
压,具体引脚定义和电源电压的范围等要查阅有关的手册。

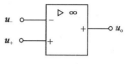

图 8-1-4 理想运算放大器符号

### 2. 集成运算放大器的线性区与非线性区

在分析由集成运放构成的应用电路时,必须分清集成运放是工作在线性区还是非线性区。
工作在不同的区域,所遵循的规律是不相同的。我们将表示集成运算放大器输出电压与输入
电压之间的关系曲线称为传输特性曲线,如图 8-1-5
所示。由图可见,传输特性曲线分为线性区和非线性
区(饱和区)。

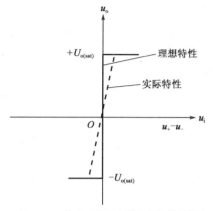

图 8-1-5 集成运算放大器的传输特性曲线

(1)线性区

当集成运放工作在线性区时,其输出信号随输入
信号作如下变化

$$u_o = A_{uo} u_i = A_{uo}(u_+ - u_-) \tag{8-1-1}$$

对于工作在线性区的理想运算放大器分析时有
以下两条简化原则:

①运算放大器的两个输入端电压($u_-$ 为反相输入
端对地电压;$u_+$ 为同相输入端对地电压)的关系为

$$u_- \approx u_+ \tag{8-1-2}$$

因为 $u_o$ 为一定值,$A_{uo} \to \infty$,所以 $u_- - u_+ = u_o/A_{uo} \approx 0$,即 $u_- \approx u_+$。(虚短)。

如果在反相输入端输入信号,同相输入端接地时,根据 $u_- \approx u_+$ 可得出:反相输入端的电
位接近于"地"电位,但并不真的接地,即电流不能流入"地",通常称为"虚地"。

②由于 $r_i \to \infty$,所以认为反相输入端与同相输入端的输入电流均趋于零,即

$$i_+ \approx i_- \approx 0 \tag{8-1-3}$$

这通常称为"虚断"。

(2)非线性区(饱和区)

由于集成运放的开环电压放大倍数 $A_{uo}$ 很大,那么,当集成运算放大器工作在开环状态
(即未接深度负反馈)或加有正反馈时,只要有差模信号输入,哪怕是微小的电压信号,集成运
放都将进入非线性区,其输出电压立即达到正向饱和电压 $U_{om}$ 或负向饱和电压 $-U_{om}$,$U_{om}$ 或
$-U_{om}$ 在数值上接近运放的正、负电源电压值。

对于理想运放来说,工作在非线性区时,可有以下两条结论:

①输入电压 $u_-$ 与 $u_+$ 可以不等,输出电压 $u_o$ 不是正饱和就是负饱和,即

$$u_+ > u_- \text{时},u_o = U_{om}$$

$$u_+ < u_- \text{时},u_o = -U_{om}$$

而 $u_+ = u_-$ 是两种状态的转换点。

②输入电流为零

$$i_+ = i_- = 0$$

可见,"虚断"在非线性区仍然成立。

# 8.2 集成运算放大器在信号运算方面的应用

集成运算放大器接入适当的反馈电路就可构成各种运算电路,主要有比例、加法、减法、积分、微分等运算。由于集成运放开环增益很高,所以它构成的基本运算电路均为深度负反馈电路,运算放大器两输入端电路之间满足"虚短"和"虚断",根据这两个特点很容易分析各种运算电路。

## 一、比例运算电路

比例运算包括同相比例运算和反相比例运算,它们是最基本的运算电路,也是组成其他各种运算的基础。下面主要分析它们的电路构成和主要工作特点。

### 1.反相比例

如图 8-2-1 所示为反相比例运算电路,输入信号 $u_i$ 经电阻 $R_1$ 加到反相输入端,反馈电阻 $R_F$ 跨接在输出端和反相输入端之间,形成电压并联负反馈。而同相输入端通过电阻 $R_2$ 接地,$R_2$ 是一个平衡电阻,其作用是为了使两个输入端的外接电阻相等,从而保证输入级差分放大电路的偏置电路对称,$R_2 = R_1 /\!/ R_F$。

根据运算放大器工作在线性区时的两条分析依据:

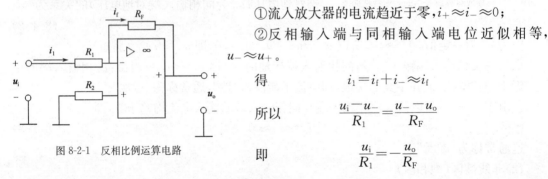

①流入放大器的电流趋近于零,$i_+ \approx i_- \approx 0$;

②反相输入端与同相输入端电位近似相等,$u_- \approx u_+$。

得 $$i_1 = i_f + i_- \approx i_f$$

所以 $$\frac{u_i - u_-}{R_1} = \frac{u_- - u_o}{R_F}$$

即 $$\frac{u_i}{R_1} = -\frac{u_o}{R_F}$$

图 8-2-1 反相比例运算电路

故闭环(引入负反馈后的)电压放大倍数为

$$A_{uf} = \frac{u_o}{u_i} = -\frac{R_F}{R_1} \tag{8-2-1}$$

上式表明,集成运放的输出电压与输入电压之间呈比例关系,式中负号表示输出电压与输入电压相位相反。只要 $R_1$ 和 $R_F$ 的阻值足够精确,就保证了比例运算的精度和工作稳定性,而与运算放大器本身的参数无关。与三极管构成的电压放大电路相比较,显然用运算放大器设计电压放大电路既方便,性能又好,更重要的是它还可以按比例缩小。

当取 $R_1 = R_F$ 时

$$A_{uf} = \frac{u_o}{u_i} = -\frac{R_F}{R_1} = -1 \tag{8-2-2}$$

称为反相器(Inverter)。

**【例 8-2-1】**　在图 8-2-1 中,设 $R_1 = 10\text{k}\Omega, R_F = 50\text{k}\Omega$,求 $A_{uf}$。如果 $u_i = 0.5\text{V}, u_o = ?$

**【解】**
$$A_{uf} = \frac{u_o}{u_i} = -\frac{R_F}{R_1} = -\frac{50}{10} = -5$$

$$u_o = A_{uf} u_i = [(-5) \times 0.5]\text{V} = -2.5\text{V}$$

2. 同相比例运算电路

如图 8-2-2 所示,输入信号 $u_i$ 通过外接电阻 $R_2$ 送到同相输入端,而反相输入端经电阻 $R_1$ 接地。反馈电阻 $R_F$ 跨接在输出端和反相输入端之间,形成电压串联负反馈。

根据运算放大器工作在线性区时的两条分析依据:

①反相输入端与同相输入端电压相等,$u_- \approx u_+ = u_i$;

②流入放大器的电流趋近于零,$i_+ \approx i_- \approx 0$。

得

$$i_1 = i_f + i_- \approx i_f$$

由图可列出

$$\frac{0 - u_-}{R_1} = \frac{u_- - u_o}{R_F}$$

即

$$\frac{-u_i}{R_1} = \frac{u_i - u_o}{R_F}$$

解之

$$u_o = \left(1 + \frac{R_F}{R_1}\right) u_i$$

闭环电压放大倍数为

$$A_{uf} = \frac{u_o}{u_i} = 1 + \frac{R_F}{R_1} \tag{8-2-3}$$

若取 $R_1 = \infty$(断开)或 $R_F = 0$,则

$$A_{uf} = \frac{u_o}{u_i} = 1 \tag{8-2-4}$$

输出电压与输入电压始终相同,这称为电压跟随器,如图 8-2-3 所示。应当指出,由集成运放构成的电压跟随器比本书第 7 章中介绍的晶体管射极输出器(也是电压跟随器)质量上要强得多。它的输入电阻很高,几乎不从前级电路取用电流,而它的输出电阻很低,向后级电路提供电流时,几乎不存在内阻,所以在电子线路中常用作隔离器。

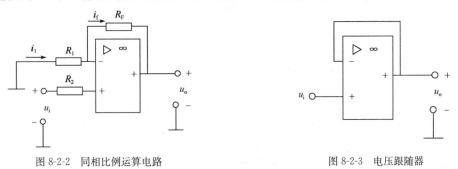

图 8-2-2　同相比例运算电路　　　　　　　　　图 8-2-3　电压跟随器

**【例 8-2-2】**　试计算图 8-2-4 中 $u_o$ 的大小。

**【解】**　图 8-2-4 电路是一电压跟随器,电源 +12V 经两个 15k$\Omega$ 的电阻分压后在同相输入

端得到$+6V$的输入电压，故$u_o=+6V$。

由本例可见，$u_o$只与电源电压和分压电阻有关，其精度和稳定性较高，可作基准电压。

**【例 8-2-3】** 分析图 8-2-5 中输出电压与输入电压的关系，并说明电路的作用。

**【解】** 图 8-2-5 电路中$R_1=\infty$，反馈电阻$R_F=0$。稳压管电压$U_Z$作为输入信号$u_i$加到同相输入端，可见电路形式为电压跟随器。

$$u_o=u_i=U_Z=3.5V$$

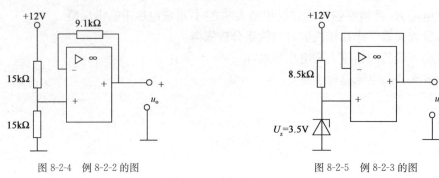

图 8-2-4　例 8-2-2 的图　　　　　　　　　图 8-2-5　例 8-2-3 的图

由本例可见，$u_o$与稳压管的稳压数值相等，因此既稳定又精确，此电路可作为高精度电压源，且可以提供较大输出电流。

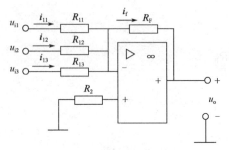

图 8-2-6　反相加法运算电路

## 二、反相加法运算电路

如果在反相比例运算电路的输入端增加若干输入电路，如图 8-2-6 所示，则构成反相加法运算电路。

由图可列出

$$i_{11}=\frac{u_{i1}}{R_{11}}\quad i_{12}=\frac{u_{i2}}{R_{12}}\quad i_{13}=\frac{u_{i3}}{R_{13}}$$

而　　　$i_f=i_{11}+i_{12}+i_{13}\quad i_f=-\frac{u_o}{R_F}$

由上列各式可得

$$u_o=-\left(\frac{R_F}{R_{11}}u_{i1}+\frac{R_F}{R_{12}}u_{i2}+\frac{R_F}{R_{13}}u_{i3}\right) \tag{8-2-5}$$

当$R_{11}=R_{12}=R_{13}=R_1$时，则上式为

$$u_o=-\frac{R_F}{R_1}(u_{i1}+u_{i2}+u_{i3}) \tag{8-2-6}$$

当$R_1=R_F$时，则有

$$u_o=-(u_{i1}+u_{i2}+u_{i3}) \tag{8-2-7}$$

平衡电阻　　　　　　　　　$R_2=R_{11}/\!/R_{12}/\!/R_{13}/\!/R_F$

由上列三式可见，加法运算电路也与运算放大器本身的参数无关，只要电阻阻值足够精确，就可保证加法运算的精度和稳定性。

### 三、减法运算电路

图 8-2-7 所示为减法运算电路。图中,输入信号 $u_{i1}$ 和 $u_{i2}$ 分别加至反相输入端和同相输入端,这种形式的电路也称为差动运算电路。对该电路也用"虚短"和"虚断"来分析,下面应用叠加定理根据反相比例和同相比例电路已有的结论进行分析,这样可使分析更简便。

首先,设 $u_{i1}$ 单独作用,而 $u_{i2}=0$,此时电路相当于一个反相比例运算电路,可得 $u_{i1}$ 产生的输出电压 $u_{o1}$ 为

$$u_{o1} = -\frac{R_F}{R_1}u_{i1}$$

再设由 $u_{i2}$ 单独作用,而 $u_{i1}=0$,则电路变为同相比例运算电路,可求得 $u_{i2}$ 产生的输出电压 $u_{o2}$ 为

$$u_{o2} = \left(1 + \frac{R_F}{R_1}\right)u_{i2}$$

由此可求得总输出电压为

$$u_o = u_{o1} + u_{o2} = -\frac{R_F}{R_1}u_{i1} + \left(1 + \frac{R_F}{R_1}\right)u_{i2} \tag{8-2-8}$$

当 $R_1 = R_F$ 时,上式为

$$u_o = 2u_{i2} - u_{i1} \tag{8-2-9}$$

若将图 8-2-7 变为图 8-2-8 电路,仍是减法电路。此时

$$u_+ = \frac{u_{i2}}{R_2 + R_3}R_3$$

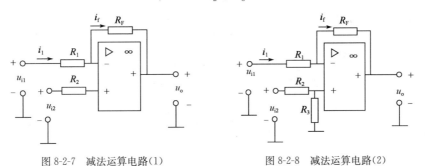

图 8-2-7　减法运算电路(1)　　　　图 8-2-8　减法运算电路(2)

由叠加定理得

$$u_o = -\frac{R_F}{R_1}u_{i1} + \left(1 + \frac{R_F}{R_1}\right)\frac{R_3}{R_2 + R_3}u_{i2} \tag{8-2-10}$$

当 $R_1 = R_2$ 和 $R_3 = R_F$ 时,则上式为

$$u_o = \frac{R_F}{R_1}(u_{i2} - u_{i1}) \tag{8-2-11}$$

可见,输出电压与两个输入电压的差值成正比,所以称为差动放大电路或差动比例运算电路,亦称减法电路。

当 $R_1 = R_F$ 时,则得

$$u_o = u_{i2} - u_{i1} \tag{8-2-12}$$

差动比例运算电路结构简单,但若输入信号不止一个,且有一定的关系时,调整电阻比较困难。差分输入时电路存在共模电压,为了保证运算精度,应当选用共模抑制比较高的运算放大器。

**【例 8-2-4】** 图 8-2-9 是运算放大器的串级应用,试求输出电压 $u_o$。

**【解】** $A_1$ 是电压跟随器,因此

$$u_{o1} = u_{i1}$$

$A_2$ 是差动运算电路,因此

$$u_o = \left(1 + \frac{R_{F2}}{R_1}\right)u_{i2} - \frac{R_{F2}}{R_1}u_{o1} = \left(1 + \frac{R_{F2}}{R_1}\right)u_{i2} - \frac{R_{F2}}{R_1}u_{i1}$$

如前所述,$u_{i1}$ 输入 $A_1$ 的同相端,而不是直接输入 $A_2$ 的反相端,这样可以提高输入阻抗。

### 四、积分运算

如果将反相比例运算电路的反馈电阻 $R_F$ 用电容 $C_F$ 取代,就成为了积分运算电路,如图 8-2-10所示。图中平衡电阻 $R_1 = R_2$。

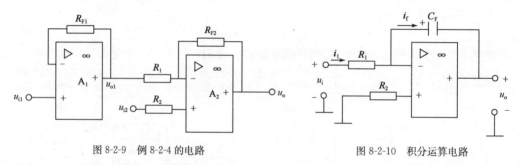

图 8-2-9  例 8-2-4 的电路          图 8-2-10  积分运算电路

注意:该电路输入信号变化很慢,即频率很低,当电流流过电容时,电容两极板上的电荷增加,极板两端的电压也相应上升,它们之间的关系为

$$u_c = \frac{Q_F}{C_F} = \frac{1}{C_F}\int i_F dt$$

由于 $u_- = 0$,故

$$i_1 = i_f = \frac{u_i}{R_1}$$

$$u_o = -u_c = -\frac{1}{C_F}\int i_F dt = -\frac{1}{R_1 C_F}\int u_i dt$$

上式表明 $u_o$ 与 $u_i$ 的积分成比例,式中的符号表示两者反相,而 $R_1 C_F$ 称为积分时间常数。

当 $u_i$ 为阶跃电压如图 8-2-11a)时,则

$$u_o = -\frac{1}{R_1 C_F}\int u_i dt = -\frac{U_i}{R_1 C_F}t \tag{8-2-13}$$

其波形如图 8-2-11a)所示,最后达到负饱和值。若输入信号 $u_i$ 为方波,积分得三角波,波形如图 8-2-11b)所示,若输入信号 $u_i$ 为正弦波,积分得余弦波,波形如图 8-2-11c)所示。

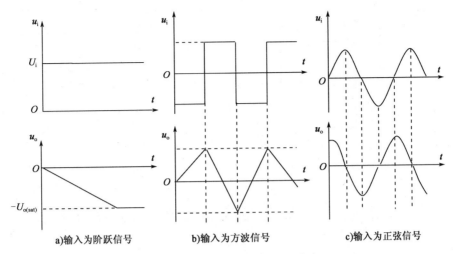

图 8-2-11　不同输入情况下的积分波形

**【例 8-2-5】**　在图 8-2-10 中，$R_1 = 20\text{k}\Omega$，$C_F = 1\mu\text{F}$。$u_i$ 为一正向阶跃电压运放的最大输出电压 $U_{OM} = \pm 12\text{V}$，求 $t \geqslant 0$ 范围内 $u_o$ 与 $u_i$ 的运算关系，并画出波形。

**【解】**　根据式(8-2-13)

$$u_o = -\frac{U_i}{R_1 C_F}t = -\frac{1}{20 \times 10^3 \times 1 \times 10^{-6}}t = -50t$$

当 $u_o = U_{OM} = -12\text{V}$ 时

$$t = \frac{-12}{-50}\text{s} = 0.24\text{s}$$

波形如图 8-2-12 所示。

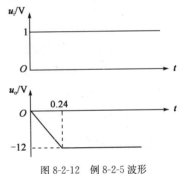

图 8-2-12　例 8-2-5 波形

## 五、微分运算

微分运算是积分运算的逆运算，图 8-2-13 是微分运算电路。

因为 $u_+ = 0$，而 $u_+ \approx u_- = 0$ 和 $i_1 = i_f$

故
$$i_1 = C_1 \frac{\mathrm{d}u_C}{\mathrm{d}t} = C_1 \frac{\mathrm{d}u_i}{\mathrm{d}t}$$

$$u_o = -R_F i_f$$

所以

$$u_o = -R_F C_1 \frac{\mathrm{d}u_C}{\mathrm{d}t} = -R_F C_1 \frac{\mathrm{d}u_i}{\mathrm{d}t} \tag{8-2-14}$$

可见，输出电压 $u_o$ 与输入电压 $u_i$ 成微分关系，实现了微分运算。$R_F C_1$ 为微分时间常数，$R_F C_1$ 值越大，微分作用越强；反之，微分作用越弱。

当 $u_i$ 为阶跃电压时，$u_o$ 为尖峰脉冲电压，如图 8-2-14 所示。当 $u_i$ 为方波电压时，$u_o$ 输出为尖顶波。

由于微分电路的抗干扰能力较差，工作时稳定性不高，所以很少应用。

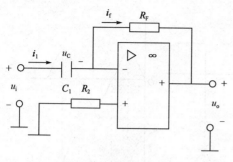

图 8-2-13　微分运算电路

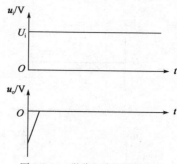

图 8-2-14　微分电路的阶跃响应

# 8.3　集成运算放大器在信号处理方面的应用

在信号处理方面,集成运算放大器可用来构成电压-电流变换器、采样保持器、电压比较器等,这些电路通常应用于自动控制系统中,下面作简单介绍。

## 一、电压-电流变换器

电压-电流变换器是将输入电压信号变换成与之成比例的输出电流信号。在一定的负载内,若保持输入电压恒定,则输出电流就恒定不变,这时的电压-电流变换器就成为恒流源。而在实际测量技术中,有些传感器当传输线路比较长时,需要恒流源来提供能量。

1.反相输入的电压-电流变换器

图 8-3-1 为反相输入的电压-电流变换器,负载电阻 $R_L$ 接在输出端与反相输入端之间,待变换的电压信号通过电阻 $R_1$ 送至反相输入端,则

$$i_L = i_1 = \frac{u_i}{R_1}$$

故流经负载电阻 $R_L$ 上的电流(负载电流)$i_L$ 与输入电压 $u_i$ 成正比,而与负载电阻 $R_L$ 的大小无关,不会随负载的波动发生变化。当输入电压恒定时,则输出电流也恒定不变。该电路对负载电阻是一个恒流源。

2.同相输入的电压-电流变换器

图 8-3-2 是同相输入的电压-电流变换器,并且负载电阻 $R_L$ 接地。

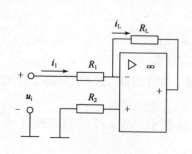

图 8-3-1　反相输入的电压-电流变换器

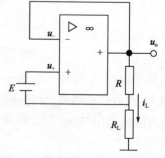

图 8-3-2　同相输入的电压-电流变换器

由理想运算放大器条件

$$u_+ \approx u_- , i_+ \approx i_- \approx 0$$
$$u_o = u_- = i_L(R+R_L)$$
$$u_+ = E + i_L R_L$$

所以输出电流 $i_L = \dfrac{E}{R}$，说明负载电流与负载电阻无关。

## 二、电压比较器

电压比较器是由运算放大器构成的用来比较输入电压和参考电压的一种电路。有定值电压比较器、过零电压比较器和滞回电压比较器。

### 1.定值电压比较器

图 8-3-3a)所示是定值电压比较器电路。$U_R$ 是参考电压，加在同相输入端，输入电压 $u_i$ 加在反相输入端。

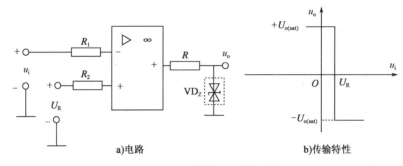

| a)电路 | b)传输特性 |

图 8-3-3　定值电压比较器

注意：电压比较器没有反馈电路，即运算放大器处于开环状态。由于开环电压放大倍数很高使得输入端只要有一个非常微小的差值信号，也会使输出电压饱和。因此，用作比较器时，运算放大器工作在饱和区，即非线性区。

当 $u_i < U_R$ 时，$u_o = +U_{o(sat)}$；

当 $u_i > U_R$ 时，$u_o = -U_{o(sat)}$。

图 8-3-3b)是定值电压比较器的传输特性曲线。

可见在定值电压比较器的输入端进行模拟信号大小的比较，在输出端则以高电平或低电平（即数字信号"1"或"0"）来反映比较结果。如果希望将信号输出电压限制在某一特定值，便于和接在输出端的数字电路的电平配合，可在比较器的输出端与"地"之间跨接一个双向稳压管，作双向限幅用。如图 8-3-3a)中虚框线所示。

### 2.过零电压比较器

当参考电压为零时，输入电压和零电平进行比较，所以称为过零比较器（或零电平比较器），如图 8-3-4 所示，过零电压比较器可以把正弦波变换为方波，如图 8-3-5 所示。同前述电路一样，为了限制输出电压的最大值，可用双向稳压管来限幅。稳压管的稳压数值为 $U_Z$，输出电压被限制在 $+U_Z$ 或 $-U_Z$。

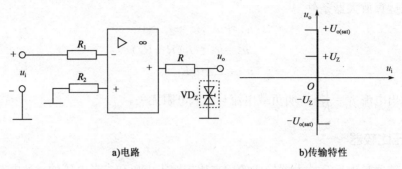

a)电路　　　　　　　　b)传输特性

图 8-3-4　过零电压比较器

### 3.滞回比较器

上面讨论的定值电压比较器和过零电压比较器,灵敏度高,但抗干扰能力差,若输入信号在参考电压或零附近时,由于各种干扰因素,可能造成输出电压不断跃变。为了解决这个问题,在运放中加入正反馈,形成具有滞回特性的比较器,可以大大提高比较器抗干扰能力。

（1）反相输入的过零滞回比较器

图 8-3-6a)所示为反相输入的过零滞回比较器电路,输入信号 $u_i$ 加到反相输入端,反馈电路 $R_F$ 接在输出端与同相输入端之间实现正反馈。

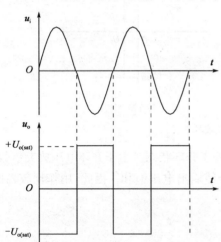

图 8-3-5　过零电压比较器波形变换图

电路分析如下:

当输出电压 $u_o = +U_{o(sat)}$ 时

$$u_+ = U'_+ = \frac{R_2}{R_2 + R_F} U_{o(sat)}$$

当输出电压 $u_o = -U_{o(sat)}$ 时

$$u_+ = U''_+ = -\frac{R_2}{R_2 + R_F} U_{o(sat)}$$

设某一时刻 $u_o = +U_{o(sat)}$,当 $u_i$ 增大到 $u_i \geqslant U'_+$ 时,输出电压 $u_o$ 转变为 $-U_{o(sat)}$,发生负向跃变。当 $u_i$ 减小到 $u_i \leqslant U''_+$ 时,输出电压 $u_o$ 转变为 $+U_{o(sat)}$,发生正向跃变。

反向输入的滞回电压比较器的传输特性如图 8-3-6b)所示。$U'_+$ 称为上门限电压,$U''_+$ 称为下门限电压,两者之差 $\Delta U = U'_+ - U''_+ = 2\frac{R_2}{R_2 + R_F} U_{o(sat)}$ 称为回差电压。回差电压越大,该电路的抗干扰能力越强。

（2）同相和反相输入的定值电压滞回比较器

图 8-3-7a)所示为同相输入定值电压滞回比较器电路。图 8-3-7(b)所示为反相输入定值电压滞回比较器电路。请读者自行分析以上两电路的工作情况。

滞回比较器较定值和过零比较器有两个优点:

①引入正反馈后能加速输出电压的转变过程,改善输出波形在跃变时的陡度。

②回差提高了电路的抗干扰能力。输出电压一旦转变为 $+U_{o(sat)}$ 或 $-U_{o(sat)}$ 后,$u_+$ 随即自动变化,$u_i$ 必须有较大的反向变化才能使输出电压转变。

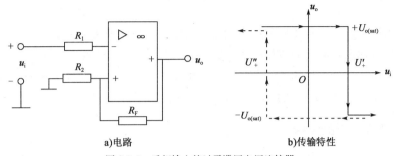

a)电路          b)传输特性

图 8-3-6 反相输入的过零滞回电压比较器

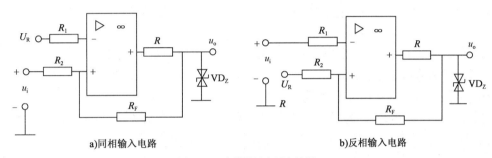

a)同相输入电路         b)反相输入电路

图 8-3-7 定值滞回电压比较器

## 三、采样保持电路

所谓采样保持电路,就是当输入信号变化较快时,输出信号能快速而准确地跟随输入信号变化而间隔采样,并且在两次采样之间保持上一次采样结束时的状态。图 8-3-8 是一种由运算放大器实现的简单采样保持电路和输入输出波形。

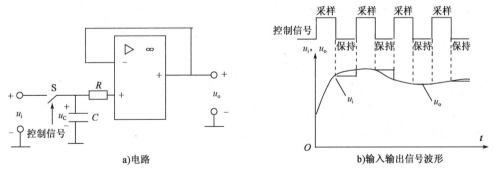

a)电路         b)输入输出信号波形

图 8-3-8 采样保持电路

图中 S 是一模拟开关,一般由场效应管实现。当控制信号为高电平时,开关闭合(即场效应管导通)电路处于采样周期,这时对 $u_i$ 存储电容元件 $C$ 充电,$u_o = u_c = u_i$,即输出电压跟随输入电压的变化(运算放大器接成跟随器)。当控制信号变为低电平时,开关断开(即场效应管截止),电路处于保持周期。因为电容元件无放电电路,故 $u_o = u_c$。这种将采样到的数值保持一定时间的电路,在数字电路、计算机及程序控制等装置中都得到应用。

# 8.4 集成功率放大器

在实际的使用过程中,往往要利用放大后的信号去控制某种执行机构,这就要求有较大的功率输出,即不仅要输出足够大的信号电压,也要输出足够大的信号电流,而前面介绍的电压放大电路,是以放大电压信号为目的的。在多级放大电路中,电压放大总是作为输入级或中间级,工作在小信号情况下;而功率放大电路则以向负载电阻输出功率为主要目的,通常处于末级或末前级。

## 一、功率放大电路的特点

功率放大(Power Amplifier)电路与电压放大电路没有本质的区别,都是在输入信号的作用下通过三极管的控制作用,把直流电源的能量按照输入信号的变化规律输送给负载,但功率放大电路又有其自己的特点:

(1)要求输出功率尽可能的大,这就要求功率放大电路的输出电流和输出电压的幅值都要大,因此三极管在接近于极限的状态下工作。如同前面讨论的,三极管的极限工作区域是由三个极限参数决定的,即集电极最大耗散功率 $P_{CM}$,集电极—发射极间最高允许电压 $U_{(BR)CEO}$ 和集电极最大允许电流 $I_{CM}$。为了避免严重的非线性失真,功率放大电路的输出电压和输出电流值也不应进入饱和区和截止区,所以功率放大电路是在充分利用三极管安全放大区的条件下工作的,是大信号的工作状态。在设计时一般要用图解法。

(2)非线性失真要小。功率放大电路的动态变化范围大,不可避免地会产生非线性失真,必须设法加以解决。

(3)效率要高。由于功率放大电路输出功率大,因此效率成为功率放大电路需要解决的重要问题。功率放大电路的效率是指功率放大电路输出的交流功率 $P_O$ 与电源输入的直流功率 $P_E$ 的比值,用 $\eta$ 表示。

## 二、集成功率放大电路 LM386

集成电路(Integrated Circuit,IC)则是把整个电路的各个元件及相互之间的连线制作在一块半导体芯片上,组成一个不可分割的整体。

集成功率放大电路目前种类很多,已广泛应用于各种音响设备等电路中。

LM386 是音频集成功率放大电路之一,该电路的特点是功耗低,允许的电压范围宽,通频带宽,外接元件少,因而在收音机、录音机中得到广泛的应用。

### 1. LM386 的引脚定义

在集成电路中由于制作工艺问题,不能制造电感、大于 200pF 的电容和极高阻值的电阻等,所以在使用时要根据电路的要求外接一些元件。图 8-4-1 是 LM386 的管脚排列图,它有 8个引脚,定义如下:6 脚接正电源,电源电压范围在 4～12V;4 脚接地;2 脚是反相输入端,由此端加入信号时,输出电压与输入电压反相;3 脚是同相输入端,由此点加入信号时,输出电压与输入电压同相位;5 脚是输出端,在 5 脚和地之间可直接接上负载;7 脚是旁路电容,用于外接纹波旁路电容,以提高纹波能力;1 和 8 脚是电压放大倍数的设定端,当 1、8 之间开路时,电路的电压放大倍数为 20,若在 1 和 8 脚之间接上一个 $10\mu F$ 的电容,将内部 $1.35k\Omega$ 的电阻旁路,则电压放大倍数可达 200,若将电阻和 $10\mu F$ 的电容串联后接在 1 和 8 脚之间,则电压放大倍数可在 20～200 选取,阻值越小,增益越高。

**2. LM386 的典型应用电路**

图 8-4-2 是 LM386 的一种典型应用电路,输入信号经过电位器 $R_P$ 接到同相输入端,反相输入端接地,输出端经过输出电容 $C_2$ 接负载。因扬声器为感性负载,所以与它并联由 $C_1$、$R_1$ 组成的串联校正电路,使负载性质校正补偿至接近纯电阻,这样可以防止高频自激和过电压现象的出现。在 1 脚和 8 脚之间接入 $1.2k\Omega$ 电阻以及 $10\mu F$ 电容,可使电压放大倍数达到 50;在 7 脚和地之间接一个 $10\mu F$ 的纹波旁路电容,以提高纹波能力。

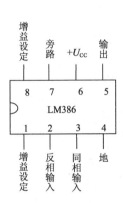

图 8-4-1　LM386 管脚排列图　　　　　图 8-4-2　LM386 的典型应用电路

## 8.5　使用运算放大器应注意的几个问题

### 一、消振

由于运算放大器内部晶体管的极间电容和其他寄生参数的影响,很容易产生自激振荡。为此,使用时要注意消振。有些运放内部有消振电路,有些则引出了消振端子。是否使用外部消振,可将输入端接"地",用示波器观察输出端有无自激振荡。若有自激振荡,需外接消振电路,如图 8-5-1 所示。

### 二、调零

集成运放在正常情况下,当输入电压为零时,输出电压也为零,但实际运放的失调电压、失调电流都不为零,因此,当输入信号为零时,输出信号不为零。在使用时要外接调零电路,如图 8-1-3 所示,先消振再调零,调零时应将电路接成闭环,一种是在无输入时调零,即将两个输入端接"地",调节调零电位器,使输出电压为零;另一种是在有输入时调零,即按已知输入信号电压计算输出电压,而后将实际值调整到计算值。

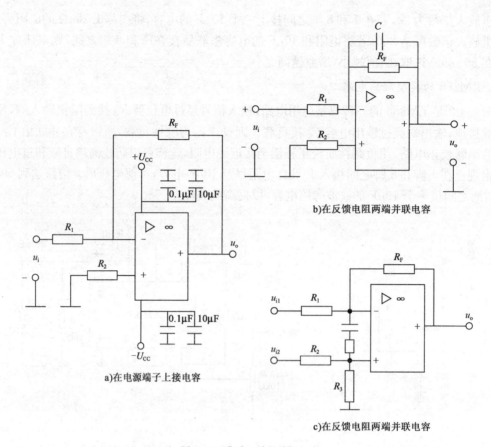

b)在反馈电阻两端并联电容

a)在电源端子上接电容

c)在反馈电阻两端并联电容

图 8-5-1　集成运放的消振电路

# 三、保护

## 1. 输入端保护

为了防止输入差模或共模电压过高损坏集成运放的输入级,可在集成运放的输入端并接两只极性相反的二极管,如图 8-5-2 所示,从而使输入电压得幅度限制在二极管的正向压降以下。

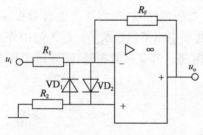

图 8-5-2　输入端保护

## 2. 输出端保护

为了防止输出级被击穿,可采用如图 8-5-3 所示的保护电路。输出正常时双向稳压管未被击穿,相当于开路,对电路没有影响。当输出电压大于双向稳压管的稳压值时,稳压管被击穿,将输出电压限制在双向稳压管的稳压范围内。

## 3. 电源端保护

为了防止电源极性接反,在正、负电源回路顺接二极管。若电源极性接反,二极管截止,相当于电源断开,起到了保护作用,如图 8-5-4 所示。

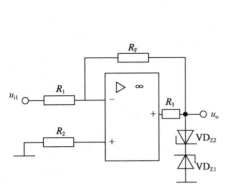
图 8-5-3　输出端保护

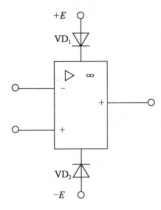
图 8-5-4　电源的保护

# 习　题

## 一、选择题

1. 电路如习题图 8-1 所示，$R_1 = R_2$，输出电压 $U_o$ 为____

   A. $U_i$          B. $U_i/2$          C. $2U_i$          D. $3U_i$

2. 电路如习题图 8-2 所示，$R_F = 2\text{k}\Omega$，$R_3 = R_1 /\!/ R_2 /\!/ R_F$，为使 $u_o = -2u_{i1} - u_{i2}$，$R_1$ 为____，$R_2$ 为____。

   A. $1\text{k}\Omega/2\text{k}\Omega$     B. $2\text{k}\Omega/1\text{k}\Omega$     C. $2\text{k}\Omega/4\text{k}\Omega$     D. $4\text{k}\Omega/2\text{k}\Omega$

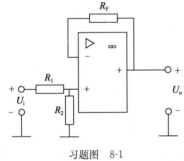
习题图　8-1

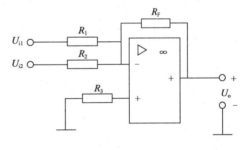
习题图　8-2

3. 未引入负反馈开环工作的运算放大器是工作于____。

   A. 线性区         B. 截止区         C. 饱和区         D. A 或 C

4. 如习题图 8-3 所示电路，输入信号 $U_i = 0.1\text{V}$，输出 $U_o$ 为____。

   A. $1\,000\text{mV}$      B. $-1\,000\text{mV}$      C. $500\text{mV}$      D. $-500\text{mV}$

5. 电路如习题图 8-4 所示，已知 $C_F = 1\mu\text{F}$，$u_o = -\int u_i \mathrm{d}t\,\text{V}$，则 $R_1 =$____。

   A. $0.5\text{M}\Omega$      B. $1\text{M}\Omega$      C. $2\text{M}\Omega$      D. $0.2\text{M}\Omega$

6. 理想运算放大器的开环差模放大倍数 $A_{uo}$ 为____。

   A. 0          B. 1          C. $10^5$          D. $\infty$

7. 设 $u_+$、$u_-$ 分别是理想运放的同相输入端、反相输入端的电位；设 $i_+$、$i_-$ 分别是该两端的输入电流。若运放工作于线性区,则____。

A. $u_+ > u_- > 0, i_+ > i_- = 0$ 　　　　　B. $u_+ = u_- = 0, i_+ = i_- > 0$

C. $u_+ = u_-, i_+ = i_- = 0$ 　　　　　　D. $u_+ = u_- > 0, i_+ = i_- > 0$

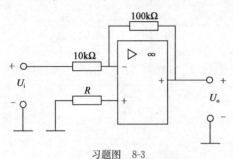　　　　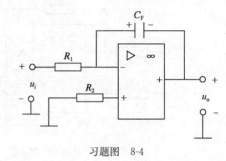

习题图　8-3　　　　　　　　　　　　　　习题图　8-4

8. 集成运放的两个信号输入端分别为____。

A. 同相和反相　　　B. 直流和交流　　　C. 电压和电流　　　D. 基极和集电极

**二、计算题**

1. ①习题图 8-5 中,已知 $R_1 = 50\text{k}\Omega, R_2 = 33\text{k}\Omega, R_3 = 3\text{k}\Omega, R_4 = 3\text{k}\Omega, R_F = 100\text{k}\Omega$,求电压放大倍数;②如果 $R_3 = 0$,要得到同样大的电压放大倍数,$R_F$ 的阻值应增大到多少?

2. 求习题图 8-6 所示电路的电压放大倍数 $A$。

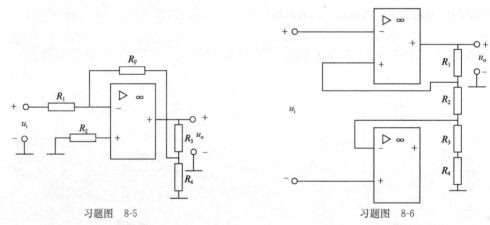

习题图　8-5　　　　　　　　　　　　　　习题图　8-6

3. 习题图 8-7 所示的电路中,已知 $R_F = 100\text{k}\Omega, R_1 = 25\text{k}\Omega$,求输出电压与输入电压的运算关系式,并计算平衡电阻 $R_2$、$R_3$ 的阻值。

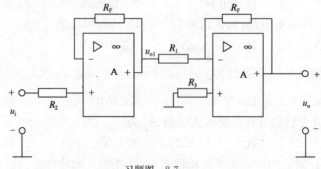

习题图　8-7

4.习题图 8-8 是利用两个运算放大器组成比较高输入电阻的差分放大电路,试求出 $u_o$ 和 $u_{i1}$、$u_{i2}$ 的运算关系式。

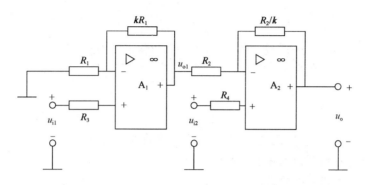

习题图　8-8

5.在习题图 8-9 所示积分运算电路中,如果 $R_1=50\mathrm{k}\Omega$,$C_F=1\mu\mathrm{F}$,输入电压 $u_i$ 如图所示,试画出输出电压 $u_o$ 的波形。

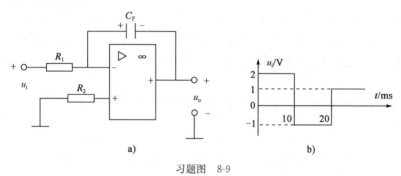

习题图　8-9

6.求习题图 8-10 所示电路中输出电压 $U_o$ 与输入电压 $U_Z$ 的关系式,并说明这个电路的功能,当负载电阻 $R_L$ 变化时,输出电压 $U_o$ 有无变化?调节 $R_F$ 起什么作用?若 $R_1=50\mathrm{k}\Omega$,$R_F=100\mathrm{k}\Omega$,$U_Z=6\mathrm{V}$,输出电压 $U_o$ 的范围为多少?

7.习题图 8-11 中,运算放大电路的最大输出电压 $U_{OPP}=\pm12\mathrm{V}$,稳压管的稳压值为 $U_Z=6\mathrm{V}$,稳压管的正向电压降为 $U_D=0.6\mathrm{V}$,输入正弦信号 $u_i=5\sin\omega t\mathrm{V}$,当参考电压 $U_R$ 分别为 3V 和 −3V 时,画出传输特性曲线($u_o$ 随 $u_i$ 变化的曲线)。

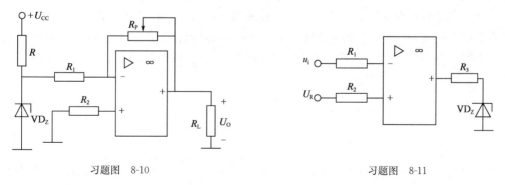

习题图　8-10　　　　　　　　　　　　　　习题图　8-11

# 第9章 直流稳压电源

**基本要求：**

1.了解单相整流、单相桥式整流、三相桥式整流的工作原理；

2.掌握整流电路的输出电压和输出电流值；

3.了解四种滤波器的工作原理及特点；

4.掌握集成稳压电源的使用；

5.了解开关电源的工作原理。

电子电路必须有直流电源电路才能工作。如何获得质量优良的直流电源，是我们要解决的问题。通常获得直流电源的方法很多，如干电池、蓄电池、直流电机等。但相比而言，最经济适用的是利用交流电源经过变换而成的直流稳压电源（DC Voltage Stabilizing Electrical Source）。

最简单的中小功率直流稳压电源的结构如图 9-0-1 所示，在各种小型家电产品中常用这种直流稳压电源。

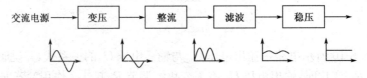

图 9-0-1　小功率直流稳压电源的结构

(1)变压器：将交流电源电压变换为符合整流需要的电压。

(2)整流电路：将交流电压变换为单向脉动的电压。

(3)滤波器：减小整流电压的脉动程度，以适合负载的需要。

(4)稳压电路：在交流电源电压波动或负载变动时，使直流输出的电压稳定。

需要说明的是，有些对直流电源稳定性要求不高的场合，滤波后的电源就可以满足要求了。但大部分电子装置要求直流电源的电压输出十分稳定，就必须加有稳压电路，其作用是为了减小由电源波动和负载变动所引起的输出的不稳定。

## 9.1 整 流 电 路

整流电路（Rectifier Circuit）是利用二极管的单向导电性将交流电压变换成单相脉动直流电的电子电路。

154

整流电路可分为单相整流电路和三相整流电路。其中单相整流电路分为单相半波、单相桥式和单相倍压整流等,其中单相半波整流电路虽然电路简单,只用一个二极管实现,但输出纹波大,在电源电路极少用;应用较广的是单相桥式整流电路和单相倍压整流。三相整流电路在大功率直流电源中用得较多。

## 一、单相整流电路

### 1.单相半波整流电路

图 9-1-1 是单相半波整流电路。它是最简单的整流电路,由整流变压器 $T_r$、整流元件 VD(二极管)及负载电阻 $R_L$ 组成。假定负载是纯电阻,二极管为理想二极管(即认为二极管的正向电阻为零,反向电阻为无穷大),且忽略变压器的内阻。

设整流变压器副边的电压为 $u=\sqrt{2}U\sin\omega t$,如图 9-1-2 所示,其中 $U$ 为变压器副边电压的有效值。在 $u$ 的正半周时,$a$ 点的电位高于 $b$ 点,二极管正向偏置。通过负载的电流和二极管上的电流相等,即 $i_o=i_{VD}$。忽略二极管的压降,负载上输出电压 $u_o=u$。在电压 $u$ 的负半周时,二极管因承受反向电压而截止,负载上既无电压也无电流,其电路波形如图 9-1-2 所示。

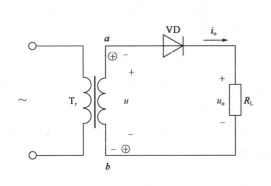

图 9-1-1　单相半波整流

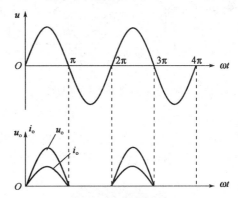

图 9-1-2　单相半波整流电路的电压与电流波形

由输出波形可知,此电路只有半个周期波形不为零,另外半个周期波形为零,因此称为半波整流电路。

单相半波整流电路输出电压 $u_o$ 的平均值为

$$U_o = \frac{1}{2\pi}\int \sqrt{2}U\sin\omega t\,\mathrm{d}(\omega t) = \frac{\sqrt{2}}{\pi}U = 0.45U \tag{9-1-1}$$

流过负载电阻的电流为

$$I_o = \frac{U_o}{R_L} = 0.45\frac{U}{R_L} \tag{9-1-2}$$

二极管承受的最高反向电压

$$U_{DRM} = \sqrt{2}U$$

这样,根据 $U_o$、$I_o$ 和 $U_{DRM}$ 可以选择合适的整流元件。

【例 9-1-1】　有一单相半波整流电路,如图 9-1-1 所示。已知负载电阻 $R_L=750\Omega$,变压器副边电压 $U=20V$,试求 $U_o$、$I_o$ 和 $U_{DRM}$,并选用二极管。

【解】
$$U_o = 0.45U = 0.45 \times 20V = 9V$$
$$I_o = \frac{U_o}{R_L} = \frac{9}{750}A = 12mA$$
$$U_{DRM} = \sqrt{2}U = \sqrt{2} \times 20V = 28.2V$$

根据上述数据,查手册二极管选用 2AP4(16mA,50V)。为了安全,二极管的反相工作峰值要选用比 $U_{DRM}$ 大一倍左右。

单相半波整流电路的优点为电路简单,使用元件少。缺点是变压器利用率和整流效率低,输出电压脉动大,所以单相半波整流电路仅用在小电流且对电源要求不高的场合。

2. 单相桥式整流电路

单相桥式整流电路(Single-Phase Bridge Rectifier Circuit)如图 9-1-3 所示,它是由四个二极管接成电桥的形式构成的。

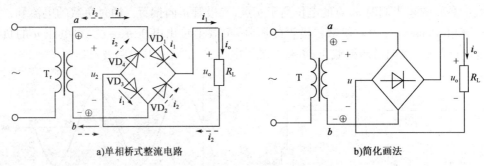

a)单相桥式整流电路　　　　　　　　b)简化画法

图 9-1-3　单相桥式整流电路及简化画法

单相桥式整流电路要求所用的四个二极管的性能参数要尽可能一致。目前市场上已有整流桥供应,它把四个整流二极管做在一个集成块里,称为硅桥堆,如图 9-1-4 所示。

a)扁桥　　　　　　b)方桥　　　　　　c)圆桥

图 9-1-4　硅桥堆外形

为讨论方便,我们在讨论时认为电源变压器和二极管是理想器件,即变压器的输出电压稳定,且内阻忽略不计,而二极管的正向导通压降也忽略不计。下面分析单相桥式整流电路的工作原理。

单相桥式整流电路由电源变压器 $T_r$、二极管 $VD_1$、$VD_2$、$VD_3$、$VD_4$ 和负载电阻 $R_L$ 组成,变压器将电网的交流电压变换成整流电路所需的交流电压,设 $u = \sqrt{2}\sin\omega t$,如图 9-1-3a)所示,其简化电路如图 9-1-3b)所示。

当电源电压处于 $u$ 的正半周时,$VD_1$ 和 $VD_3$ 导通,$VD_2$ 和 $VD_4$ 截止,电流经 $a \rightarrow VD_1 \rightarrow R_L \rightarrow VD_3 \rightarrow a$ 形成回路,$R_L$ 上输出波形与 $u$ 的正半周波形相同。$u$ 为负半周时,$VD_1$ 和 $VD_3$ 截止,$VD_2$ 和 $VD_4$ 导通,电流经 $b \rightarrow VD_2 \rightarrow R_L \rightarrow VD_4 \rightarrow a$ 形成回路,$R_L$ 上输出波形与 $u$ 的负半

周波形倒相,无论 $u$ 是正半周还是负半周,流过 $R_L$ 的电流方向是一致的。单相桥式的输出波形如图 9-1-5 所示。

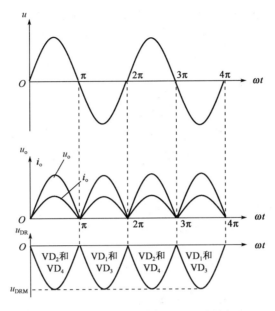

图 9-1-5　单相桥式整流电路输出波形

显然,经过桥式整流后输出电压的平均值 $U_o$(即直流分量)比单相半波整流时增加了一倍,即

$$U_o = 2 \times 0.45U = 0.9U \tag{9-1-3}$$

通过负载的电流的平均值

$$I_o = \frac{U_o}{R_L} = \frac{0.9U}{R_L}$$

由于每个二极管只有半个周期导通,所以通过各个二极管的电流的平均值为负载电流的一半,即

$$I_D = \frac{1}{2}I_o = 0.45\frac{U}{R_L}$$

当二极管截止时,它所承受的最高反向电压为

$$U_{DRM} = \sqrt{2}U$$

最高反向电压就是变压器副边电压的最大值,二极管若要正常工作,其最高反向工作电压应大于这个电压。

单相桥式整流电路的优点是输出电压高,纹波电压较小,电源变压器在正、负半周内都有电流供给负载,电源变压器得到了充分利用,效率较高。因此,这种电路在半导体整流电路中得到了颇为广泛的应用。

【例 9-1-2】　有一直流负载,要求电压为 $U_o = 36V$,电流为 $I_o = 10A$,采用图 9-1-3 所示的单相桥式整流电路。

(1)若 $VD_2$ 因故损坏开路,求 $U_o$ 和 $I_o$;

（2）若 $VD_2$ 短路会出现什么情况。

**【解】** （1）当 $VD_2$ 开路时，只有 $VD_1$ 和 $VD_3$ 在正半周时导通，而负半周时，$VD_1$、$VD_3$ 均截止，$VD_4$ 也因 $VD_2$ 开路而不能导通，故电路只有半个周期是导通的，相当于半波整流电路，输出为桥式整流电路输出电压、电流的一半。所以有

$$U_o = 0.45U = 18V$$

$$I_o = \frac{U_o}{R_L} = \frac{18}{3.6}A = 5A$$

（2）当 $VD_2$ 短路后，在正半周中电流的流向为：$a \rightarrow VD_1 \rightarrow VD_2 \rightarrow b$，一个二极管的导通压降只有 $0.6V$，因此变压器副边电流迅速增加，容易烧坏变压器和二极管。

3. 单相倍压整流电路

图 9-1-6 是倍压整流电路，利用倍压整流电路可以得到比输入交流电压高很多倍的直流电压。设电源变压副边电压 $u = \sqrt{2}U\sin\omega t V$，电容初始电压为零。

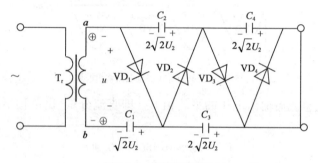

图 9-1-6　倍压整流电路

当 $u$ 为正半周时，$VD_1$ 正向导通，$u$ 通过 $VD_1$ 向电容器 $C_1$ 充电，在理想情况下，充电至 $u_{C1} \approx \sqrt{2}U$，极性为右正左负。

当 $u$ 为负半周时，$VD_1$ 反向截止，$VD_2$ 正向导通，$u$ 通过 $VD_2$ 向电容器 $C_2$ 充电，在理想情况下，最高可充电至 $u_{C2} \approx 2\sqrt{2}U$，极性为右正左负。

当 $u$ 再次为正半周时，$VD_1$、$VD_2$ 反向截止，$u$ 通过 $VD_3$ 向电容器 $C_3$ 充电，在理想情况下，充电至 $u_{C3} \approx 2\sqrt{2}U$，极性为右正左负。

依次类推，若在上述倍压整流电路中多增加几级，就可以得到电压近似增大几倍的直流电压。此时只要将负载接至有关电容组的两端，就可以得到相应的多倍压的输出直流电压。

在倍压整流电路中，每个二极管承受的最高反向电压为 $2\sqrt{2}U$，电容 $C_1$ 的耐压应大于 $\sqrt{2}U$，其余电容的耐压应大于 $2\sqrt{2}U$。

## 二、三相桥式整流电路

前面所分析的是单相整流电路，功率一般为几瓦到几百瓦，常用于电子电路。然而在某些供电场合要求整流功率高达几千瓦以上，这时若采用单相整流电路会造成三相电网负载不平衡，影响供电质量。为此，常采用三相桥式整流电路，如图 9-1-7 所示。

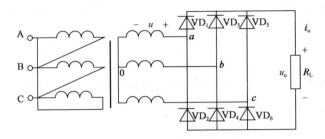

图 9-1-7　三相桥式整流电路

该电路由三相变压器和六个二极管组成。变压器原边为三角形连接,副边为星形连接。六个二极管中 $VD_1$、$VD_3$、$VD_5$ 阴极连在一起,其阴极电位相同,阳极电位最高者导通;$VD_2$、$VD_4$、$VD_6$ 阳极连在一起,其阳极电位相同,阴极电位最低者导通。$VD_1$、$VD_3$、$VD_5$ 的共阴极端为整流器输出直流电的正端;$VD_2$、$VD_4$、$VD_6$ 的共阳极端为整流器输出直流电的负端;而 $VD_1$、$VD_3$、$VD_5$ 的阳极和 $VD_2$、$VD_4$、$VD_6$ 的阴极,则分别连接到变压器副边各相的端点 $a$、$b$、$c$ 上。

波形如图 9-1-8 所示。在 $t_1 \sim t_2$ 期间,由于 $a$ 点电位最高,因此 $VD_1$ 导通,$VD_1$ 导通后使 $VD_3$、$VD_5$ 承受反向电压而截止;由于 $b$ 点电位最低,因此 $VD_4$ 导通,$VD_4$ 导通后使 $VD_2$、$VD_6$ 承受反向电压而截止。此期间电流的通路为

$$a \rightarrow VD_1 \rightarrow R_L \rightarrow VD_4 \rightarrow b$$

负载两端电压为线电压 $u_{ab}$,如图 9-1-8 所示。同理,在 $t_2 \sim t_3$ 期间,$a$ 点电位最高,$c$ 点电位最低,所以 $VD_1$、$VD_6$ 导通,其余四个二极管都截止,电流通路为

$$a \rightarrow VD_1 \rightarrow R_L \rightarrow VD_6 \rightarrow c$$

负载两端电压为线电压 $u_{ac}$,其余时间依此类推。二极管导通顺序如图 9-1-8 所示。由图 9-1-8 可知,负载所得整流电压 $U_o$ 的大小,等于变压器副边三相相电压的上下包络线间的垂直距离所对应的电压值。它的脉动较小,其平均值为

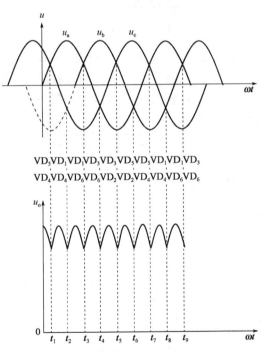

图 9-1-8　三相桥式整流电路的电压波形

$$U_o = 2.34U \tag{9-1-4}$$

式中:$U$——变压器副边相电压的有效值。

通过负载电流的平均值

$$I_o = \frac{U_o}{R_L} = 2.34 \frac{U}{R_L}$$

由于在一个周期中,每个二极管只有三分之一的时间导通(导通角为 120°),所以通过每个二极管的电流的平均值为

$$I_D = \frac{1}{3} I_o = 0.78 \frac{U}{R_L}$$

每个二极管所承受的最高反向电压就是变压器副边线电压的最大值

$$U_{DRM} = \sqrt{3} \times \sqrt{2} U = 2.45U$$

# 9.2 滤波电路

整流电路虽然把交流电转换成了直流电,但是所得到输出电压波形起伏较大,大部分直流负载不能使用。为了减少输出电压中的脉动成分,获得平滑的直流电压波形,必须接入滤波电路(Filter Circuit)。常用的滤波电路有电容滤波电路、电感滤波电路、LC 滤波电路和 π 形滤波电路。

## 一、电容滤波电路

在整流电路输出端与负载之间并联一个大容量的电容,如图 9-2-1 所示,即构成最简单的电容滤波电路(Capacitor Filter Circuit)。它是利用了电容两端的电压在电路状态改变时不能跃变的特性而工作的。下面分析电容滤波电路的工作情况。

该滤波电路滤波过程及波形如图 9-2-2 所示。在 $u$ 的正半周时,二极管 VD 导通,忽略二极管压降,则 $u_o = u$。这个电压一方面给电容充电,一方面给负载供电,电容 $C$ 上的电压与 $u$ 同步增长,当 $u$ 达到峰值后开始下降,当 $u_C > u$ 时,二极管截止。之后,电容 $C$ 以指数规律经 $R_1$ 放电,$u_C$ 下降。在 $u$ 的下一个正半周内,当 $u > u_C$ 时,二极管再次导通,电容再次被充电。$u_C$ 降到一定程度以后,电容 $C$ 再次经 $R_L$ 放电,通过这种周期性充放电,以达到滤波效果。

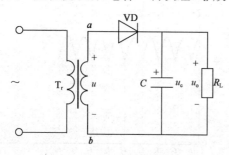

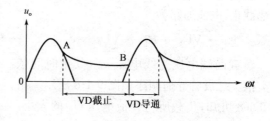

图 9-2-1 有电容滤波器的单相半波整流电路　　　图 9-2-2 接有负载($R_L = R$)的电压波形

由于电容的不断充放电,使得输出电压的脉动大大减小,而且输出电压的平均值有所提高。输出电压的平均值 $U_o$ 的大小,显然与 $R_L$ 和 $C$ 的大小有关,其放电时间常数为

$$\tau = R_L C$$

$R_L$ 越大,$C$ 越大,电容放电越慢,$U_o$ 越高。在极限情况下,当 $R_L = \infty$ 时,$U_o = U_C = \sqrt{2} U$,不再放电。若 $R_L$ 很小,放电时间常数很小,输出电压几乎和没有滤波一样。因此电容滤波器的输出电压在随负载电阻的变化有较大变化,即带负载能力较差。当满足 $R_L C \geqslant (3 \sim 5) T/2$ 时,输

出电压的平均值为

$$U_\circ = U \qquad \text{(单相半波)}$$
$$U_\circ = 1.2U \qquad \text{(单相桥式)}$$

在负载 $R_L$ 一定的情况下,电容 $C$ 常选用容量为几十微法以上的电解电容器。电解电容器有极性,接入电路时不能接反。电容的耐压应大于 $\sqrt{2}U$。

加入电容滤波后,对整流二极管的整流电流选择要放宽,最好是原来的二倍,即 $I_D$ 大于等于输出电流 $I_\circ$。

【例 9-2-1】 有一单相桥式整流电容滤波电路,如图 9-2-3 所示,已知交流电源频率 $f=50\text{Hz}$,负载电阻 $R_L=1.2\text{k}\Omega,U_L=12\text{V}$。试计算整流变压器副边电压有效值 $U$ 及电容 $C$ 的值。

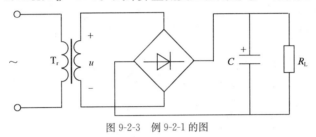

图 9-2-3  例 9-2-1 的图

【解】
$$U = \frac{U_L}{1.2} = \frac{12}{1.2} = 10\text{V}$$

由 $\tau = R_L C \geqslant (3\sim5)T/2$,得

$$C \geqslant (3\sim5)\frac{T}{2R_L} = (3\sim5)\frac{0.02}{2\times1.2\times10^3}\mu\text{F} = (24.3\sim41.5)\mu\text{F}$$

选用 $C=47\mu F$,耐压为 25V 的电解电容器。

电容滤波电路简单,输出电压较高,脉动也较小,但是电路的带负载能力不强,故一般用于要求输出电压较高,负载电流较小并且变化也较小的场合。

## 二、电感滤波电路

电感滤波电路(Inductance Filter Circuit)如图 9-2-4 所示,是利用电感器两端的电流不能突变的特点,把电感器与负载串联起来,以达到使输出电流平滑的目的。由于通过电感线圈的电流发生变化,线圈中要产生自感电动势阻碍电流的变化,因而使负载电压和电流的脉动大为减小。频率越高,电感越大,滤波效果越好。当忽略电感 $L$ 的电阻时,负载上输出的电压平均值和纯电阻(不加电感)负载基本相同,即

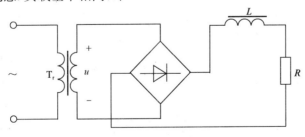

图 9-2-4  电感滤波电路

$$U_o = 0.9U \tag{9-2-1}$$

二极管所承受的最高反向电压

$$U_{DRM} = \sqrt{2}U$$

电感滤波的特点是整流管的导通角较大,峰值电流很小,输出电压比较平坦。其缺点是存在铁心,体积大且笨重,易引起电磁干扰。因此,电感滤波一般只适用于低电压、大电流场合。

### 三、电感电容滤波电路(LC 滤波器)

为了进一步减小负载电压中的交流成分,在电感 $L$ 后再接一电容器构成 LC 滤波电路,如图 9-2-5 所示。

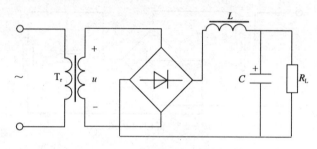

图 9-2-5  LC 滤波电路

与电容或电感滤波电路比较,LC 滤波电路的优点是:负载波动对输出电压影响小,电感元件限制了电流的脉动峰值,减小了对整流二极管的冲击。

LC 滤波电路的输出电压和二极管所承受的最高反向电压与电感滤波电路相同。

LC 滤波器适用于电流较大,要求输出电压脉动很小的场合,用于高频电路更为适合。

### 四、π 形滤波电路

如果要求输出电压更加稳定,可以在 LC 滤波器的前面再并联一个电容 $C_1$,如图 9-2-6 所示,这样便构成 π 形滤波器。它的滤波效果比 LC 滤波器更好,但整流二极管的冲击电流更大。

由于电感线圈的体积大而笨重,成本又高,所以有时候用电阻代替 π 形滤波器中的电感线圈,这样就构成了 π 形 RC 滤波电路,如图 9-2-7 所示。电阻对于交、直流电流都有降压作用,但是当它和电容配合之后,就使脉动电压的交流分量较多地降落在电阻两端(因为电容 $C_2$ 的交流阻抗很小),而较少地降落在负载上,从而起到了滤波作用。$R$ 越大,$C_2$ 越大,滤波效果越好。但 $R$ 太大,将使直流压降增加,所以这种滤波电路主要适用于负载电流较小而又要求输出电压脉动很小的场合。

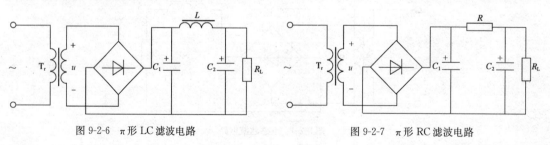

图 9-2-6  π 形 LC 滤波电路          图 9-2-7  π 形 RC 滤波电路

π形滤波电路的输出电压、电流波形更加平滑,适当选择电路参数可使

$$U_o = 1.2U$$

# 9.3　稳压电路

经整流和滤波后的电压往往会随交流电源电压的波动和负载变化而变化。电压的不稳定有时会产生测量和计算的误差,引起控制装置的工作不稳定,甚至根本无法正常工作。特别是精密电子测量仪器、自动控制、计算装置及晶闸管的触发电路等都要求有很稳定的直流电源供电。因此,需要一种稳压电路(Voltage Stabilizing Circuit),使输出电压在电网电压波动或负载变化时基本稳定在某一数值。

## 一、稳压管稳压电路

最简单的直流稳压电源是稳压管来稳定电压的。图 9-3-1a)是一种稳压管稳压电路(Zener Diode Voltage Stabilizing Circuit ),经过桥式整流电路整流和电容滤波器滤波得到直流电压 $U_I$,再经过限流电阻 $R$ 和稳压管 $VD_Z$ 构成的稳压电路接到负载 $R_L$ 上,负载 $R_L$ 得到的就是一个比较稳定的电压 $U_o$。

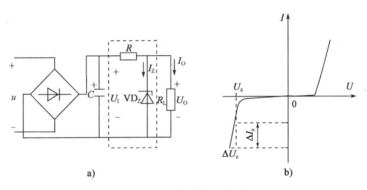

图 9-3-1　稳压管稳压电路

### 1.负载 $R_L$ 不变

当负载电阻不变,电网电压上升,将使 $U_I$ 增加时,输出电压 $U_o$ 随之增加,由稳压管的伏安特性可知,稳压管的稳压电流 $I_Z$ 就会显著增加,结果使流过电阻 $R$ 的电压降增大,以抵偿 $U_I$ 的增加,从而使输出电压 $U_o$ 的数值保持近似不变。上述稳压过程可表示如下:

$$U_I \uparrow \rightarrow U_o \uparrow (U_Z) \rightarrow I_Z \uparrow \rightarrow I_R \uparrow \rightarrow U_R \uparrow \rightarrow U_o \downarrow \rightarrow 稳定$$

同理,如果交流电源电压降低使 $U_I$ 减小时,电压 $U_o$ 也减小,因此稳压管的电流 $I_Z$ 显著减小,结果使通过限流电阻 $R$ 的电流 $I_R$ 减小,$I_R$ 的减小使 $R$ 上的压降减小,结果使输出电压 $U_o$ 数值近似不变。

### 2.若电源电压不变

假设电网电压保持不变,负载电阻 $R_L$ 减小,$I_o$ 增大时,由于电流在 $R$ 上的压降升高,输出

163

电压 $U_。$ 将下降。由于稳压管并联在输出端,由伏安特性(如图 9-3-1b)所示)可看出,当稳压管两端的电压有所下降时,电流 $I_Z$ 将急剧减小,而 $I_R = I_Z + I_。$,所以 $I_。$ 基本维持不变,$R$ 上的电压也就维持不变,从而得到输出电压基本维持不变。上述稳压过程表示如下:

$$R_L \downarrow \ \rightarrow \ I_。\uparrow \ \rightarrow \ I_R \uparrow \ \rightarrow U_。\downarrow \ \rightarrow \ I_Z \downarrow \ \rightarrow \ I_R(= I_L + I_Z \downarrow) \rightarrow U_。\uparrow \ \rightarrow \ 稳定$$

当负载电阻增大时,稳压过程相反,读者可自行分析。

选择稳压管时,一般取

$$U_。= U_Z$$
$$I_{Zmax} = (2 \sim 3)I_{oM}$$
$$U_I = (2 \sim 3)U_。$$

稳压管稳压电路结构简单,但由于受稳压管的最大电流限制,又不能任意调节输出电压,因此只适用于输出电压不能调节,负载电流小,要求不高的场合。

## 二、串联型稳压电路

在实际应用中,很多时候需要输出电流较大、输出电压可调的稳压电源。串联型稳压电路利用晶体管的电流放大作用,增大了输出电流,并在电路中引入了深度电压负反馈使输出电压稳定,通过改变反馈网络参数,从而使输出电压可调。

### 1. 基本串联型稳压电路

如图 9-3-2 所示的串联型稳压电路,晶体管采用共集电极接法并引入电压负反馈,从而稳定了输出电压。图中稳压管 $VD_Z$ 和限流电阻 $R$ 组成稳压环节,用于提供基准电压。其稳压过程如下:

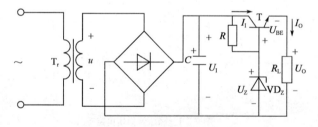

图 9-3-2　基本串联型稳压电路

(1)若负载 $R_L$ 不变,电源电压波动而使输入电压变化时

$$U_I \uparrow \rightarrow U_。\uparrow \rightarrow U_{BE} \downarrow \rightarrow I_B \downarrow \rightarrow I_C \downarrow \rightarrow U_{CE} \uparrow \rightarrow U_。\downarrow \rightarrow 稳定$$

(2)若电源电压不变,即整流滤波后的输出电压 $U_I$ 不变,负载阻值变化

$$R_L \downarrow \rightarrow I_。\uparrow \rightarrow U_。\uparrow \rightarrow U_{BE} \downarrow \rightarrow I_B \downarrow \rightarrow I_C \downarrow \rightarrow U_{CE} \uparrow \rightarrow U_。\downarrow \rightarrow 稳定$$

由上述稳压过程的分析可知,晶体管的调节作用使 $U_。$ 稳定,所以又称晶体管为调整管。因为调整管和负载是串联的,所以称这种电路为串联型稳压电路。

调整管起调整作用的前提是使之工作在放大状态。该电路的特点是输出电流大,且电流的变化范围大。但由于调整管是依靠电压差 $\Delta U_{BE} = U_Z - \Delta U_。$ 来实现调整作用的,如果引入放大环节将电压放大后去控制调整管,则调整作用会显著提高,输出电压也会更加稳定。

**2. 具有放大环节的串联型稳压电路**

图 9-3-3 所示的是具有放大环节的串联型稳压电路。电路由以下四部分组成：

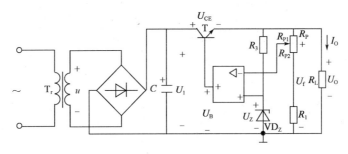

图 9-3-3　具有放大环节的串联型稳压电路

（1）采样单元

采样单元由 $R_P$ 和 $R_1$ 组成，与负载 $R_L$ 并联，通过它可以反映输出电压 $U_o$ 的变化。反馈电压 $U_f$ 与输出电压 $U_o$ 有关，即

$$U_f = \frac{R_{P2} + R_1}{R_P + R_1} U_o$$

反馈电压 $U_f$ 取出后送到集成运放的反相输入端，改变电位器 $R_P$ 的滑动端子可以调节输出电压 $U_o$ 的高低。

（2）基准单元

基准单元由限流电阻 $R_3$ 与稳压管 $VD_Z$ 组成。$VD_Z$ 两端电压 $U_Z$ 作为整个稳压电路自动调整和比较的基准电压。

（3）比较放大单元

比较放大单元由集成运放组成。它将采样所得的反馈电压 $U_f$ 与基准电压 $U_Z$ 比较放大后加到调整管的输入端基极，控制调整管 $T$ 的基极的电位 $U_B$，即

$$U_B = A_{uo}(U_Z - U_f)$$

（4）调整单元

调整单元由晶体管 $T$ 组成，它是串联型稳压电路的核心元件。$T$ 的基极点位 $U_B$ 反映了整个稳压电路的输出电压 $U_o$ 的变动，控制调整管 $T$ 基极的电位 $U_B$，就可自动调整 $U_o$ 的值使其维持稳定。

串联型稳压电路的自动稳压过程按电网波动和负载电阻变动两种情况分述如下：

$$U_I \uparrow \to U_o \uparrow \to U_f \uparrow \to (U_Z - U_f) \downarrow \to U_B \downarrow \to I_B \downarrow \to U_{CE} \uparrow \to U_o \downarrow \to 稳定$$
$$R_L \uparrow \to U_o \uparrow \to U_f \uparrow \to (U_Z - U_f) \downarrow \to U_B \downarrow \to I_B \downarrow \to U_{CE} \uparrow \to U_o \downarrow \to 稳定$$

当 $U_I \downarrow$ 或 $R_L \downarrow$ 时的调整过程与上述相反。

由以上分析可知，这是一个负反馈系统。正因为电路内有深度电压串联负反馈，所以才能使输出电压稳定。

**三、恒压源**

图 9-3-4 是由稳压管稳压电路和运算放大器组成的恒压源电路。

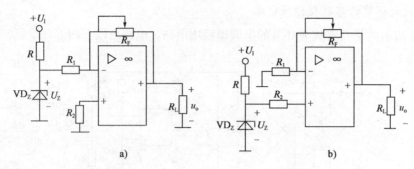

图 9-3-4 恒压源

图 9-3-4a)反相输入恒压源,可得出

$$U_\circ = -\frac{R_F}{R_1}U_Z \qquad (9\text{-}3\text{-}1)$$

图 9-3-4b)同相输入恒压源,可得出

$$U_\circ = (1+\frac{R_F}{R_1})U_Z \qquad (9\text{-}3\text{-}2)$$

## 四、集成稳压电源

集成稳压电源的内部结构就是在串联型稳压电路的基础上,增加了一些保护电路。它具有体积小,质量轻,安装调试方便,可靠性高和价格低廉等优点,因而得到广泛应用。目前,集成稳压电源的规格种类繁多,具体电路结构也有差异。最简便的是三端集成稳压电源。它只有三个脚,即输入端、输出端及公共端,故称为三端稳压器。

三端集成稳压电源的输出电压有可调和固定两种形式:固定式输出电压为标准值,使用时不能调节,常用的有 W7800 系列(输出正电压)和 W7900 系列(输出负电压);可调式可通过外接元件,在较大范围内调节输出电压,常用的有 W317 系列(输出可调正电压)和 W337 系列(输出可调负电压)。

### 1.固定输出的三端集成稳压器

固定输出的三端集成稳压器其外形及符号如图 9-3-5 所示,W78××系列的 1、2、3 脚分别指输入端、输出端、公共端;W79××系列的 1、2、3 脚分别指公共端、输出端、输入端。W78××系列和 W79××系列各有七个品种,输出电压分别为 $\pm5V$、$\pm6V$、$\pm9V$、$\pm12V$、$\pm15V$、$\pm18V$、$\pm24V$;最大输出电流可达 1.5A;公共端的静态电流为 8mA。型号后两位数字(××)为输出电压值,例如 W7805 表示输出电压 $U_\circ = +5V$,W7905 表示输出电压 $U_\circ = -5V$。在根据稳定电压值选择稳压器的型号时,要求经整流滤波后的电压要高于三端集成稳压器的输出电压 2~3V(输出负电压时要低 2~3V),但不宜过大。因为输入与输出电压之差等于加在调整管上的 $U_{CE}$,若过小,则调整管容易工作在饱和区,降低稳压效果,甚至失去稳压作用;若过大,则功耗过大。

### (1)基本稳压电路

三端集成稳压器的基本稳压电路如图 9-3-6 所示。图中 $C_1$ 用以抑制过电压,抵消因输入线过长产生的电感效应并消除自激振荡;$C_2$ 用以改善负载的瞬态响应,即瞬时增减负载电流时不致引起输出电压有较大的波动，$C_1$ 与 $C_2$ 值均在 $0.1\sim1\mu F$ 之间。安装时，两电容应直接与三端集成稳压器的引脚根部相连。

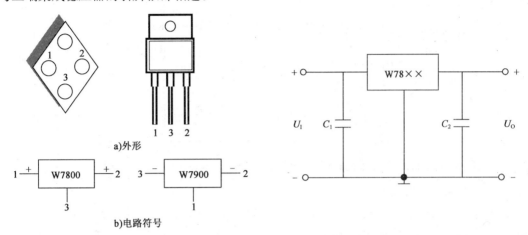

图 9-3-5　W7800、W7900 系列稳压器

图 9-3-6　基本稳压电路

（2）可同时输出正负电压的电路

图 9-3-7 所示为一个双向稳压电路。利用 W7812 和 W7912 两个三端集成稳压器，可构成同时输出 $+12V$ 和 $-12V$ 两种电压的双向稳压电源。

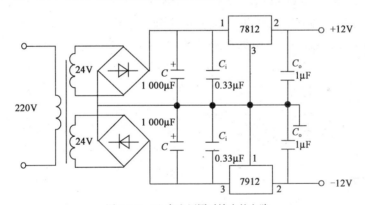

图 9-3-7　正、负电压同时输出的电路

（3）扩展输出电压的电路

若需要高于三端集成稳压器的输出电压，则可采用如图 9-3-8 所示的升压电路。图中 $U_{\times\times}$ 为 W78$\times\times$ 稳压器的固定输出电压，显然

$$U_o = U_{\times\times} + U_Z$$

（4）扩大输出电流的电路

当电路所需电流大于 $1\sim2A$，可采用外接功率管 T 来扩大输出电流，如图 9-3-9 所示。图中，$I_2$ 是稳压器的输出电流，$I_C$ 是功率管 T 的集电极电流，$I_R$ 是电阻 $R$ 上的电流，$I_3$ 一般很小，可忽略不计，可得出

$$I_2 \approx I_1 = I_R + I_B = -\frac{U_{BE}}{R} + \frac{I_C}{\beta}$$

式中：$\beta$——功率管的电流放大系数。

167

设 $\beta=10$,$U_{BE}=-0.3V$,$R=5\Omega$,$I_2=1A$,由上式可算出 $I_C=4A$。可见输出电流比 $I_2$ 扩大了。图中的电阻 $R$ 的阻值要使功率管只能在输出电流较大时才导通。

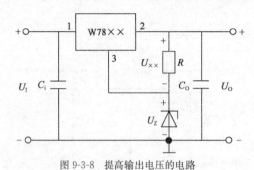

图 9-3-8  提高输出电压的电路

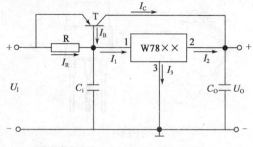

图 9-3-9  扩大输出电流的电路

**2. 三端可调集成稳压器**

可调输出的集成稳压器 W317(正输出)、W337(负输出)是近几年的产品。它既保持了三端的简单结构,又实现了输出电压连续,故有第二代三端集成稳压器之称。

W317、W337 与 W78×× 固定式三端集成稳压器比较,它们没有接地(公共)端,只有输入、输出和调整三个端子。W317、W337 三端集成稳压器内部设置了过流保护、短路保护、调整管安全区保护及稳压器芯片过热保护等电路,因此使用十分安全可靠。W317、W337 最大输入、输出电压差极限为 40V,输出电压 1.2~35V(或−35~1.2V)连续可调,输出电流 0.5~1.5A,最小负载电流为 5mA,输出端与调整端之间基准电压为 1.25V,调整端静态电流为 50$\mu$A。不同系列的 W317、W337 引脚功能不同,选用时要查阅说明书。

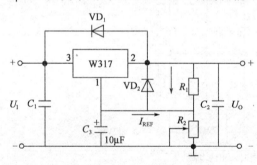

图 9-3-10  输出电压可调的电路

如图 9-3-10 所示是 W317 可调输出三端集成稳压器应用电路。最大输入电压不超过 40V,固定电阻 $R_1$(240Ω)接在三端集成稳压器的输出端 2 和调整端 1 之间,其两端电压为 1.25V 基准电压 $U_{REF}$,调节可变电阻 $R_P$(0~6.8kΩ),就可从输出端获得 1.25~35V。

由于三端集成稳压器有维持电压不变的能力,因此 $R_1$ 上流过的是一个恒流,即 $I_{R1}=1.25$ V/240Ω=5mA,流过 $R_2$ 的电流是 $I_{R1}$ 和调整端输出电流 50$\mu$A 之和,因此调节可变电阻 $R_2$ 能改变输出电压。由图 9-3-10 可知,输出电压为

$$U_o = 1.25\left(1+\frac{R_2}{R_1}\right) + 50\mu A \cdot R_2$$

即

$$U_o \approx 1.25\left(1+\frac{R_2}{R_1}\right)$$

由此可见,调节 $R_2$ 的值就可实现输出电压的调节。

**五、开关式稳压电路**

前面所介绍的串联稳压电路,由于调整管工作在线性放大区,功耗很大,不仅效率低,而且

需要散热,因此体积较大,又笨重。这种稳压电源已无法满足集成度日益增高,体积日益减小的电子设备,如计算机的需要,开关式稳压电源也就应运而生。

开关式稳压电路(Switch Voltage Stabilizing Circuit )是将串联型稳压电路中的调整管由线性工作状态改为开关工作状态,即只有饱和和截止两种状态。这样,当调整管饱和时,有大电流流过,但其饱和压降很小,因而管耗很小。当调整管截止时,尽管压降大,但流过的电流很小,因而管耗也很小。因此,开关电源可以做成功耗小,体积小,质量轻的电源。

1. 开关式稳压电路的基本工作原理

开关式稳压电路工作原理图如图 9-3-11 所示。在图 9-3-11a)中,开关 S 表示工作于开关状态的调整管,称为调整开关。调整开关 S 以一定的时间间隔重复地接通和断开,在开关 S 接通时,输入电源 $U_i$ 通过开关 S 和电感 $L$ 滤波电路提供给负载 $R_L$,在整个开关接通期间,电源 $U_i$ 向负载提供能量,同时电感 $L$ 储存能量;当开关 S 断开时,储存在电感 $L$ 中的能量通过二极管释放给负载,使负载得到连续而稳定的能量。如图 9-3-11b)所示,在滤波电路得到的电压平均值 $U_o$ 可用下式表示:

$$U_o = \frac{t_1}{T}U_I = qU_I \qquad (9-3-3)$$

式中:$t_1$——脉冲宽度,即开关接通时间;

　　　$T$——脉冲周期,即开关的工作周期;

　　$U_I$——输入电压;

　　$q$——占空比,即 $q = t_1/T$。

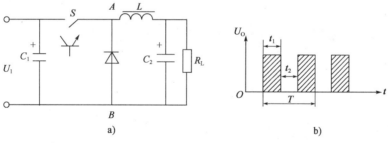

图 9-3-11　开关式稳压电路工作原理示意图

从式(9-3-3)可以看出,要想改变输出电压,可利用改变脉冲的占空比来实现。具体有两种方式实现:一种是固定开关的频率,改变脉冲的宽度 $t_1$,使输出电压变化,称为脉宽调制型开关电源,用 PWM 表示;另一种是固定脉冲的宽度,改变脉冲的周期(频率),使输出电压变化,称为脉冲频率调制型开关电源,用 PFM 表示。目前较为流行的是 PWM 调节方式。

2. 脉宽调制式开关稳压电路

脉宽调制式开关稳压电路的基本电路如图 9-3-12 所示。图 9-3-12 中,晶体管 T 为调整管,相当于图 9-3-11a)中的开关,电感和电容组成 LC 滤波电路,VD 为续流二极管;$R_1$、$R_2$ 组成取样单元,取样电压即反馈电压 $U_f$;$C_1$ 为比较放大器,同相输入端接基准电压 $U_R$,反相输入端接 $U_f$,它将两者差值进行放大;$C_2$ 为脉宽调制式电压比较器,同相端接 $C_1$ 的输出电压 $u_{o1}$,反相端与三角发生器输出电压 $u_T$ 相连,$C_2$ 输出的矩形波电压 $u_{o2}$ 就是驱动调整管通、断的开关信号。

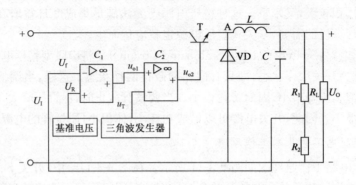

图 9-3-12 脉宽调制型开关电源

（1）工作过程

由电压比较器的特点可知，当 $u_{o1} > u_T$ 时，$u_{o2}$ 输出为高电平；反之，$u_{o2}$ 输出为低电平。

当 $u_{o2}$ 为高电平时，开关管 T 饱和导通，$u_A = U_I$。

当 $u_{o2}$ 为低电平时，开关管 T 由饱和导通转换为截止，$u_A = 0$。波形图如图 9-3-13 所示。

（2）稳压原理

当输入的交流电源电压波动或负载电流发生改变时，都将引起输出电压 $U_o$ 的改变，由于负反馈作用，电路能自动调整而使 $U_o$ 基本上维持稳定不便。稳压过程如下：

若 $U_o \uparrow \rightarrow U_f \uparrow (U_f > U_R) \rightarrow u_{o1}$ 为负值 $\rightarrow u_{o2}$ 输出高电平变窄（$t_{on\downarrow}$）$\rightarrow U_o \downarrow$，从而使输出电压基本不变。

3. 集成开关稳压器

集成开关稳压器分为两大类：单片脉宽调制式（外接开关功率管）如 CW1524 系列和单片集成开关稳压器如 CW4960/4962。

（1）CW1524/2524/3524（区别在于温度范围不同）

由基准电压源、误差放大器、脉宽调制器、振荡器、触发器、2 只输出功率管和过热保护组成。

最大输入电压：40V；最高工作频率：100kHz；每路输出电流：100mA；内部基准电压：5V（承受 50mA 电流）。CW1524 的管脚图如图 9-3-14 所示。

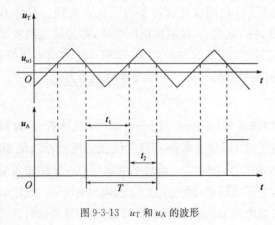

图 9-3-13 $u_T$ 和 $u_A$ 的波形

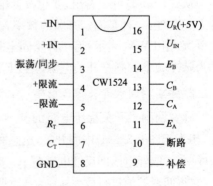

图 9-3-14 CW1524 管脚图

CW1524各引脚的功能如下:

－IN:取样电压输入端;＋IN:基准电压输入端;振荡/同步:输出方波;$R_T$:接定时电阻;$C_T$:接定时电容;$U_{IN}$:接输入电压;$E_B$、$C_B$、$C_A$、$E_A$:接扩流晶体管C、E极;断路:关闭控制脉宽。

(2)CW4960/4962

由基准电压源、误差放大器、脉宽调制器、开关功率管(内接)、软启动电路、过电流限制和过热保护组成。

最大输入电压:50V;输出电压:5.1～40V连续可调;最高工作频率:100kHz;额定输出电流:CW4960—2.5A(过电流保护3.0～4.5A),小散热片;CW4960—1.5A(过电流保护2.5～3.5A),不用散热片。

实现慢启动、过电流保护、过热保护、占空比可调(0～100％)功能。

CW4960/4962内部电路完全相同,主要由基准电压源、误差放大器、脉冲宽度调制器、功率开关管以及软启动电路、输出过电流限制电路和芯片过热保护电路等组成。

图9-3-15a)各管脚的功能如下:1脚:输入端;2脚:反馈;3脚:补偿;4脚:接地;5脚:接$R_T/C_T$;6脚:软启动;7脚:接输出。

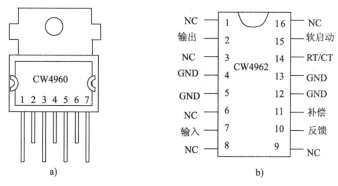

图9-3-15 CW4960/4962系列管脚图

# 习 题

## 一、选择题

1.单相桥式整流电容滤波电路中,若要负载得到45V的直流电压,变压器二次侧电压的有效值应为____。

    A.45V            B.50V            C.100V            D.37.5V

2.在单相桥式整流电路中,已知整流电路输入的交流电压有效值为20V。如其中有一只二极管虚焊,则负载上的脉动电压平均值为____。

    A.20V            B.18V            C.9V            D.0V

3.滤波电路的目的是____。

    A.改善输出电压的脉动程度            B.稳定输出电压

    C.稳定输出电流                    D.减少功耗

4.若要求输出电压$U_o$=9V,则应选用的三端稳压器为____。

    A. W7809           B. W7909          C. W7912         D. W7812

5. 开关稳压电源电路中,调整管工作在____。

    A. 放大状态        B. 饱和状态        C. 截止状态       D. 饱和或截止状态

6. 在单相桥式整流电路中,若有一只整流管接反,则____。

    A. 输出电压约为 $2U_D$              B. 变为半波整流

    C. 整流管将因电流过大而烧坏        D. 输出电压约为 $U_D$

7. 在滤波电路中,电感 $L$ 应与负载____联,电容 $C$ 与负载____联。

    A. 串/并           B. 串/串          C. 并/串         D. 并/并

8. 整流电路的目的是____。

    A. 直流电变交流电     B. 电压放大       C. 交流电变直流电   D. 功率放大

9. 单相半波整流电路,输入交流电压有效值为 100V,则输出的脉动电压平均值为____;二极管承受的最高反向电压为____。

    A. 45V/100V       B. 90V/100V      C. 90V/141V      D. 45V/141V

10. 为了获得比较平滑的直流电压,需在整流电路后加滤波电路,滤波电路的作用是____;滤波效果最好的是____滤波电路。

    A. 滤掉交流成分/电感              B. 滤掉直流成分/电容

    C. 滤掉交流成分/Ⅱ型              D. 滤掉直流成分/Γ型

## 二、计算题

1. 在单相桥式整流电路(图 9-1-3)中,问:

(1)如果二极管 $VD_2$ 接反,会出现什么现象?

(2)如果输出端发生短路时,会出现什么情况?

(3)如果 $VD_1$ 开路,又会出现什么现象? 画出 $VD_1$ 开路时输出电压的波形。

2. 在单相桥式整流电路中,已知变压器副边电压有效值 $U=60V$,$R=2k\Omega$,若不计二极管的正向导通压降和变压器的内阻,求:

(1)输出电压平均值 $U_o$;

(2)通过变压器副边绕组的电流有效值 $I_2$;

(3)并确定二极管的 $I_D$、$U_{DRM}$。

(4)整流后再经过电容滤波,输出电压平均值 $U_o$。

3. 如习题图 9-1 所示桥式整流电路,设 $u_2=10\sqrt{2}\sin\omega t$V,求下列情况下输出电压的平均值 $U_o$:

(1)$S_1$、$S_3$ 闭合,$S_2$ 断开;

(2)$S_3$、$S_2$ 闭合,$S_1$ 断开;

(3)$S_3$ 闭合,$S_2$、$S_1$ 断开;

(4)$S_1$、$S_2$、$S_3$ 都闭合。

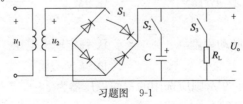

习题图　9-1

# 第 10 章　电力电子技术

**基本要求：**

1. 掌握电力电子器件的分类；

2. 了解电力二极管、绝缘栅双极晶体管、晶闸管的工作原理及主要参数；

3. 掌握单相可控整流电路及三相全桥可控整流电路原理、输出电压、对触发脉冲的要求；

4. 了解单结晶体管及触发电路；

5. 了解逆变电路的工作原理。

自 1956 年第一只晶闸管问世以来，电子技术进入了强电领域，从而产生了电力电子技术这门学科，它是以电力电子器件为核心，融合电子技术和控制技术，对强电电路进行电能变换（AC-AC、AC-DC、DC-AC、DC-DC）和控制，并控制电力电子器件的导通和关断。至今，电力电子技术的应用日益广泛，诸如直流输电，不间断电源，开关型稳压电源，太阳能和风力发电，交、直流电动机的调速以及家用电器中的调光装置和变频空调等许多方面。

本章先介绍几种常用的电力电子器件，再介绍可控整流电路、单结晶体管触发电路和逆变电路。

## 10.1　电力电子器件

电力电子器件（Power Electronic Device）是指可直接用于处理电能的主电路（Power Circuit）中，实现电能的变换或控制的电子器件。主电路是指在电气设备或电力系统中，直接承担电能的变换或控制任务的电路。广义上电力电子器件可分为电真空器件和半导体器件两类，目前往往专指电力半导体器件。与普通半导体器件一样，目前电力半导体器件所采用的主要材料仍然是硅。

由于电力电子器件直接用于处理电能的主电路，因而同处理信息的电子器件相比，电力电子器件的一般特征如下：

（1）所能处理电功率的大小，也就是其承受电压和电流的能力，是其最重要的参数，目前最大可至兆瓦级，一般都远大于处理信息的电子器件。

（2）为了减小本身的损耗，提高效率，一般都工作在开关状态。

（3）由信息电子电路来控制，而且需要驱动电路。

（4）自身的功率损耗通常仍远大于信息电子器件，在其工作时一般都需要安装散热器。电力电子器件的功率损耗包括通态损耗、断态损耗和开关损耗，而开关损耗又包含开通损耗和关断损耗。通常来讲，除一些特殊的器件外，电力电子器件的断态漏电流都极其微小，因而通态损耗是电力电子器件功率损耗的主要原因。当器件的开关频率较高时，开关损耗会随之增大而可能成为器件功率损耗的主要因素。

## 一、电力电子器件的分类

(1)按照器件被控制电路信号所控制的程度，分为以下三类：

①半控型器件

通过控制信号可以控制其导通而不能控制其关断，如晶闸管(Thyristor)及其大部分派生器件。器件的关断由其在主电路中承受的电压和电流决定。

②全控型器件

通过控制信号既可控制其导通又可控制其关断，又称自关断器件，如绝缘栅双极晶体管(Insulated-Gate Bipolar Transistor，IGBT)、电力场效应晶体管(Power MOSFET，简称为电力MOSFET)和门极可关断晶闸管(Gate-Turn-Off Thyristor，GTO)。

③不可控器件

不能用控制信号来控制其通断，因此也就不需要驱动电路，如电力二极管(Power Diode)，只有两个端子，器件的通和断是由其在主电路中承受的电压和电流决定的。

(2)按照驱动电路加在器件控制端和公共端之间信号的性质，分为两类：

①电流驱动型

通过从控制端注入或者抽出电流来实现导通或者关断的控制，前面所述的晶闸管是电流控制型电力电子器件。

②电压驱动型

仅通过在控制端和公共端之间施加一定的电压信号就可实现导通或者关断的控制。电压驱动型器件实际上是通过加在控制端上的电压在器件的两个主电路端子之间产生可控的电场来改变流过器件的电流大小和通断状态，所以又称为场控器件，或场效应器件，如绝缘栅双极晶体管(IGBT)和电力场效应晶体管(MOSFET)为电压控制型电力电子器件。

(3)按照器件内部电子和空穴两种载流子参与导电的情况分为三类：

①单极型器件

由一种载流子参与导电的器件。

②双极型器件

由电子和空穴两种载流子参与导电的器件，如晶闸管和电力二极管。

③复合型器件

由单极型器件和双极型器件集成混合而成的器件，如绝缘栅双极晶体管。

(4)根据驱动电路加在电力电子器件控制端和公共端之间有效信号的波形，又可将电力电子器件(电力二极管除外)分为脉冲触发型和电平控制型两类。前面所述的 SCR 为脉冲触发型电力电子器件；而 IGBT 和 MOSFET 为电平控制型电力电子器件。

## 二、电力二极管

### 1.电力二极管的外形结构及基本特性

电力二极管(Power Diode)自 20 世纪 50 年代初期就获得应用，虽然是不可控器件，但其结构和原理简单,工作可靠,所以直到现在,电力二极管仍然大量应用于许多电气设备当中。在采用全控型器件的电路中电力二极管往往是不可缺少的,特别是开通和关断速度很快的快恢复二极管和肖特基二极管,具有不可替代的地位。

电力二极管的基本结构和工作原理与信息电子电路中的二极管是一样的,都是以半导体 PN 结为基础的。电力二极管实际上是由一个面积较大的 PN 结和两端引线以及封装组成的,图 10-1-1 所示为电力二极管的外形、基本结构和电气图形符号。从外形上看,电力二极管可以有螺栓形、平板形等封装结构。

按照正向压降、反向耐压、反向漏电流等性能,电力二极管有多种分类方法。在电力电子电路中常根据反向恢复特性的不同,将电力二极管分为普通二极管(General Purpose Diode)和快恢复二极管(Fast Recovery Diode,FRD)。普通二极管又称整流二极管(Rectifier Diode),多用于开关频率不高(1kHz 以下)的整流电路中;快恢复二极管的恢复过程很短,特别是反向恢复过程很短(一般在 5$\mu$s 以下),常用在电力电子电路中;在低压及更高速要求的情况下常使用肖特基二极管(Schottky Barrier Diode,SBD)。

(1)静态特性

静态特性主要是指其伏安特性,如图 10-1-2 所示。二极管具有单向导电能力。二极管正向导电时必须克服一定的门槛电压(正向电压大到一定值 $U_{TO}$),正向电流才开始明显增加,并处于稳定导通状态。当外加电压小于门槛电压时,正向电流几乎为零。硅二极管的门槛电压约为 0.5V,与 $I_F$ 对应的电力二极管两端的电压即为其正向电压降 $U_F$。当承受反向电压时,只有少子引起的微小而数值恒定的反向漏电流,电流值是很小的。但是当外加反向电压超过二极管反向击穿电压 $U_{BR}$ 后二极管被电击穿,反向电流迅速增加,二极管极易损坏。

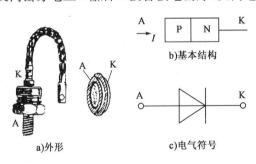

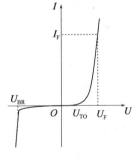

图 10-1-1　电力二极管的外形、结构和符号　　　　图 10-1-2　电力二极管伏安特性

(2)动态特性

因为结电容的存在,电力二极管在零偏置(外加电压为零)、正向偏置和反向偏置这三种状态之间转换的时候,必然经历一个过渡过程。在这些过渡过程中,PN 结的一些区域需要一定时间来调整其带电状态,因而其电压—电流特性不能用前面的伏安特性来描述,而是随时间变化的,就是电力二极管的动态特性,并且往往专指反映通态和断态之间转换过程的开关特性,如图 10-1-3 所示。这个概念虽然由电力二极管引出,但可以推广至其他各种电力电子器件中。

当原处于正向导通状态的电力二极管的外加电压突然从正向变为反向时,该电力二极管并不能立即关断,而是需经过一段短暂的时间才能重新获得反向阻断能力,进入截止状态。在关断之前有较大的反向电流出现,并伴随有明显的反向电压过冲。这是因为正向导通时在

PN 结两侧储存的大量少子需要被清除掉以达到反向偏置稳态的缘故。而完成上述从导通到截至的时间 $t_{rr}$ 称为电力二极管的反向恢复时间。

当电力二极管由零偏置转换为正向偏置的动态过程中时,电力二极管的正向压降会先出现一个过冲 $U_{FP}$ 如图 10-1-3b)所示,经过一段时间才趋于接近稳态压降的某个值(如 2V)。这一动态过程时间被称为正向恢复时间 $t_{fr}$。

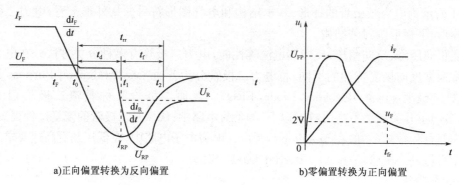

a)正向偏置转换为反向偏置　　　　　　　　　b)零偏置转换为正向偏置

图 10-1-3　电力二极管的动态波形

当电力二极管由反向偏置转换为正向偏置时,除上述时间外,势垒电容电荷的调整也需要更多时间来完成。

**2. 电力二极管的主要参数及选用原则**

功率二极管属于功率最大的半导体器件,现在其最大额定电压、电流可做到 6kV、6kA 以上。二极管的参数是正确选用二极管的依据。

(1)正向平均电流 $I_F(AV)$

$I_F$,如图 10-1-3a)所示,是指电力二极管长期运行时,在规定的环境温度为 +40℃ 和散热条件下工作时,在指定的管壳温度(简称壳温,用 $T_c$ 表示),其允许流过的最大工频正弦半波电流的平均值。$I_F(AV)$ 是按照电流的发热效应来定义的,使用时应按有效值相等的原则来选取电流定额,并应留有一定的裕量。

(2)正向压降 $U_F$

$U_F$ 是指电力二极管在指定温度下,流过某一指定的稳态正向电流时对应的正向压降。

(3)反向重复峰值电压 $U_{RRM}$

$U_{RRM}$ 是指对电力二极管所能重复施加的反向最高峰值电压。使用时,应当留有两倍的裕量。取反向不重复峰值电压 $U_{RSM}$ 的 80% 称为反向重复峰值电压 $U_{RRM}$,也被定义为二极管的额定电压 $U_{RR}$。显然,$U_{RRM}$ 小于二极管的反向击穿电压 $U_{BR}$。

(4)浪涌电流 $I_{FSM}$

$I_{FSM}$ 是指电力二极管所能承受最大的连续一个或几个工频周期的过电流。

**3. 电力二极管的检测**

首先将二极管拆下,如用指针式万用表,则用万用表的 $R×100$ 或 $R×1k$ 欧姆挡,单独测量二极管的两根引出线(头、尾对调各测一次)。若两次测得的电阻值相差很大,例如电阻值大的高达几十万欧姆,而电阻值小的仅几百欧姆甚至更小,说明该二极管基本上是好的。测得小电阻时的表笔代表二极管的正向位置,即黑表笔为二极管的阳极,红表笔为阴极。若两次测得的电阻值几乎相等,而且电阻值很小,说明该二极管已被击穿损坏不能使用;或者两次测得的电阻值都很大,接近无穷大,也说明二极管已损坏。

如用数字式万用表,则用二极管挡(通断挡)测量二极管,此时,红表笔为测量时对器件供电的正极,黑表笔为负极(注意指针式是相反的)。正常时,正向测得的管压降为 0.6 左右,反方向测无穷大,则该二极管正常。若两次测得的管压降几乎相等,而且测量值很小,说明该二极管已被击穿损坏不能使用;如两次测得的值均为无穷大,也说明二极管已损坏。

### 三、晶闸管

晶闸管是晶体闸流管的简称,原名可控硅整流器(Silicon Controlled Rectifier,SCR),简称可控硅,如图 10-1-4 所示。晶闸管具有硅整流器件的特性,能在高电压、大电流条件下工作,工作过程可以控制,被广泛应用在可控整流、交流调压、无触点电子开关、逆变及变频等电子电路中。现就晶闸管的基本结构、工作原理、伏安特性和主要参数作一简单介绍。

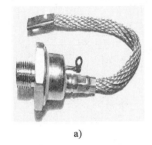   

a)　　　　　　　b)　　　　　　　c)　　　　　　　d)

图 10-1-4　晶闸管及模块

#### 1. 基本结构

晶闸管是具有三个 PN 结的四层结构,如图 10-1-5 所示。引出的三个电极分别为阳极 A、阴极 K 和控制极(或称门级)G(Gate)。正反向电压加到晶闸管上,总有 PN 结处于反偏,为阻断状态,有很小的漏电流通过。

从外形上看,如图 10-1-6 所示,晶闸管主要有螺栓型和平板型两种封装结构。其中螺栓型晶闸管的一端是一个螺栓,这是阳极引出端,同时可以利用它固定散热片;另一端有两根引出线,其中粗的一根是阴极引线,细的是控制级引线。

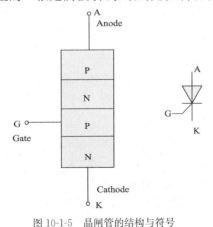 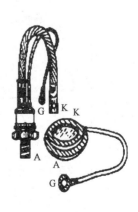

图 10-1-5　晶闸管的结构与符号　　　　　图 10-1-6　晶闸管外形

### 2. 工作原理

为了说明晶闸管的工作原理,把晶闸管看成是由 PNP 型和 NPN 型两个晶体管连接而成,配以外围电路,实现晶闸管实验电路如图 10-1-7 所示。晶闸管 $T_2$ 处于正向偏置,$E_G$ 产生的控制极电流 $I_G$ 就是 $T_2$ 的基极电流 $I_{B2}$,$T_2$ 的集电极电流 $I_{C2} = \beta_2 I_{B2}$。而 $I_{C2}$ 又是晶体管 $T_1$ 的基极电流,$T_1$ 的集电极电流 $I_{C1} = \beta_1 I_{C2} = \beta_1 \beta_2 I_G$($\beta_1$ 和 $\beta_2$ 分别为 $T_1$ 和 $T_2$ 的电流放大系数)。此电流又流入 $T_2$ 的基极,再一次放大。这样循环下去,形成了强烈的正反馈,使两个晶体管很快达到饱和导通。此后,门极的电流 $I_G$ 即使为 0,也不影响电路的导通状态。

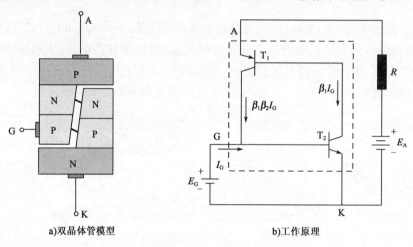

a)双晶体管模型　　　　　　b)工作原理

图 10-1-7　晶闸管的双晶体管模型和工作原理

根据以上分析,晶闸管导通需具备两个条件:

(1)晶闸管阳极电路加正向电压;

(2)控制极电路加适当的正向电压(实际工作中,控制极加正触发脉冲信号)。

晶闸管一旦导通,门极即失去控制作用,即不论门极触发电流是否还存在,晶闸管都保持导通。故晶闸管为半控型器件。

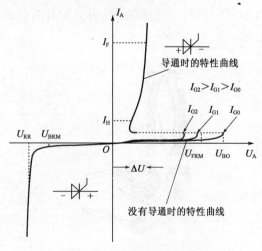

图 10-1-8　晶闸管的伏安特性曲线

要想关断晶闸管,必须将阳极电流减少到使之不能维持正反馈过程,当然也可以将阳极电源断开或者在晶闸管的阳极和阴极间加一反向电压。

### 3. 伏安特性

晶闸管的伏安特性曲线如图 10-1-8 所示。

从正向特性看,当 $I_G = 0$,且 $U_A < U_{BO}$ 时,晶闸管处于阻断状态,只有很小的正向漏电流通过。如果正向电压超过临界极限即正向转折电压 $U_{BO}$,则漏电流急剧增大,器件开通。该导通不受门极电流控制,并很容易造成晶闸管的不可恢复性击穿而使元件损坏,使用中需要避免。

随着门极电流幅值的增大,正向转折电压

降低。晶闸管本身导通时的压降很小,在 1V 左右。导通后门极电流不再起作用,晶闸管保持导通。但是如果门极电流为零,并且阳极电流降至接近于零的某一数值 $I_H$ 以下,则晶闸管又回到正向阻断状态,$I_H$ 称为维持电流。

其反向伏安特性类似二极管的反向特性。晶闸管处于反向阻断状态时,只有极小的反向漏电流通过。但当反向电压超过一定限度,到反向击穿电压后,外电路如无限制措施,则反向漏电流急剧增大,导致晶闸管发热损坏。

**4. 主要参数**

为了正确的选择和使用晶闸管,还必须了解它的电压、电流等主要参数的意义。晶闸管的主要参数有以下几项:

(1)正向重复峰值电压 $U_{FRM}$(Forward Repeat Max )

在控制极断路和晶闸管正向阻断的条件下,可以重复加在晶闸管两端的正向峰值电压,称为正向重复峰值电压,用符号 $U_{FRM}$ 表示。按规定此电压比正向转折电压 $U_{BO}$ 低 100V。

(2)反向重复峰值电压 $U_{RRM}$(Reverse Repeat Max)

就是在控制极断路时,可以重复加在晶闸管元件上的反向峰值电压,用符号 $U_{RRM}$ 表示。按规定此电压比反向转折电压 $U_{BR}$ 的绝对值低 100V。

(3)正向平均电流 $I_F$(Forward Average Current)

在环境温度不大于 40℃和标准散热及全导通的条件下,晶闸管可以连续通过的工频正弦半波电流(在一个周期内的)平均值,称为正向平均电流 $I_F$,简称正向电流。通常所说多少安的晶闸管,就是指这个电流。如果正弦半波电流的最大值为 $I_m$,则

$$I_F = \frac{1}{2\pi}\int_0^\pi I_m \sin\omega t \, d\omega t = \frac{I_m}{\pi} \tag{10-1-1}$$

然而,这个电流值并不是一成不变的,晶闸管允许通过的最大工作电流还受冷却条件、环境温度、元件导通角以及元件每个周期的导电次数等因素的影响。

(4)维持电流 $I_H$( Holding Current )

在规定的环境温度和控制极断路时,维持元件继续导电的最小电流称为维持电流 $I_H$。当晶闸管的正向电流小于这个电流时,晶闸管将自动关断。

(5)擎住电流 $I_L$

擎住电流是晶闸管刚从断态转入通态并移除触发信号后,能维持导通所需的最小电流,为 $I_H$ 的 2～4 倍。

(6)浪涌电流 $I_{TSM}$

指由于电路异常情况引起的并使结温超过额定结温的不重复性最大正向过载电流。

**5. 晶闸管的门极驱动电路**

(1)晶闸管对触发电路的基本要求

①触发信号可以是交流、直流或脉冲,为了减小门极的损耗常采用脉冲形式。

②触发脉冲应有足够的功率。触发电压和触发电流应大于晶闸管的门极触发电压和门极触发电流。

③触发脉冲应有足够的宽度和陡度。触发脉冲的宽度一般应保证晶闸管阳极电流在脉冲

消失前能达到擎住电流,使晶闸管导通,这是最小的允许宽度。一般触发脉冲前沿陡度大于 $10V/\mu s$ 或 $800mA/\mu s$。

④触发脉冲的移相范围应能满足变换器的要求。例如,三相半波整流电路,在电阻性负载时,要求移相范围为 $150°$;而三相桥式全控整流电路,电阻负载时移相范围为 $120°$。

(2)触发电路的形式

触发电路可分为模拟式和数字式两种。阻容移相桥、单结晶体管触发电路、锯齿波移相电路和正弦波移相电路均属于模拟式触发电路;而用数字逻辑电路乃至于微处理器控制的移相电路则属于数字式触发电路。为使控制与晶闸管主回路隔离,常使用脉冲变压器做为触发控制的输出。

**6.晶闸管的检测**

(1)单向晶闸管的极性判别

如果是大功率晶闸管,用肉眼即可判断出控制极,即外形最小的为控制极。用指针式万用表测量该极与其他两极,不通的是 A 极;相反,导通(虽然有电阻)的是 K 极。如果不能根据外形判断,单向晶闸管的三个引脚可用指针式万用表 $R \times 1k$ 或 $R \times 100\Omega$ 挡来判别。根据单向晶闸管的内部结构可知:G、K 之间相当一个二极管,G 为二极管正极,K 为负极,所以分别测量各引脚之间的正反电阻。如果测得其中两引脚的电阻较大(如 $90k\Omega$),对调两表笔,再测这两个引脚之间的电阻,阻值又较小(如 $2.5k\Omega$),这时万用表黑表笔接的是 G 极,红表笔接的是 K 极,剩下的一个是 A 极。

用数字式万用表判别:电极用红表笔固定接触任一电极不变,黑表笔分别接触其余两个电极,如果接触一个极时一次显示 $0.2 \sim 0.8V$,接触另一个电极时显示溢出,则红表笔所接的为 G,显示溢出时黑表笔所接的为 A,另一极为 K。若测得不是上述结果,需将红表笔改换电极重复以上步骤,直至得到正确结果。

(2)单向晶闸管的好坏判别

检测小功率晶闸管额定电流在 $1 \sim 10A$ 时选电阻 $R \times 1\Omega$ 挡,将万用表(数字式万用表用二极管挡,且表笔与指针式万用表相反使用)红、黑两表笔分别测任意两引脚间正反向电阻直至找出读数为数十欧姆的一对引脚,此时黑表笔的引脚为控制极 G,红表笔的引脚为阴极 K,另一空脚为阳极 A。此时将黑表笔接已判断了的阳极 A,红表笔仍接阴极 K,万用表指针应不动。红表笔接阴极不动,黑表笔在不脱开阳极的同时用表笔尖去瞬间短接控制极,此时万用表电阻挡指针应向右偏转,阻值读数为 $10\Omega$ 左右。如阳极 A 接黑表笔,阴极 K 接红表笔时,万用表指针发生偏转,说明该单向可控硅已击穿损坏。或阳极 A 与阴极或控制极间有导通现象,可判断晶闸管故障。

如果在检测各极间是否导通时,没有找到导通的两个极,则此晶闸管可确认已击穿损坏。注意检测较大功率晶闸管时,需要在万用表黑笔中串接一节 $1.5V$ 干电池,以提高触发电压。

**7.晶闸管的派生器件**

(1)快速晶闸管(Fast Switching Thyristor,FST)

快速晶闸管包括所有专为快速应用而设计的晶闸管,有常规的快速晶闸管和工作在更高频率的高频晶闸管,它的开关时间和耐量有了明显改善。从关断时间来看,普通晶闸管一般为数百微秒,快速晶闸管为数十微秒,而高频晶闸管则为 $10\mu s$ 左右。高频晶闸管的不足在于其电压和电流定额都不易做高。由于工作频率较高,选择快速晶闸管和高频晶闸管的通态平均电流时不能忽略其开关损耗的发热效应。

(2)双向晶闸管(Triode AC Switch,TRIAC 或 Bidirectional Triode Thyristor)

双向晶闸管可以认为是一对反并联联接的普通晶闸管的集成。其电气图形符号和伏安特性如图 10-1-9 所示。它有两个主电极 $T_1$ 和 $T_2$,一个门极 G。门极使器件在主电极的正反两方向均可触发导通,在第 I 和第Ⅲ象限有对称的伏安特性。双向晶闸管通常用在交流电路中,因此不用平均值而用有效值来表示其额定电流值。

(3)门极可关断晶闸管

门极可关断晶闸管(Gate-Turn-Off Thyristor,GTO),可以通过在门极施加负的脉冲电流使其关断,因而属于全控型器件。其符号如图 10-1-10 所示。

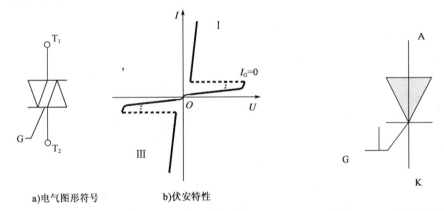

a)电气图形符号　　b)伏安特性

图 10-1-9　双向晶闸管的电气图形符号和伏安特性　　　图 10-1-10　GTO 的符号

GTO 的结构和普通晶闸管一样,是 PNPN 四层半导体结构,外部也是引出阳极、阴极和门极。但和普通晶闸管不同的是,GTO 是一种多元的功率集成器件。虽然外部同样引出三个极,但内部包含数十个甚至数百个共阳极的小 GTO 单元,这些 GTO 单元的阴极和门极在器件内部并联,是为了实现门极控制关断而设计的。它的工作原理与普通晶闸管一样,只是它比普通晶闸管开通过程快,承受电压能力强。

### 四、绝缘栅双极晶体管

20 世纪 80 年代以来,电力电子技术进入了一个崭新时代,出现了一批新型电力电子器件,典型代表有门极可关断晶闸管、电力晶体管(GTR)、电力场效应晶体管(MOSFET)和绝缘栅双极晶体管。而绝缘栅双极型晶体管(IGBT)是 80 年代中期问世的一种新型复合电力电子器件,由于它兼有 MOSFET 的快速响应、高输入阻抗和 GTR 的低通态压降、高电流密度的特性,这几年发展十分迅速,是电力电子应用最多的器件。目前,IGBT 的容量水平达(1 200～1 600A)/(1 800～3 330V),工作频率达 40kHz 以上。

1.IGBT 的基本结构和工作原理

IGBT 的结构是三端器件,具有栅极 G、集电极 C 和发射极 E。图 10-1-11a)给出了一种由 N 沟道 VDMOSFET 与双极型晶体管组合而成 IGBT 的基本结构。IGBT 结构比 VDMOS-

FET 多一层 P⁺ 注入区,因而形成了一个大面积的 PN 结 $J_1$。这样使得 IGBT 导通时由 P⁺ 注入区向 N 基区发射少子,从而对漂移区电导率进行调制,使得 IGBT 具有很强的通流能力。其简化等效电路如图 10-1-11b)所示,可以看出这是用双极型晶体管与 MOSFET 组成的达林顿结构,相当于一个由 MOSFET 驱动的厚基区 PNP 晶体管。

图 10-1-11b)中 $R_N$ 为晶体管基区内的调制电阻,IGBT 是一种场控器件。其开通和关断是由栅极和发射极间的电压 $U_{GE}$ 决定的,当栅极与发射极间施加反向电压或不加信号时,MOSFET 内的沟道消失,晶体管的基极电流被切断,使得 IGBT 关断。

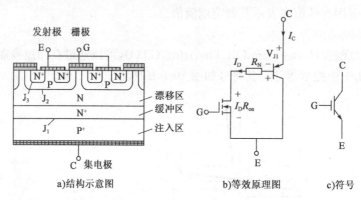

图 10-1-11 IGBT 的结构、等效电路和符号图

当 $U_{GE} > 0$ 时,分两种情况:

门极电压 $U_{GE} <$ 开启电压 $U_{GE(th)}$,IGBT 呈正向阻断状态。

若门极电压 $U_{GE} >$ 开启电压 $U_{GE(th)}$,MOSFET 内形成沟道,导电过程中有电导调制效应,使得导通电阻 $R_N$ 减小,这样耐压的 IGBT 也具有很小的通态压降。

以上所述的 PNP 晶体管与 N 沟道 MOSFET 组合而成的 IGBT 称为 N 沟道 IGBT,其电气图形符号如图 10-1-11c)所示。图 10-1-12 所示的是几种常见 IGBT 的外形。

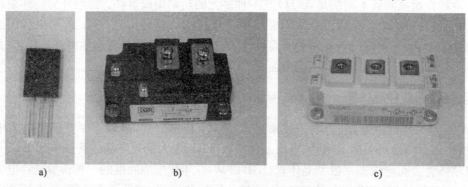

图 10-1-12 IGBT 单管及模块

## 2. IGBT 的基本特性

### (1)静态特性

IGBT 的静态特性主要有输入转移特性和输出的伏安特性。

如图 10-1-13a)所示。IGBT 的转移特性是指输出集电极电流 $I_C$ 与栅射控制电压 $U_{GE}$ 之间的关系曲线。开启电压 $U_{GE(th)}$ 是 IGBT 能实现电导调制而导通的最低栅射电压。当 $U_{GE}<U_{GE(th)}$ 时，IGBT 处于关断状态。当 $U_{GE}>U_{GE(th)}$ 时，IGBT 导通。

如图 10-1-13b)所示，IGBT 的输出特性，即伏安特性是指以栅射电压 $U_{GE}$ 为参变量时，集电极电流 $I_C$ 和集射电压 $U_{CE}$ 之间的关系曲线。IGBT 的输出特性分为正向阻断区、有源区和饱和区。当 $U_{CE}<0$ 时，IGBT 为反向阻断工作状态。在电力电子电路中，IGBT 工作在开关状态，因而是在正向阻断区和饱和区之间来回转换。IGBT 中双极型 PNP 晶体管的存在，虽然带来了电导调制效应的好处，由于引入了少子储存现象，因而 IGBT 的开关速度要低于电力 MOSFET。

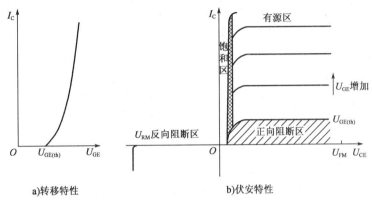

a)转移特性　　　　　　　　　　b)伏安特性

图 10-1-13　IGBT 的转移特性和伏安特性

（2）动态特性

IGBT 的动态特性也称开关特性，包括开通和关断两部分。一般开通时间为 $0.5\sim1.2\mu s$，IGBT 在开通过程中大部分时间是作为 MOSFET 工作的，IGBT 的关断过程是从正向导通状态到正向阻断状态的过程，通常关断的时间为 $0.55\sim1.5\mu s$。

（3）擎住效应

IGBT 的锁定现象又称擎住效应。IGBT 复合器件内有一个寄生晶闸管存在，它由 PNP 利 NPN 两个晶体管组成。当集电极电流 $I_C$ 达到一定程度，寄生晶闸管开通，导致 IGBT 栅极失去控制作用，这就是所谓的擎住效应。IGBT 发生擎住效应后，集电极电流增大造成过高的功耗，最后导致器件损坏。

为了避免 IGBT 的擎住效应，设计时应保证集电极电流 $I_C$ 不超过其最大值 $I_{CM}$，采取措施防止过高的 $du/dt$。IGBT 关断时在其栅极加一定反压。

3. IGBT 的主要参数

（1）最大集射极间电压 $U_{CES}$：由器件内部 PNP 晶体管所能承受的击穿电压所确定的。

（2）最大集电极电流：包括额定直流电流 $I_C$ 和 1ms 脉宽最大电流 $I_{CP}$。额定直流电流 $I_C$ 为在额定的测试温度（壳温为 25℃）条件下，IGBT 所允许的集电极最大直流电流。

（3）最大集电极功耗 $P_{CM}$：在正常工作温度下允许的最大耗散功率。

（4）栅射极开启电压 $U_{GE(th)}$：使 IGBT 导通所需的最小栅—射极电压，通常 IGBT 的开启电压 $U_{GE(th)}$ 在 $3\sim5.5V$ 范围。

（5）栅射极额定电压 $U_{GES}$：栅极的电压控制信号额定值。只有栅射极电压小于额定电压值，才能使 IGBT 导通而不致损坏。

(6)集射极饱和电压 $U_{CEO}$：通过额定电流的集射极电压。通常 IGBT 的集射极饱和电压在 1.5～3V 范围。

IGBT 的特性和参数特点可以总结如下：

①开关速度高，开关损耗小。

②在相同电压和电流定额的情况下，IGBT 的安全工作区比 GTR 大，而且具有耐脉冲电流冲击的能力。

③通态压降比电力 MOSFET 低，特别是在电流较大的区域。

④输入阻抗高，其输入特性与电力 MOSFET 类似。

⑤与电力 MOSFET 和 GTR 相比，IGBT 的耐压和通流能力还可以进一步提高，同时保持开关频率高的特点。

### 4. 驱动电路

IGBT 的栅极驱动需要考虑的因素和条件有：

(1)栅极驱动电路对 IGBT 的影响

①正向驱动电压 $+U$ 增加时，IGBT 输出级晶体管的导通压降和开通损耗值将下降，但并不是说 $+U$ 值越高越好。

②IGBT 在关断过程中，栅射极施加的反偏压有利于 IGBT 的快速关断。

③栅极驱动电路最好有对 IGBT 完整保护能力。

④为防止造成同一个系统多个 IGBT 中某个的误导通，要求栅极配线走向应与主电流线尽可能远，且不要将多个 IGBT 的栅极驱动线捆扎在一起。

(2)IGBT 栅极驱动电路应满足的条件

①栅极驱动电压脉冲的上升率和下降率要充分大。

②在 IGBT 导通后，栅极驱动电路提供给 IGBT 的驱动电压和电流要具有足够的幅度。

③栅极驱动电路的输出阻抗应尽可能地低。栅极驱动条件与 IGBT 的特性密切相关。设计栅极驱动电路时，应特别注意开通特性、负载短路能力和引起的误触发等问题。

大部分的 IGBT 厂家为了解决驱动问题，都生产了与其配套的混合集成驱动电路。这些芯片往往将驱动和保护一同考虑，使得驱动电路中有保护功能。

### 5. IGBT 检测

检测绝缘栅极双极型晶体管(IGBT)的方法如下：

(1)判断极性

将指针式万用表拨在 $R×1k\Omega$ 挡，或数字式万用表拨在二极管挡(通断挡)，用万用表测量时，若某一极与其他两极阻值为无穷大，调换表笔后该极与其他两极的阻值仍为无穷大，则判断此极为栅极(G)，其余两极再用万用表测量，若测得阻值为无穷大，调换表笔后测量阻值较小。在测量阻值较小的一次中，则判断红表笔接的为集电极(C)；黑表笔接的为发射极(E)。

(2)判断好坏

IGBT 管的好坏可用指针万用表的 $R×1k\Omega$ 挡来检测，或用数字万用表的二极管挡(通断挡)来测量 PN 结正向压降进行判断。检测前先将 IGBT 管三只引脚短路放电，避免影响检测的准确度；然后用指针式万用表测各电极之间的电阻，若某一极与其他两极之间的阻值为无穷大,调换表笔后该极与其他两极之间的阻值仍为无穷大(内含阻尼二极管的 IGBT 管正常时,E、C 极间均有 4kΩ 正向电阻),则此极为 G 极。最后用指针万用表的红表笔接 C 极,黑表笔接 E 极,若所测值在 3.5kΩ 左右,则所测管为含阻尼二极管的 IGBT 管;若所测值在 50kΩ 左右,则所测 IGBT 管内不含阻尼二极管。对于数字万用表,正常情况下,IGBT 管的 c、e 极间正向导通电压约为 0.5V。

如果测得 IGBT 管三个引脚间电阻均很小,则说明该管已击穿损坏;若测得 IGBT 管三个引脚间电阻均为无穷大,说明该管已开路损坏。实际维修中 IGBT 管多为击穿损坏。

# 10.2　可控整流电路

可控整流电路是应用广泛的电能变换电路,它的作用是将交流电变换成大小可调的直流电,为直流用电设备供电,如直流电动机的转速控制、同步发电机的励磁调节、电镀及电解电源等。用晶闸管组成的可控整流电路有多种形式,分为单相可控整流和三相可控整流,电路的负载有电阻、电感等。负载不同,电路形式不同,可控整流电路的工作情况也不一样。

## 一、可控整流电路

### 1. 单相半波可控整流电路

把不可控的单相半波可控整流电路中的二极管用晶闸管代替,就成为单相半波可控整流电路。下面将分析这种可控整流电路在接电阻性负载和电感性负载时的工作情况。

(1)电阻性负载

电炉、电焊机及白炽灯均属于电阻性负载。电阻性负载的特点是:负载两端电压波形和流过的电流波形相似,电流、电压均允许突变。

图 10-2-1 是接电阻性负载的单相半波可控整流电路。从图可见,在输入交流电压的正半周时,晶闸管承受正向电压。假如在 $t_1$ 时刻[图 10-2-2a)]给控制极加上触发脉冲[图 10-2-2b)],晶闸管导通,负载上得到电压。当交流电压下降到接近于零值时,晶闸管正向电流小于维持电流而关断。在电压的负半周时,晶闸管承受反向电压,不可能导通。在第二个正半周内,再在相应的时刻加入触发脉冲,晶闸管再行导通,在负载 $R_L$ 上就得到如图 10-2-2c)所示的电压波形。图 10-2-2d)所示波形的斜线部分为晶闸管关断时所承受的正向和反向电压,其最高正向和反向电压均为输入交流电压的幅值 $\sqrt{2}U$。

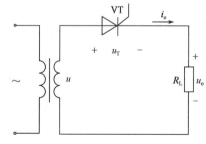

图 10-2-1　单相半波可控整流电路

显然,在晶闸管承受正向电压的时间内,改变控制极触发脉冲的输入时刻(移相),负载上得到的电压波形就随着改变,这样就控制了负载上输出电压的大小。图 10-2-2c)是接电阻性负载时单相半波可控整流电路的电压与电流的波形。

晶闸管在正向电压下不导通的范围称为控制角(又称移相角),用 $\alpha$ 表示,而导电范围则称为导通角,用 $\theta$ 表示[图 10-2-2c)]。很显然,导通角越大,输出电压越高。整流输出电压的平

均值可以用控制角表示,即

$$U_o = \frac{1}{2\pi}\int_\alpha^\pi \sqrt{2}U\sin\omega t\, d\omega t = \frac{\sqrt{2}}{2\pi}U(1+\cos\alpha) = 0.45U\frac{1+\cos\alpha}{2} \quad (10\text{-}2\text{-}1)$$

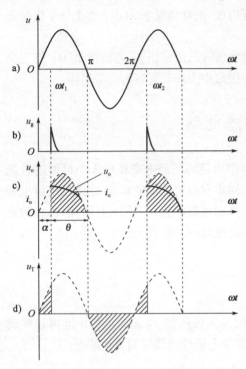

图 10-2-2 单相半波可控整流电路的电压与电流波形

从公式(10-2-1)可以看出,当 $\alpha=0$,即 $\theta=180°$ 时晶闸管在正半周全导通,输出电压最高,$U_o=0.45U$,相当于不可控二极管单相半波整流电压。若 $\alpha=180°$,这时 $\theta=0$,$U_o=0$,晶闸管全关断。

根据欧姆定律,电阻负载中整流电流的平均值为

$$I_o = \frac{U_o}{R_L} = 0.45\frac{U}{R_L}\frac{1+\cos\alpha}{2} \quad (10\text{-}2\text{-}2)$$

此电流即为通过晶闸管的平均电流。

(2)电感性负载与续流二极管

上面所讲的是电阻性负载的情况,实际上遇到较多的是电感性负载,像各种电机的励磁绕阻、各种电感线圈等,它们既含有电感,又含有电阻。整流电路接电感性负载和接电阻性负载的情况大不相同。

电感性负载可用串联的电感元件 $L$ 和电阻元件 $R$ 表示。当晶闸管刚触发导通时,电感元件中产生阻碍电流变化的感应电动势 $e_L$(其极性在图 10-2-3 中为上正下负),由于电路中的电流不能跃变,将由零开始逐渐上升[图 10-2-4a]。当电流达到最大值时,感应电动势 $e_L$ 为零,而后电流减小,电动势也将改变极性(在图 10-2-3 中为上负下正)。此后,在交流电压 $u$ 到达零值之前,$e_L$ 和 $u$ 极性相同,晶闸管导通。即使电压 $u$ 经过零值变负之后,只要 $e_L$ 大于 $u$,晶闸管继续承受正向电压,电流仍将继续流通[图 10-2-4a]。只要电流大于维持电流时,晶闸管不能关断,负载上出现了负电压。当电流下降到维持电流以下时,晶闸管才能关断,并且立即承受反向电压,如图 10-2-4b)所示。

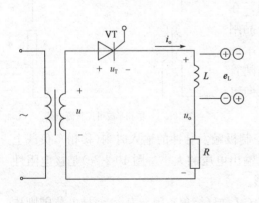

图 10-2-3 接电感性负载的单相半波可控整流电路

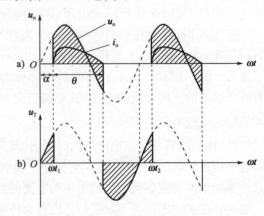

图 10-2-4 接电感性负载时可控整流电路的电压与电流波形

综上可见,在单相半波可控整流电路接电感性负载时,晶闸管导通角 $\theta$ 将大于 $180°-\alpha$。
负载电感越大,导通角 $\theta$ 越大,在一个周期中负载上负电压所占的比重就越大,整流输出电压
和电流的平均值就越小。为了使晶闸管在电源电压 $u$ 降到零值时能及时关断,使负载上不出
现负电压,必须采取相应措施。可以在电感性负载两端并联一个二极管(图 10-2-5)来解决上
述的问题。当交流电压 $u$ 过零值变负后,二极管因承受正向电压而导通,于是负载上由感应电

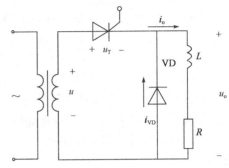

动势产生的电流经过这个二极管形成回路,因此这
个二极管称为续流二极管。这时负载两端电压近似
为零,晶闸管因承受反向电压而关断。此时负载电
阻上消耗的能量是电感元件释放的能量。

因为电路中电感元件的作用,负载电流 $i_o$ 不能
跃变,而是连续的。特别当 $\omega L \gg R$,且电路工作于稳
态情况时,可以认为 $i_o$ 恒定。此时负载电压 $u_o$ 的波
形与电阻性负载时相同,如图 10-2-2c)所示。

图 10-2-5　与电感性负载并联续流二极管

**2.单相半控桥式整流电路**

单相半波可控整流电路虽然有电路简单,调整方便,使用元件少的优点,但却有整流电压
脉冲大、输出整流电流小的缺点。较常用的是半控桥式整流电路简称半控桥,其电路如图 10-2-6
所示。电路与单相不可控桥式整流电路相似,只是其中两个臂中的二极管被晶闸管所取代。

在变压器二次侧电压 $u$ 的正半周(上端为正)时,$VT_1$ 和 $VD_2$ 承受正向电压。这时如对晶
闸管 $VT_1$ 引入触发信号,则 $VT_1$ 和 $VD_2$ 导通,电流的通路为

$$a \to VT_1 \to R_L \to VD_2 \to b$$

这时 $VT_2$ 和 $VD_1$ 都因承受反向电压而截止。同样,在电压 $u$ 的负半周时,$VT_2$ 和 $VD_1$
承受正向电压。这时如对晶闸管 $VT_2$ 引入触发信号,则 $VT_2$ 和 $VD_1$ 导通,电流的通路为

$$b \to VT_2 \to R_L \to VD_1 \to a$$

这时 $VT_1$ 和 $VD_2$ 处于截止状态。

当整流电路接电阻性负载时,单相半控桥的触发脉冲、输出电压与电流 $u_o$、$i_o$ 的波形如
图 10-2-7所示。

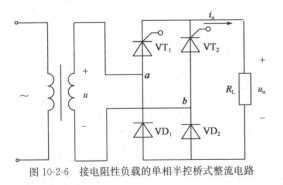

图 10-2-6　接电阻性负载的单相半控桥式整流电路

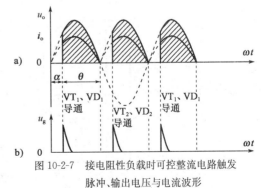

图 10-2-7　接电阻性负载时可控整流电路触发
脉冲、输出电压与电流波形

显然,与单相半波整流相比,桥式整流电路的输出电压和电流的平均值要大一倍,即

$$U_o = 0.9U \frac{1+\cos\alpha}{2} \tag{10-2-3}$$

输出电流的平均值为

$$I_o = \frac{U_o}{R_L} = 0.9 \frac{U}{R_L} \frac{1 + \cos\alpha}{2} \tag{10-2-4}$$

【例 10-2-1】 有一纯电阻负载,需要可调的直流电源:电压 $U_o = 0 \sim 180V$,电流 $I_o = 0 \sim 6A$。现采用单相半控桥式整流电路(图 10-2-6),试求交流电压的有效值,并选择整流元件。

【解】 当晶闸管导通角 $\theta$ 为 $180°$,即控制角 $\alpha = 0$ 时,$U_o = 0 \sim 180V$,$I_o = 0 \sim 6A$。

交流电压有效值 $U = \dfrac{U_o}{0.9} = \dfrac{180}{0.9}V = 200V$

实际上还要考虑电网电压波动、管降压以及导通角常常到不了 $180°$(一般只有 $160° \sim 170°$)等因素,交流电压要比上述计算而得到的值适当加大 $10\%$ 左右,即大约为 $220V$。因此,在本例中可以不用整流变压器,直接接到 $220V$ 的交流电源上。

晶闸管所承受的最高正向电压 $U_{FM}$、最高反向电压 $U_{RM}$ 和二极管所承受的最高反向电压都等于

$$U_{FM} = U_{RM} = \sqrt{2}U = 1.414 \times 220V = 310V$$

流过晶闸管和二极管的平均电流

$$I_T = I_D = \frac{I_o}{2} = 3A$$

为了保证晶闸管在出现瞬时过电压时不致损坏,通常根据下式选取晶闸管 $U_{FRM}$ 的和 $U_{RRM}$:

$$U_{FRM} \geqslant (2 \sim 3)U_{FM} = (2 \sim 3) \times 310V = (620 \sim 930)V$$
$$U_{RRM} \geqslant (2 \sim 3)U_{RM} = (2 \sim 3) \times 310V = (620 \sim 930)V$$

根据上面计算,晶闸管可以选用 KP5—7 型,二极管可选用 2CZ5/300 型。因为二极管的反向工作峰值电压一般是取反向击穿电压的一半,已有较大余量,所以选 300V 已足够。

如图 10-2-6 的半控桥式整流电路中接的是电感性负载,也应与负载并联续流二极管。输出电压 $u_o$ 的波形与接电阻性负载时相同,但输出电流 $i_o$ 在电压 $u$ 的正负半周基本恒定。

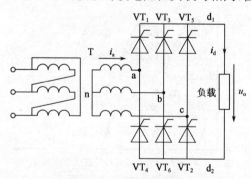

图 10-2-8 三相桥式全控整流电路

### 3. 三相桥式全控整流电路

当负载容量较大、输出电压脉动要求较小时,多采用三相可控整流电路,应用最广泛的是三相桥式全控整流电路,如图 10-2-8 所示。

习惯上,将阴极连接在一起的 3 个晶闸管($VT_1$、$VT_3$、$VT_5$)称为共阴极组;阳极连接在一起的 3 个晶闸管($VT_4$、$VT_6$、$VT_2$)称为共阳极组。共阴极组中与 a、b、c 三相电源相接的 3 个晶闸管分别为 $VT_1$、$VT_3$、$VT_5$,共阳极组中与 a、b、c 三相电源相接的 3 个晶闸管分别为 $VT_4$、$VT_6$、$VT_2$。晶闸管的导通顺序为 $VT_1 \rightarrow VT_2 \rightarrow VT_3 \rightarrow VT_4 \rightarrow VT_5 \rightarrow VT_6$。与三相不可控整流电路一样,除 6 个晶闸管外,可控电路还包括变

压器和负载。以下首先分析带电阻负载时的工作情况。

(1)带电阻负载时的工作情况

假设将电路中的晶闸管换作二极管,这种情况相当于晶闸管触发角 $\alpha = 0°$ 时的情况。此时,对于共阴极组的 3 个晶闸管,阳极所接交流电压值最高一个导通。而对于共阳极组的 3 个晶闸管,阴极所接交流电压值最低一个导通。这样,任意时刻共阳极组和共阴极组中各有 1 个晶闸管处于导通状态,施加于负载上的电压为某一线电压。当 $\alpha = 0°$ 时,各自然换相点既是相电压的交点,同时也是线电压的交点。

为了说明各晶闸管的导通情况,将波形中的一个周期等分为 6 段,每段为 60°,如图 10-2-9 所示。每一段中导通的晶闸管及输出整流电压的情况如表 10-2-1 所示。可见触发角为 $\alpha = 0°$ 的波形与不可控电路一样。

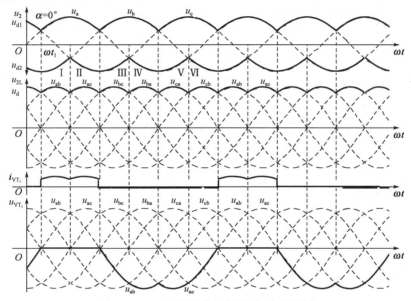

图 10-2-9　三相可控整流电路触发角 0°时的波形

当 $\alpha \leqslant 60°$ 时,$u_d$ 波形均连续,对于电阻负载,$i_d$ 波形与 $u_d$ 波形的形状是一样的,也连续。图 10-2-10 给出了 $\alpha = 30°$ 时的波形,从 $\omega t_1$ 角开始把一个周期等分为 6 段,每段为 60°。与 $\alpha = 0°$ 的情况相比,一个周期中波形仍由 6 段线电压构成,每一段导通晶闸管的编号仍符合表 10-2-1 的规律。区别在于,晶闸管起始导通时刻推迟了 30°,组成 $u_d$ 的每一段线电压因此推迟了 30°,$u_d$ 平均值降低。

**三相桥式全控整流电路电阻负载 $\alpha = 0°$ 时晶闸管工作情况**　　　　表 10-2-1

| 时　　段 | Ⅰ | Ⅱ | Ⅲ | Ⅳ | Ⅴ | Ⅵ |
|---|---|---|---|---|---|---|
| 共阴极组中导通的晶闸管 | $VT_1$ | $VT_1$ | $VT_3$ | $VT_3$ | $VT_5$ | $VT_5$ |
| 共阴极组中导通的晶闸管 | $VT_6$ | $VT_2$ | $VT_2$ | $VT_4$ | $VT_4$ | $VT_6$ |
| 整流输出电压 $u_d$ | $u_a-u_b=u_{ab}$ | $u_a-u_c=u_{ac}$ | $u_b-u_c=u_{bc}$ | $u_b-u_a=u_{ba}$ | $u_c-u_a=u_{ca}$ | $u_c-u_b=u_{cb}$ |

随着 $\alpha$ 的增加,$u_d$ 波形中每段线电压的波形继续向后移,$u_d$ 平均值继续降低。$\alpha = 60°$ 时 $u_d$ 出现了为零的点,波形如图 10-2-11 所示。

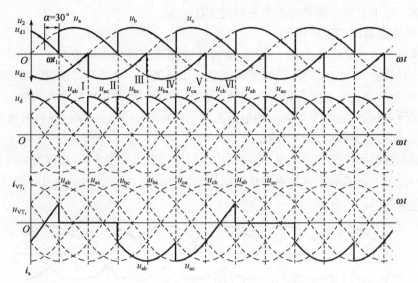

图 10-2-10　三相可控整流电路触发角 30°时的波形图

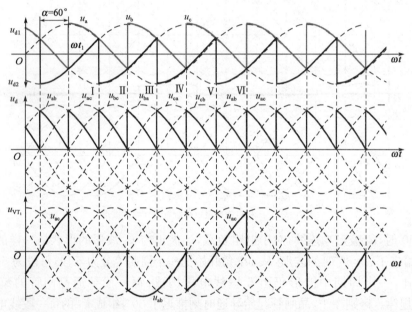

图 10-2-11　三相可控整流电路触发角 60°时的波形图

　　当 $\alpha > 60°$ 时,如 $\alpha = 90°$ 时电阻负载情况下的波形如图 10-2-12 所示。此时 $u_d$ 波形每 60°中有 30°为零,这是因为电阻负载时 $i_d$ 波形与 $u_d$ 波形一致,一旦 $u_d$ 降至零,$i_d$ 也降至零,流过晶闸管的电流即降至零,晶闸管关断,输出整流电压 $u_d$ 为零,因此 $u_d$ 波形不能出现负值。

　　如果 $\alpha$ 继续增大至 120°,整流输出电压 $u_d$ 波形将全变为零,其平均值也为零,可见带纯阻性负载时三相桥式全控整流电路的触发角 $\alpha$ 有效范围为 0°～120°。

　　(2)阻感负载时的工作情况

　　当 $\alpha \leqslant 60°$ 时,$u_d$ 波形连续,电路的工作情况与带电阻负载时十分相似,各晶闸管的通断情况,输出整流电压 $u_d$ 波形,晶闸管承受的电压波形等都一样。区别在于负载不同时,同样的整流输出电压加到负载上,得到的负载电流 $i_d$ 波形不同,电阻负载时 $i_d$ 波形与 $u_d$ 波形一致。而阻感负载时,由于电感的作用,使得负载电流波形变得平直,当电感足够大的时候,$i_d$、$i_{VT}$、$i_a$ 的波形在导通段都可近似为一条水平线。

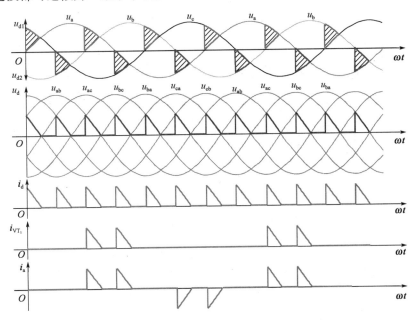

图 10-2-12　三相可控整流电路触发角 90°时的波形图

$\alpha=0°$ 时的波形与阻性负载时类似,仅输出电流与 $VT_1$ 的电流因感性负载的存在而连续,不再与电压波形一样波动了。$\alpha=30°$ 时的波形如图 10-2-13 所示,可与图 10-2-10 带电阻负载时的情况进行比较。

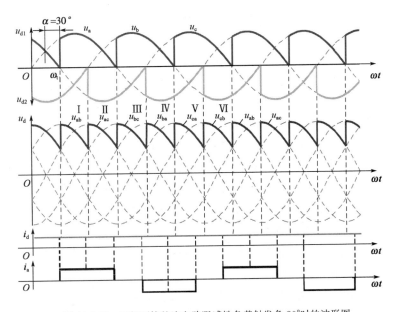

图 10-2-13　三相可控整流电路阻感性负载触发角 30°时的波形图

但当 $\alpha > 60°$ 时，阻感负载时的工作情况与电阻负载时不同，电阻负载时，$u_d$ 波形不会出现负的部分；而阻感负载时，由于电感 $L$ 的作用，$u_d$ 波形会出现负的部分。图 10-2-14 给出了 $\alpha = 90°$ 时的波形。若电感 $L$ 值足够大，$u_d$ 中正负面积将基本相等，$u_d$ 平均值近似为零。这表明，带阻感负载时，三相桥式全控整流电路触发角 $\alpha$ 有效范围为 $0° \sim 90°$。

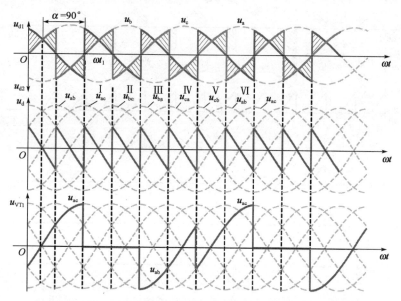

图 10-2-14　三相可控整流电路阻感性负载时触发角 90°时的波形图

综上所述，三相全控桥整流电路具有如下特点：

①每个时刻均需 2 个晶闸管同时导通，形成向负载供电的回路，共阴极组的和共阳极组的各 1 个，且不能为同一相的晶闸管。

②整流输出电压 $u_d$ 一周期脉动 6 次，每次脉动的波形都一样，故该电路为 6 脉波整流电路。

③对触发脉冲的要求：6 个晶闸管的脉冲按 $VT_1 \rightarrow VT_2 \rightarrow VT_3 \rightarrow VT_4 \rightarrow VT_5 \rightarrow VT_6$ 的顺序，相位依次差 60°；共阴极组 $VT_1$、$VT_3$、$VT_5$ 的脉冲依次差 120°，共阳极组 $VT_4$、$VT_6$、$VT_2$ 也依次差 120°；同一相的上下两个桥臂，即 $VT_1$ 与 $VT_4$、$VT_3$ 与 $VT_6$、$VT_5$ 与 $VT_2$，脉冲相差 180°。

④在整流电路合闸启动过程中或电流断续时，为确保电路的正常工作，需保证同时导通的 2 个晶闸管均有触发脉冲。为此可采用两种方法：一种是使脉冲宽度大于 60°（一般取 80° $\sim$ 100°），称为宽脉冲触发。另一种方法是，在触发某个晶闸管的同时，给序号紧前的一个晶闸管补发脉冲。即用两个窄脉冲代替宽脉冲，两个窄脉冲的前沿相差 60°，脉宽一般为 20° $\sim$ 30°，称为双脉冲触发。常用的是双脉冲触发。

⑤带电阻负载时三相桥式全控整流电路 $\alpha$ 角的移相范围是 120°，带阻感负载时，三相桥式全控整流电路的 $\alpha$ 角移相范围为 90°。

（3）三相桥式全控整流电路的输出电压平均值和电流平均值

带阻感负载时，或带电阻负载 $\alpha \leqslant 60°$ 时

$$U_d = 2.34U_2\cos\alpha \tag{10-2-5}$$

带电阻负载且 $\alpha > 60°$ 时

$$U_d = 2.34U_2\left[1 + \cos\left(\frac{\pi}{3} + \alpha\right)\right] \tag{10-2-6}$$

输出电流平均值

$$I_d = \frac{U_d}{R}$$

二极管承受的最大反向电压为线电压的峰值,即 $\sqrt{2} \times \sqrt{3}U_2 = \sqrt{6}U_2$。

**4. 电容滤波的三相不可控整流电路**

前面介绍的整流电路是可控整流电路,且负载形式重点是阻感性负载。近年来,交-直交变频器、不间断电源、开关电源等应用场合大都采用不可控整流电路经电容滤波后提供直流电源。将前面所讲的全控整流电路里的晶闸管换为整流二极管,就是不可控整流电路。由于电路中的电力电子器件采用整流二极管,故也称这类电路为二极管整流电路。最常用的是单相桥式和三相桥式两种接法。下面介绍三相桥式不可控整流电路,如图 10-2-15 所示。

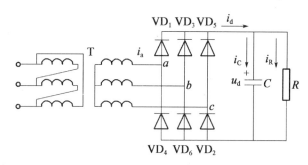

图 10-2-15　电容滤波的三相桥式不可控整流电路

**(1)基本原理**

该电路中,当某一二极管导通时,输出直流电压等于交流侧线电压中最大的一个,该线电压既向电容供电,也向负载供电。当没有二极管导通时,由电容向负载放电,$u_d$ 按指数规律下降。

设二极管在距线电压过零点 $\delta$ 角处开始导通,并以二极管 $VD_6$ 和 $VD_1$ 开始同时导通的时刻为时间零点,则线电压为

$$u_{ab} = \sqrt{6}U_2\sin(\omega t + \delta)$$

而相电压为

$$u_a = \sqrt{2}U_2\sin\left(\omega t + \delta - \frac{\pi}{6}\right)$$

在 $\omega t = 0$ 时,二极管 $VD_6$ 和 $VD_1$ 开始同时导通,直流侧电压等于 $u_{ab}$;下一次同时导通的一对管子是 $VD_1$ 和 $VD_2$,直流侧电压等于 $u_{ac}$。这两段导通过程之间的交替有两种情况:一种是在 $VD_1$ 和 $VD_2$ 同时导通之前 $VD_6$ 和 $VD_1$ 是关断的,交流侧向直流侧的充电电流 $i_d$ 是断续的,如图 10-2-16 所示;另一种是 $VD_1$ 一直导通,交替时

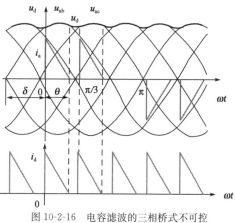

图 10-2-16　电容滤波的三相桥式不可控整流电路波形图

由 $VD_6$ 导通换相至 $VD_2$ 导通，$i_d$ 是连续的。介于两者之间的临界情况是，$VD_6$ 和 $VD_1$ 同时导通的阶段与 $VD_1$ 和 $VD_2$ 同时导通的阶段在 $\omega t + \delta = 2\pi/3$ 处恰好衔接了起来，$i_d$ 恰好连续。由"电压下降速度相等"的原则，可以确定临界条件，假设在 $\omega t + \delta = 2\pi/3$ 的时刻"速度相等"恰好发生，则有

$$\left| \frac{\mathrm{d}\left[ \sqrt{6}U_2 \sin(\omega t + \theta) \right]}{\mathrm{d}(\omega t)} \right|_{\omega t + \delta = \frac{2\pi}{3}} = \left| \frac{\mathrm{d}\left\{ \sqrt{6}U_2 \sin\frac{2\pi}{3} \mathrm{e}^{-\frac{1}{\omega RC}\left[ \omega t - \left( \frac{2\pi}{3} - \delta \right) \right]} \right\}}{\mathrm{d}(\omega t)} \right|_{\omega t + \delta = \frac{2\pi}{3}} \tag{10-2-7}$$

可得

$$\omega RC = \sqrt{3}$$

这就是临界条件。$\omega RC > \sqrt{3}$ 和 $\omega RC \leqslant \sqrt{3}$ 分别是电流 $i_d$ 断续和连续的条件。图 10-2-17 给出了 $\omega RC$ 等于或小于 $\sqrt{3}$ 的电流波形。对于一个确定的装置，通常只有 $R$ 是可变的，它的大小反映了负载的轻重，因此在轻载时直流侧获得的充电电流是断续的，重载时是连续的，分界点就是 $R = \sqrt{3}/\omega C$。

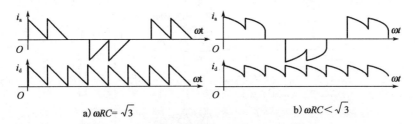

a) $\omega RC = \sqrt{3}$ b) $\omega RC < \sqrt{3}$

图 10-2-17　电容滤波三相桥式不可控整流电路当 $\omega RC$ 等于或小于 $\sqrt{3}$ 时的电流波形

以上分析的是理想情况，未考虑实际电路中存在交流侧电感以及为抑制冲击电流而串联的电感。当考虑上述电感时，电路的工作情况发生变化，其交流侧电流波形图如图 10-2-18 所示。将电流波形与上述不考虑电感时的波形比较可知，有电感时，电流波形的前沿平缓了许多，有利于电路的正常工作。随着负载的加重，电流波形与电阻负载时的交流侧电流波形逐渐接近。

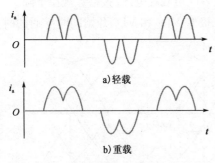

a) 轻载

b) 重载

图 10-2-18　有电感时电容滤波的三相桥式
整流电路交流侧电流波形

（2）主要数量关系

①输出电压平均值：空载时，输出电压的平均值最大，为 $U_d = \sqrt{6}U_2 = 2.45U_2$。随着负载加重，输出电压平均值减小，至 $\omega RC = \sqrt{3}$ 进入 $i_d$ 连续情况后，其平均值为 $U_d = 2.34U_2$。可见 $U_d$ 在 $2.34U_2 \sim 2.45U_2$ 范围变化。

②电流平均值：输出电流平均值 $I_R$ 为

$$I_R = U_d/R$$

电容电流 $i_C$ 平均值为零，因此有

$$I_d = I_R$$

在一个电源周期中，$i_d$ 有 6 个波头，流过每一个二极管的是其中的两个波头，因此二极管电流平均值为 $I_d$ 的 $1/3$，即

$$I_D = I_d/3 = I_R/3$$

③二极管承受的电压：二极管承受的最大反向电压为线电压的峰值，为 $\sqrt{6}U_2$。

### 二、晶闸管的保护

晶闸管虽然具有很多优点,但是,它承受过电压和过电流的能力很差,这是晶闸管的主要弱点,因此,在各种晶闸管装置中必须采取适当的保护措施。

**1.晶闸管的过电流保护**

由于晶闸管的热容量很小,一旦发生过电流时,温度就会急剧上升而可能把 PN 结烧坏,造成元件内部短路或开路。

晶闸管发生过电流的原因主要有:负载端过载或短路;某个晶闸管被击穿短路,造成其他元件的过电流;触发电路工作不正常或受干扰,使晶闸管误触发,引起过电流等。晶闸管承受过电流能力很差,例如对某一个 100A 的晶闸管来说,它的过电流能力如下:当晶闸管过电流为 125A 时,允许持续 5min,否则将因过热而损坏;当过电流为 200A 时,允许持续 5s;而当过电流为 400A 时,则仅允许持续 0.02s。由此可知,晶闸管虽然允许在短时间内承受一定的过电流,但时间相对较短,所以,采用的保护装置就必须在发生过电流时在允许的时间内将电路切断,防止元件损坏。

晶闸管过电流的保护措施有下列几种:

(1)快速熔断器

普通熔断丝由于熔断时间长,用来保护晶闸管时很可能在晶闸管烧坏之后还没有熔断,这样就起不到保护作用,因此必须采用专用于保护晶闸管的快速熔断器。快速熔断器用的是银质熔丝,在同样的过电流倍数之下,它可以在晶闸管损坏以前熔断。这是晶闸管过电流保护的主要措施。

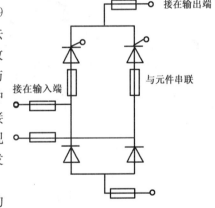

快速熔断器的接入电路的方式有三种,如图10-2-19所示。可以将快速熔断器接在输出(负载端),这种接法对输出回路的过载或短路起保护作用,但对元件本身故障引起的过电流不起保护作用;又可以将快速熔断器与元件串联,可以对元件本身的故障进行保护。以上两种接法一般需要同时采用。第三种接法是快速熔断器接在输入端,这样可以同时对输出端短路和元件短路实现保护,但是熔断器熔断之后,不能立即判断出是哪里发生的故障。

熔断器的电流定额应该尽量接近实际工作电流的有效值,而不是按所保护的元件的电流定额(平均值)选取。

图 10-2-19　快速熔断器接入电路的方式

(2)过电流继电器

在输出端(直流侧)装置过电流继电器,或在输入端(交流侧)经电流互感器接入灵敏的过电流继电器,都可在发生过电流故障时动作,使输入端的开关跳闸。这种保护措施对过载是有效的。但是在发生短路故障时,由于过电流继电器的动作和自动开关的跳闸都需要一定时间,如果短路电流比较大,这种保护方法不很有效。

(3)过电流截止保护

利用过电流的信号将晶闸管的触发脉冲移后,使晶闸管的导通角减小或者停止触发,以达到减小电流的目的。

**2.晶闸管的过电压保护**

晶闸管耐受过电压的能力极差,当电路中电压超过其反向击穿电压时,即使时间极短,也容易损坏。而当正向电压超过其转折电压,晶闸管也会在无触发时导通,这种误导通次数频繁时,导通后通过的电流较大,也可能使元件损坏或使其特性下降。因此必须采取措施消除晶闸管上可能出现的过电压。

引起过电压的主要原因是因为电路中一般都接有电感元件,在切断、接通电路时,或从一个元件导通转换到另一个元件导通时,以及熔断器熔断时,由于电感中电流的变化而产生感生电动势,这时电路中的电压往往会超过正常值。有时雷击也会引起过电压。

(1)阻容保护

晶闸管过电压的保护措施通常采用阻容保护。可以利用电容来吸收过电压,其实质就是利用电容电压不能突变的原理,将造成过电压的能量变成电场能量储存到电容器中,然后释放到电阻中去消耗,这是电子线路中过电压保护的基本方法。阻容吸收元件可以并联在整流装置的交流侧(输入端)、直流侧(输出端)或元件侧,如图 10-2-20 所示。

(2)硒堆保护

当硒堆上电压超过某一数值后,它的电阻迅速减小,而且可以通过较大的电流,把过电压能量消耗在非线性电阻上,而硒堆并不损坏,如图 10-2-21 所示。

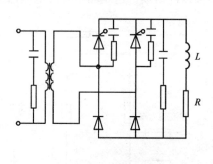

图 10-2-20　阻容保护

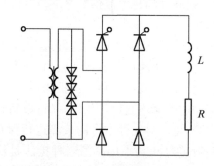

图 10-2-21　硒堆保护

# 10.3　单结晶体管触发电路

要使晶闸管导通,除了加正向阳极电压外,在控制极与阴极之间还必须加触发电压。产生触发电压的电路称为晶闸管的触发电路。触发电路的种类很多,在本书中只介绍最常用的单结晶体管触发电路。

## 一、单结晶体管

单结晶体管(Uni-Junction Transistor,UJT)也称为双基极二极管,因为它有一个发射极和两个基极,它的外形和普通三极晶体管相似。图 10-3-1 是单结晶体管的结构示意图、表示符号和实物图。在一块高电阻率的 N 型硅片一侧的两端各引出一个电极,分别称为第一基极 $B_1$ 和第二基极 $B_2$,而在硅片的另一侧较靠近 $B_2$ 处掺入 P 型杂质,形成 PN 结,并引出一个铝质电极,称为发射极 E。两个基极之间的电阻(包括硅片本身的电阻和基极与硅片之间的接触电阻)为 $R_{BB}$,一般在 $2\sim15k\Omega$ 范围。$R_{BB}=R_{B1}+R_{B2}$,其中 $R_{B1}$ 和 $R_{B2}$ 分别为两个基极至 PN 结之间的电阻。

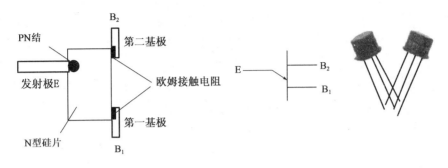

图 10-3-1　单结晶体管的结构示意图、表示符号和实物图

我们将单结晶体管按图 10-3-2a)的电路连接,通过实验观察其特性。

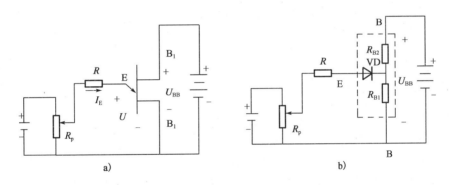

图 10-3-2　测量单结晶体管的电路

(1)调节 $R_P$,使 $U_E$ 从零逐渐增加。当 $U_E$ 比较小时,单结晶体管内的 PN 结处于反向偏置,E 与 $B_1$ 之间不能导通,呈现很大电阻,会有一个很小的反向漏电流。随着 $U_E$ 的增高,这个电流逐渐变成一个大约几微安的正向漏电流,这一段在图 10-3-3 所示的曲线中称为截止区。

(2)当 $U_E=U_{B1}+U_D$ 时,单结晶体管内的 PN 结导通,发射极电流 $I_E$ 突然增大。把这个突变点称为峰点 P。对应的电压 $U_E$ 和电流 $I_E$ 分别称为峰点电压 $U_P$ 和峰点电流 $I_P$。显然,峰点电压

$$U_E = U_{B1} + U_D = \frac{R_{B1}}{R_{B1}+R_{B2}}U_{BB} + U_D = \eta U_{BB} + U_D \qquad (10\text{-}3\text{-}1)$$

式中:$U_D$——单结晶体管中 PN 结的正向压降,一般取 0.7V;

　　　$\eta$——分压比。

在单结晶体管的 PN 结导通之后,从发射区(P 区)向基区(N 区)发射了大量的空穴型载流子,$I_E$ 增长很快,E 和 $B_1$ 之间变成低阻导通状态,$R_{B1}$ 迅速减小,而 E 和 $B_1$ 之间的电压 $U_E$

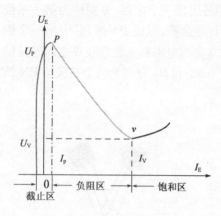

图 10-3-3 单结晶体管的伏安特性

也随着下降。这一段特性曲线的动态电阻 $\dfrac{\triangle U_E}{\triangle I_E}$ 为负值，因此称为负阻区。

（3）当发射极电流 $I_E$ 增大到某一数值时，电压 $U_E$ 下降到最低点，这一点称为谷点 V。与此点相应的是谷点电压 $U_V$ 和谷点电流 $I_V$。此后，当调节 $R_P$ 使发射极电流继续增大时，发射极电压略有上升，但变化不大。谷点右边的这部分特性曲线称为饱和区。

综上所述，单结晶体管具有以下特点：

①当发射极电压等于峰点电压时，单结晶体管导通。导通之后，当发射极电压 $U_P$ 小于谷点电压 $U_V$ 时，单结晶体管就恢复截止。

②从式（10-3-1）可以看出，单结晶体管的峰点电压 $U_P$ 与外加固定电压 $U_{BB}$ 及其分压比 $\eta$ 有关。而分压比 $\eta = \dfrac{R_{B1}}{R_{B1}+R_{B2}}$ 是由管子结构决定的，可以看作常数。对于分压比 $\eta$ 不同的管子，或者外加电压的数值不同时，峰值电压 $U_P$ 也就不同。

③不同单结晶体管的谷点电压 $U_V$ 和谷点电流 $I_V$ 都不一样。谷点电压在 $2\sim5V$ 范围。在触发电路中，常选用 $\eta$ 稍大一些、$U_V$ 低一些和 $I_V$ 大一些的单结晶体管，以增大输出脉冲幅度和移相范围。

### 二、单结晶体管的检测

判断单结晶体管发射极 E 的方法是：将万用表置于 $R\times1K$ 挡或 $R\times100$ 挡，假设单结晶体管的任一管脚为发射极 E，黑表笔接假设发射极，红表笔分别接触另外两管脚测其阻值。当出现两次低电阻时，黑表笔所接的就是单结晶体管的发射极。

单结晶体管 $B_1$ 和 $B_2$ 的判断方法是：将万用表置于 $R\times1K$ 挡或 $R\times100$ 挡，黑表笔接发射极，红表笔分别接另外两管脚测阻值，两次测量中，电阻大的一次，红表笔接的就是 $B_1$ 极。应当说明的是，上述判别 $B_1$、$B_2$ 的方法，不一定对所有的单结晶体管都适用，有个别管子的 E～$B_1$ 间的正向电阻值较小。即使 $B_1$、$B_2$ 用颠倒了，也不会使管子损坏，只影响输出脉冲的幅度（单结晶体管多在脉冲发生器中使用），当发现输出的脉冲幅度偏小时，只要将原来假定的 $B_1$、$B_2$ 对调过来就可以了。

### 三、单结晶体管触发电路

图 10-3-4a）所示为单结晶体管组成的弛张振荡电路，可从电阻 $R_1$ 上取出脉冲电压 $u_G$。图中的 $R_1$ 和 $R_2$ 是外加的，不是前面图中 $R_{B1}$ 的和 $R_{B2}$。

假设在接通电源之前，电容 C 上的电压 $u_C$ 为零。接通电源 U 后，它就经 R 向电容器充电，使其端电压按指数曲线升高。电容器上的电压 $u_C$ 就加在单结晶体管的发射极 E 和第一基极 $B_1$ 之间。当 $u_C$ 等于单结晶体管的峰点电压 $U_P$ 时，单结晶体管导通，电阻 $R_{B1}$ 急剧减小（约 $20\Omega$），电容器向 $R_1$ 放电。由于电阻 $R_1$ 取得较小，放电很快，放电电流在 $R_1$ 上形成一个

脉冲电压 $u_G$，如图 10-3-4b)所示。由于电阻 $R$ 取得较大，当电容电压下降到单结晶体管的谷点电压时，电源经过电阻 $R$ 供给的电流小于单结晶体管的谷点电流，于是单结晶体管截止。电源再次经 $R$ 向电容充电，重复上述过程。于是在电阻上就得到一个又一个的脉冲电压。但由于该电路起不到如后述的"同步"作用，不能用来触发晶闸管。

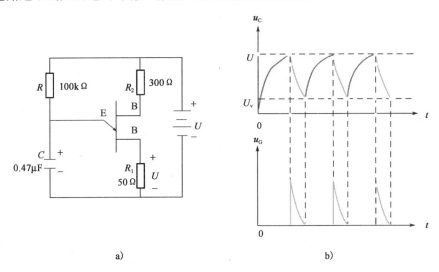

图 10-3-4　单结晶体管组成的弛张振荡电路

图 10-3-5 是由单结晶体管触发的单相半控桥式整流电路，电阻 $R_1$ 上的脉冲电压 $u_G$ 就是用来触发晶闸管的。需要说明下面三个问题：

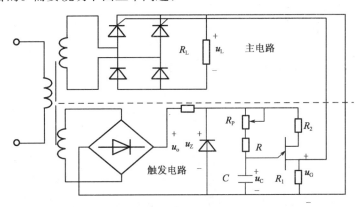

图 10-3-5　由单结晶体管触发的单相半控桥式整流电路

(1)触发电路中整流电路后接稳压管，目的是将整流电压 $u_0$ 变换成梯形波（削去顶上一块，所谓削波），稳定在一个电压值 $U_z$，使单结晶体管输出的脉冲幅度和每半周产生第一个脉冲（第一个脉冲使晶闸管触发导通后，后面的脉冲都是无效的）的时间不受交流电源电压波动影响。

(2)通过变压器将触发电路与主电路接在同一电源上，所以每当主电路的交流电源电压过零值时，单结晶体管上的电压 $u_z$ 也过零值，两者同步。在 $u_z$ 过零值时，当然，单结晶体管基极间的电压 $U_{BB}$ 也为零。如果这时电容器 $C$ 上还有残余电压，必须要向 $R_1$ 放电，很快放掉电后，就可以保证电容器在每一半波之初从零($u_C \approx 0$)开始充电。这样,才能使每半周产生第一个脉冲的时间保持不变,即 $\alpha_1 = \alpha_2$,从而使晶闸管每周期的导通角和输出电压平均值保持不变。此时的变压器不仅是整流变压器,而且还起同步作用。

(3)改变电位器 $R_P$ 的电阻值,例如增大其阻值,电容器 $C$ 的充电变慢,因而每半波出现第一个脉冲的时间后移(即 $\alpha$ 角增大),从而使晶闸管的导通角变小,输出电压的平均值也变小。因此 $R_P$ 改变是起移相的作用,达到调压的目的。

这三个问题就是稳压管的削波作用,变压器的同步作用,改变 $R_P$ 的移相作用。

实际上常用的单结晶体管触发电路如图 10-3-6 所示,带有放大器,晶体管 $T_1$ 和 $T_2$ 组成直接耦合直流放大电路。$T_1$ 是 NPN 型管,$T_2$ 是 PNP 型管。此电路中,$T_2$ 相当于一个可变电阻,随着 $U_1$ 的变化来改变它的阻值,对输出脉冲起移相作用,达到调压的目的。

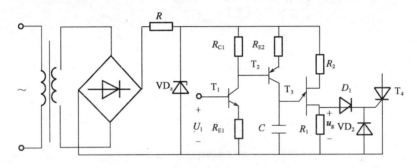

图 10-3-6　实际的单结晶体管触发电路

输出脉冲可以直接从电阻 $R_1$ 上引出,也可通过脉冲变压器输出。

因为晶闸管控制极与阴极间允许的反向电压很小,为了防止反向击穿,在脉冲变压器二次边串联二极管 $VD_1$,可将反向电压隔开;而并联 $VD_2$,可将反向电压短路。除单结晶体管触发电路外,还有同步电压为锯齿波的触发电路和集成移相触发电路等多种其他类型。

# 10.4　直　流　斩　波

直流斩波电路(DC Chopper)将直流电变为另一固定电压或可调电压的直流电,也称为直接直流变换器(DC/DC Converter)。直流斩波电路的种类很多,有降压斩波电路、升压斩波电路、升降压斩波电路、Cuk 斩波电路、Sepic 斩波电路和 Zeta 斩波电路。其中前两种是最基本的电路,应用最为广泛,本节主要介绍这两种电路。

## 一、降压斩波电路(Buck Chopper)

降压斩波电路的原理图及工作波形如图 10-4-1 所示。该电路使用一个全控型器件 V,图中为 IGBT,若采用晶闸管,需设置使晶闸管关断的辅助电路。图 10-4-1 中设置了续流二极管 VD,在 V 关断时给负载中电感电流提供通道。斩波电路主要用于电子电路的供电电源,也可拖动直流电动机或带蓄电池负载等,后两种情况下负载中均会出现反电动势,如图中 $E_M$ 所示。

由图 10-4-1b)中 V 的栅射电压 $u_{GE}$ 波形可知,在 $t=0$ 时驱动 V 导通,电源 $E$ 向负载供电,负载电压 $u_o=E$,负载电流 $i_o$ 按指数曲线上升。

$t=t_1$ 时控制 V 关断,二极管 VD 续流,负载电压 $u_o$ 近似为零,负载电流呈指数曲线下降,通常串接较大电感 $L$ 使负载电流连续且脉动小。

至一个周期 $T$ 结束,再驱动 V 导通,重复上一周期的过程。当电路工作于稳态时,负载电流在一个周期的初值和终值相等,如图 10-4-1b)所示。负载电压平均值为

$$U_o = \frac{t_{on}}{t_{on}+t_{off}}E = \frac{t_{on}}{T}E = \alpha E \qquad (10\text{-}4\text{-}1)$$

式中:$t_{on}$——V 处于通态的时间;

$\quad$ $t_{off}$——V 处于断态的时间;

$\quad$ $T$——开关周期;

$\quad$ $\alpha$——导通占空比,简称占空比或导通比。

由此式知,输出到负载的电压平均值 $U_o$ 最大为 $E$,若减小占空比 $\alpha$,则 $U_o$ 随之减小。因此将该电路称为降压斩波电路。也有很多文献中直接使用其英文名称,称为 Buck 变换器(Buck Converter)。

负载电流平均值为

$$I_o = \frac{U_o - E_M}{R} \qquad (10\text{-}4\text{-}2)$$

若负载中 $L$ 值较小,则在 V 关断后,到了 $t_2$ 时刻,如图 10-4-1c)所示,负载电流已衰减至零,会出现负载电流断续的情况。由波形可见,负载电压 $u_o$ 平均值会被抬高,一般不希望出现电流断续的情况。

根据对输出电压平均值进行调制的方式不同,斩波电路可有三种控制方式:脉冲宽度调制(PWM)、频率调制、混合型调制。其中,PWM 调制应用最多。

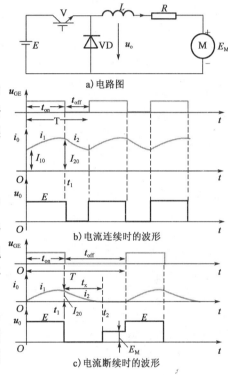

a)电路图

b)电流连续时的波形

c)电流断续时的波形

图 10-4-1　降压斩波电路的原理图及波形

## 二、升压斩波电路(Boot Chopper)

升压斩波电路的原理图及工作波形如图 10-4-2 所示。该电路也使用一个全控型器件。在分析升压斩波电路的工作原理时,首先假设电路中的电感 $L$ 值和电容 $C$ 值很大。当 V 处于通态时,电源 $E$ 向电感 $L$ 充电,电流基本恒定为 $I_1$,同时电容 $C$ 向负载 $R$ 供电,因 $C$ 值很大,基本保持输出电压 $U_o$ 恒定。设 V 处于通态的时间为 $t_{on}$,此阶段电感 $L$ 上积蓄的能量为 $EI_1t_{on}$。当 V 处于断态时,电源 $E$ 和电感 $L$ 同时向电容 $C$ 充电,并向负载提供能量。设 V 处于断态的时间为 $t_{off}$,则在此期间电感 $L$ 释放的能量为 $(U_o-E)I_1t_{off}$。当电路处于稳态时,一个周期 $T$ 中电感 $L$ 积蓄的能量与释放的能量相等,即

$$EI_1t_{on} = (U_o - E)I_1t_{off} \qquad (10\text{-}4\text{-}3)$$

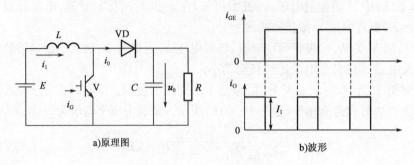

图 10-4-2　升压斩波电路及波形

化简得

$$U_{\text{o}} = \frac{t_{\text{on}} + t_{\text{off}}}{t_{\text{off}}} E = \frac{T}{t_{\text{off}}} E \tag{10-4-4}$$

上式中 $\frac{T}{t_{\text{off}}} \geqslant 1$，输出电压高于电源电压，故称该电路为升压斩波电路，也有的文献中直接采用其英文名称，称之为 Boost 变换器（Boost Converter）。

将升压比的倒数记为 $\beta$，即 $\beta = \frac{t_{\text{off}}}{T}$，则 $\beta$ 和降压斩波导通占空比 $\alpha$ 有如下关系

$$\alpha + \beta = 1 \tag{10-4-5}$$

因此，式（10-4-3）可表示为

$$U_{\text{o}} = \frac{1}{\beta} E = \frac{1}{1 - \alpha} E \tag{10-4-6}$$

升压斩波电路之所以能使输出电压高于电源电压，关键有两个原因：一是 $L$ 储能之后使电压泵升的作用，二是电容 $C$ 可将输出电压保持住。

如果忽略电路中的损耗，则由电源提供的能量仅由负载 $R$ 消耗，即

$$EI_1 = U_{\text{o}}I_{\text{o}}$$

该式表明，与降压斩波电路一样，升压斩波电路也可看成是直流变压器。

输出电流的平均值 $I_{\text{o}}$ 为

$$I_{\text{o}} = \frac{U_{\text{o}}}{R} = \frac{1}{\beta} \frac{E}{R}$$

电源电流 $I_1$ 为

$$I_1 = \frac{U_{\text{o}}}{E} I_{\text{o}} = \frac{1}{\beta^2} \frac{E}{R}$$

# 10.5　逆 变 电 路

与整流相对应，把直流电变成交流电称为逆变。逆变电路的应用非常广泛，在已有的各种电源中，蓄电池、干电池、太阳能电池等都是直流电源，当需要这些电源向交流负载供电时，就需要逆变电路。另外，交流电机调速用变频器、不间断电源、感应加热电源等电力电子装置的核心部分都是逆变电路。

逆变电路按其直流侧电源性质不同分为两种：电压型逆变电路或电压源型（Voltage Source Inverter，VSI）逆变电路，电流型逆变电路或电流源型（Current Source Inverter，CSI）逆变电路。

### 一、电压型逆变电路

电压型逆变电路有如下特点：

（1）直流侧为电压源，或并联有大电容，相当于电压源。直流侧电压基本无脉动，直流回路呈现低阻抗。

（2）由于直流电压源的钳位作用，交流侧输出电压波形为矩形波，并且与负载阻抗角无关。而交流侧输出电流波形和相位因负载阻抗情况的不同而不同。

（3）当交流侧为阻感负载时需要提供无功功率，直流侧电容起缓冲无功能量的作用。为了给交流侧向直流侧反馈的无功能量提供通道，逆变桥各臂都并联了反馈二极管。

对上述有些特点的理解在后面内容的学习中才能加深。下面分别就单相和三相电压型逆变电路进行讨论。

#### 1.单相电压型逆变电路

单相桥式电压型逆变电路如图 10-5-1 所示，共四个桥臂，桥臂 1 和 4 作为一对，桥臂 2 和 3 作为另一对，成对的两个桥臂同时导通，两对桥臂交替各导通 $180°$。工作波形如图 10-5-2 所示。

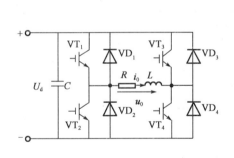

图 10-5-1　单相桥式电压型逆变电路　　　　图 10-5-2　单相桥式电压型逆变电路工作波形

设 $t_1$ 时刻前 $VT_1$ 和 $VT_4$ 导通，输出电压 $u_o$ 为 $U_d$，$t_1$ 时刻 $VT_3$ 和 $VT_4$ 栅极信号反向，$VT_4$ 截止，而因负载电感中的电流 $i_o$ 不能突变，$VT_3$ 不能立刻导通，$VD_3$ 导通续流。因为 $VT_1$ 和 $VD_3$ 同时导通，所以输出电压为零。到 $t_2$ 时刻 $VT_1$ 和 $VT_2$ 栅极信号反向，$VT_1$ 截止，而 $VT_2$ 不能立刻导通，$VD_2$ 导通续流，和 $VD_3$ 构成电流通道，输出电压为 $-U_d$。到负载电流过零并反向时，$VD_2$ 和 $VD_3$ 截止，$VT_2$ 和 $VT_3$ 开始导通，$u_o$ 仍为 $-U_d$。$t_3$ 时刻 $VT_3$ 和 $VT_4$ 栅极信号反向，$VT_3$ 截止，而 $VT_4$ 不能立刻导通，$VD_4$ 导通续流，$u_o$ 再次为零。以后的工作过程和前面类似。这样，输出电压 $u_o$ 的正负脉冲宽度就各为 $\theta$，改变 $\theta$ 就可以调节输出电压。

在纯电阻负载时,采用上述方法也可得到相同的结果,只是 $VD_1 \sim VD_4$ 不再导通,不起续流的作用。在 $u_o$ 为零期间,4 个桥臂均不导通,负载上也没有电流。

### 2.三相逆变电路

在三相逆变电路中,应用最广的还是三相桥式逆变电路。采用 IGBT 作为开关器件的三相电压型桥式逆变电路如图 10-5-3 所示,可以看成由三个半桥逆变电路组成。

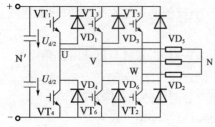

图 10-5-3 三相桥式电压型逆变电路

图 10-5-3 电路的直流侧通常只有一个电容器就可以了,但为了分析方便,画作串联的两个电容器并标出假想中点。和单相半桥、全桥逆变电路相同,三相电压型桥式逆变电路的基本工作方式也是 180°导电方式,即每个桥臂的导电角度为 180°,同一相(即同一半桥)上下两个臂交替导电,各相开始导电的角度依次相差 120°。这样,在任一瞬间,将有三个桥臂同时导通。可能是上面一个臂下面两个臂,也可能是上面两个臂下面一个臂同时导通。因为每次换流都是在同一相上下两个桥臂之间进行,因此也被称为纵向换流。

图 10-5-4 所示的波形用于分析三相电压型桥式逆变电路的工作波形。对于 U 相输出来说,当桥臂 1 导通时,$U_{UN}=U_d/2$,当桥臂 4 导通时,$U_{UN}=-U_d/2$。因此,$U_{UN}$ 的波形是幅值为 $U_d/2$ 的矩形波。V、W 两相的情况和 U 相类似,$U_{VN'}$、$U_{WN'}$ 的波形形状和 $U_{UN'}$ 相同,只是相位依次差 120°。$U_{UN'}$、$U_{VN'}$、$U_{WN'}$ 的波形如图 10-5-4 的 a)、b)、c)所示。

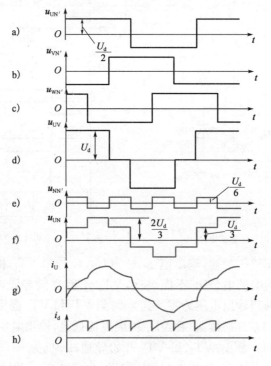

图 10-5-4 三相桥式逆变电路工作波形

负载线电压 $u_{UV}$、$u_{VW}$、$u_{WU}$ 可由下式求出

$$\begin{cases} u_{UV} = u_{UN'} - u_{VN'} \\ u_{VW} = u_{VN'} - u_{WN'} \\ u_{WU} = u_{WN'} - u_{UN'} \end{cases} \qquad (10\text{-}5\text{-}1)$$

图 10-5-4d)中所示的是依照上式画出的波形。

设负载中点 N 与直流电源假想中点 N′ 之间的电压为 $u_{NN'}$，则负载各相的相电压分别为

$$\begin{cases} u_{UN} = u_{UN'} - u_{NN'} \\ u_{VN} = u_{VN'} - u_{NN'} \\ u_{WN} = u_{WN'} - u_{NN'} \end{cases} \qquad (10\text{-}5\text{-}2)$$

把式(10-5-2)各式分别相加并整理可求得

$$u_{NN'} = \frac{1}{3}(u_{UN'} + u_{VN'} + u_{WN'}) - \frac{1}{3}(u_{UN} + u_{VN} + u_{WN}) \qquad (10\text{-}5\text{-}3)$$

负载三相对称时，$u_{UN} + u_{VN} + u_{WN} = 0$，于是

$$u_{NN'} = \frac{1}{3}(u_{UN'} + u_{VN'} + u_{WN'}) \qquad (10\text{-}5\text{-}4)$$

$u_{NN'}$ 的波形如图 10-5-4e)所示，它也是矩形波，但其频率为 $u_{UN'}$ 频率的 3 倍，幅值为其1/3，即为 $U_d/6$。图 10-5-4f)给出了利用式(10-5-1)和式(10-5-4)绘出的 $u_{UN}$ 波形，$u_{VN}$、$u_{WN}$ 的波形形状和 $u_{UN}$ 相同，仅相位依次相差 120°。

负载参数已知时，可以由 $u_{UV}$ 的波形求出 $u_{UV}$ 相电流 $i_U$ 的波形。负载的阻抗角 $\alpha$ 不同，$i_U$ 的波形形状和相位都有所不同。图 10-5-4g)给出的是阻感负载下 $\alpha < \pi/3$ 时 $i_U$ 的波形。桥臂 1 和桥臂 4 之间的换流过程和半桥电路相似。上桥臂 1 中的 $VT_1$ 从通态转换到断态时，因负载电感中的电流不能突变，下桥臂 4 中的 $VD_4$ 先导通续流，待负载电流降到零，桥臂 4 中电流反向时，$VT_4$ 才开始导通。负载阻抗角 $\alpha$ 越大，$VD_4$ 导通时间就越长。$i_U$ 的上升段为桥臂 $i$ 导电的区间，其中 $i_U < 0$ 时 $VD_1$ 导通，$i_U > 0$ 时 $VT_1$ 导通；$i_U$ 的下降段即为桥臂 4 导电的区间，其中 $i_U > 0$ 时 $VD_4$ 导通，$i_U < 0$ 时 $VT_4$ 导通。

$i_V$、$i_W$ 的波形和 $i_U$ 形状相同，相位依次相差 120°。把桥臂 1、3、5 的电流加起来，就可得到直流侧电流 $i_d$ 的波形，如图 10-5-4f)所示。可以看出，每隔 60° 脉动一次，而直流侧电压是基本无脉动的，因此逆变器从交流侧向直流侧传送的功率是脉动的，且脉动的情况和 $i_d$ 脉动情况大体相同。这也是电压型逆变电路的一个特点。

总结上述分析，可得以下特点：

(1)三个单相逆变电路可组合成一个三相逆变电路。

(2)三相桥式逆变电路的基本工作方式是 180° 导电方式。

(3)同一相(即同一半桥)上下两臂交替导电，各相开始导电的角度差 120°，任一瞬间有三个桥臂同时导通。

（4）每次换流都是在同一相上下两臂之间进行，也称为纵向换流。

通过对三相桥式逆变电路的输出电压进行定量分析，可得到输出线电压有效值为

$$U_{UV} = \sqrt{\frac{1}{2\pi}\int_0^{2\pi} u_{UV}^2 \mathrm{d}\omega t} = 0.816U_d \tag{10-5-5}$$

负载相电压有效值为

$$U_{UN} = \sqrt{\frac{1}{2\pi}\int_0^{2\pi} u_{UN}^2 \mathrm{d}\omega t} = 0.471U_d \tag{10-5-6}$$

在上述 180°导电方式逆变器中，为了防止同一相上下两桥臂的开关器件同时导通而引起直流侧电源的短路，要采取"先断后通"的方法。即先给应关断的器件关断信号，待其关断后留一定的时间余量，然后再给应导通的器件发出开通信号，即在两者之间留一个短暂的死区时间。死区时间的长短要视器件的开关速度而定，器件的开关速度越快，所留的死区时间就可以越短。这一"先断后通"的方法对于工作在上下桥臂通断互补方式下的其他电路也是适用的。

## 二、电流型逆变电路

直流电源为电流源的逆变电路称为电流型逆变电路。实际上理想直流电流源并不多见，一般是在逆变电路直流侧串联一个大电感，因为大电感中的电流脉动很小，因此可近似看成直流电流源。电流型电路比较简单，用于交流电动机调速时可以不附加其他电路而实现再生制动，发生短路时危险较小，对晶闸管关断要求不高，适用于对动态要求高，调速范围较大的场合，特别是在经常起、制动和正、反转控制系统中，它具有突出的优点。

电流型逆变电路有以下主要特点：

（1）直流侧串联大电感，相当于电流源。直流侧电流基本无脉动，直流回路呈现高阻抗。

（2）电路中开关器件的作用仅是改变直流电流的流通路径，因此交流侧输出电流为矩形波，并且与负载阻抗角无关。而交流侧输出电压波形和相位则因负载阻抗情况的不同而不同。

（3）当交流侧为阻感负载时需要提供无功功率，直流侧电感起缓冲无功能量的作用。因为反馈无功能量时直流电流并不反向，因此不必像电压型逆变电路那样要给开关器件反并联二极管。

下面仍分单相逆变电路和三相逆变电路来分析。和分析电压型逆变电路有所不同，前面所列举的各种电压型逆变电路都采用全控型器件，换流方式为器件换流。采用半控型器件的电压型逆变电路已很少应用。而电流型逆变电路中，采用半控型器件的电路仍应用较多，就其换流方式而言，有的采用负载换流，有的采用强迫换流。因此，在学习下面的各种电流型逆变电路时，应对电路的换流方式予以充分的注意。

### 1. 单相电流型逆变电路

图 10-5-5 是一种单相桥式电流型逆变电路的原理图。电路由四个桥臂构成，每个桥臂的晶闸管各串联一个电抗器 $L_T$。用来限制晶闸管开通时的 $\mathrm{d}i/\mathrm{d}t$，各桥臂的之间不存在互感。

使桥臂 1、4 和桥臂 2、3 以 1 000～2 500 Hz 的中频轮流导通,就可以在负载上得到中频交流电。

　　该电路是采用负载换相方式工作的,要求负载电流略超前于负载电压,即负载略呈容性。实际负载一般是电磁感应线圈,用来加热置于线圈内的钢料。图 10-5-5 中 $R$ 和 $L$ 串联即为感应线圈的等效电路。因为功率因数很低,故并联补偿电容器 $C$。电容 $C$ 和 $R$、$L$ 构成并联谐振电路,故这种逆变电路也被称为并联谐振式逆变电路。

　　因为是电流型逆变电路,故其交流输出电流波形接近矩形波,如图 10-5-5b)所示。其中包含基波和各奇次谐波,且谐波幅值远小于基波。因基波频率接近负载电路谐振频率,故负载电路对基波呈现高阻抗,而对谐波呈现低阻抗,谐波在负载电路上产生的压降很小,因此负载电压的波形接近正弦波。

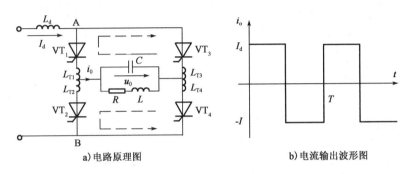

a) 电路原理图　　　　　　　　　　b) 电流输出波形图

图 10-5-5　单相电流型逆变电路

### 2. 三相桥式电流型逆变电路

　　图 10-5-6 所示的是典型电流型三相桥式逆变电路,这种电路的基本工作方式是 120°导电方式。即每个臂一周期内导电 120°,按到 VT$_6$ 的顺序每隔 60°依次导通。这样,每个时刻上桥臂组的三个臂和下桥臂组的三个臂都各有一个臂导通。换流时,是在上桥臂组或下桥臂组的组内依次换流,为横向换流。

　　输出电流波形和负载性质无关,是正负脉冲各 120°的矩形波,图 10-5-7 给出了逆变电路的三相输出交流电流波形及线电压 $u_{UV}$ 的波形。输出电流和三相桥整流带大电感负载时的交流电流波形相同。输出线电压波形和负载性质有关,大体为正弦波。图 10-5-7 中给出的波形大体为正弦波,但叠加了一些脉冲,这是由逆变器中的换流过程而产生的。

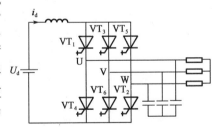

图 10-5-6　电流型三相桥式逆变电路

　　输出交流电流的基波有效值和直流电流的关系为

$$I_{U1} = \frac{\sqrt{6}}{\pi} I_d = 0.78 I_d \tag{10-5-7}$$

和电压型三相桥式逆变电路中求输出线电压有效值的式(10-5-5)相比,因两者波形形状相同,所以两个公式的系数相同。

　　随着全控型器件的不断进步,晶闸管逆变电路的应用已越来越少,但图 10-5-8 所示的串联二极管式晶闸管逆变电路仍应用较多。这种电路主要用于中大功率交流电动机调速系统。

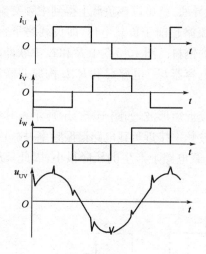

图 10-5-7　三相桥式电流型逆变电路输出波形

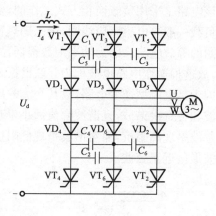

图 10-5-8　串联二极管式晶闸管逆变电路

这是一个电流型三相桥式逆变电路，因为各桥臂的晶闸管和二极管串联使用而得名。电路仍为前述的 120°导电工作方式，输出波形和图 10-5-7 的波形大体相同。各桥臂之间换流采用电容换流。

**习　　题**

**一、选择题**

1. 电力电子中的不可控器件是指____。

    A. 普通晶闸管　　　　　B. 门极可关断晶闸管　　　C. 二极管　　　　　D. 电力二极管

2. ____属于电力电子中的全控型器件。

    A. 普通晶闸管　　　　　B. 门极可关断晶闸管　　　C. 二极管　　　　　D. 电力二极管

3. ____属于电力电子中的半控型器件。

    A. 普通晶闸管　　　　　B. 门极可关断晶闸管　　　C. 二极管　　　　　D. 电力二极管

4. 晶闸管的门极在____时起作用。

    A. 晶闸管关断　　　　　　　　　　　　　　B. 晶闸管导通和关断

    C. 晶闸管导通　　　　　　　　　　　　　　D. 晶闸管导通或关断

5. 绝缘栅双极晶体管的三个极为____。

    A. 集电极、发射极、栅极　　　　　　　　　B. 集电极、发射极、基极

    C. 集电极、发射极、源极　　　　　　　　　D. 集电极、发射极、漏极

6. 三相全桥不可控整流电路中，共阴极接法的三个整流二极管每隔____换流一次。

    A. 60°　　　　　　　　　B. 90°　　　　　　　　　C. 120°　　　　　　　　D. 150°

7. 三相全桥可控整流电路中，电阻性负载的移相范围为____。

    A. 0°～60°　　　　　　　B. 0°～90°　　　　　　　C. 0°～120°　　　　　　D. 0°～150°

8. 已经导通的可控硅，欲使其关断，下列哪种方法不可取的是____。

    A. 断开阳极电路　　　　　　　　　　　　　B. 使阳极电流小于维持电流

C. 断开控制极电路　　　　　　　　　　　　　D. 阳极-阴极间加反向电压

9. 关于晶闸管的下列说法正确的是____。

　　A. 具有三端四层结构

　　B. 具有与二极管完全一致的单向导电性

　　C. 正常使用情况下,由关断转为导通充要条件是控制极与阳极间加正向电压或正向
　　　　脉冲

　　D. 正常使用情况下,由关断转为导通的充要条件是阳极与阴极间加正向脉冲

10. 可控硅导通的条件是____。

　　A. 阳极和阴极间加一定的反向电压,控制极和阴极间加一定的正向电压

　　B. 阳极和阴极间加一定的正向电压,控制极和阴极间加一定的正向电压

　　C. 阳极和阴极间加一定的正向电压,控制极和阴极间加一定的反向电压

　　D. 阳极和阴极间加一定的反向电压,控制极和阴极间加一定的反向电压

11. 三相半波可控整流电路,电阻性负载,当控制角 $\alpha$ 为____时,整流输出电压与电流波形断续。

　　A. $0°<\alpha\leqslant30°$　　　　　　　　　　　　B. $30°<\alpha\leqslant150°$

　　C. $60°<\alpha<180°$　　　　　　　　　　　　D. $90°<\alpha<180°$

12. 三相全控桥式整流电路在宽脉冲触发方式下一个周期内所需要的触发脉冲共有六个,它们在相位上依次相差____。

　　A. 60°　　　　　　B. 120°　　　　　　C. 90°　　　　　　D. 180°

13. 晶闸管门极触发信号刚从断态转入通态即移去触发信号,能维持通态所需要的最小阳极电流,称为____。

　　A. 维持电流　　　　B. 擎住电流　　　　C. 浪涌电流　　　　D. 额定电流

14. 在三相桥式不控整流电路中,整流输出电压的平均值为____。

　　A. $\dfrac{3\sqrt{6}}{\pi}U_2$ 或 $\approx2.34U_2$　　　　　　　　B. $\dfrac{3\sqrt{6}}{2\pi}U_2$ 或 $\approx1.17U_2$

　　C. $\dfrac{2\sqrt{6}}{\pi}U_2$ 或 $\approx1.56U_2$　　　　　　　　D. $\dfrac{\sqrt{6}}{\pi}U_2$ 或 $\approx0.78U_2$

15. 逆变电路是____。

　　A. AC/DC 变换器　　　　　　　　　　　　B. DC/AC 变换器

　　C. AC/AC 变换器　　　　　　　　　　　　D. DC/DC 变换器

**二、问答题**

1. 晶闸管和二极管有何相似之处?

2. 晶闸管的导通条件和关断条件是什么?

3. 晶闸管导通时,通过其上的电流由什么决定?

4. 为什么除去控制极电流不能使晶闸管截止?

5. 什么是晶闸管的维持电流? 指出晶闸管擎住电流与维持电流的关系。

# 第11章　门电路和组合逻辑电路

**基本要求：**

1. 熟练掌握与门、非门、或门、与非门等的逻辑符号和逻辑功能；

2. 了解 TTL 门电路的特点；

3. 会用逻辑代数的基本运算法则化简逻辑函数；

4. 掌握组合逻辑电路的分析和设计；

5. 了解加法器、编码、译码及译码显示电路的工作原理；

6. 学会集成芯片的使用。

前面几章讨论的是模拟电路，其中的电信号在时间和数值上是连续变化的模拟信号。从本章开始，我们开始讨论数字电路，其中的电信号在时间和数值上是不连续变化的脉冲信号，只有高、低电平两种状态，常用数字 0 和 1 来表示。如今，数字电路技术已广泛应用于计算机、自动化装置、交通、电信等几乎所有的生产生活领域。本章主要介绍数字电路中基本的门电路、逻辑代数及化简、组合逻辑电路的分析和设计及具体应用。

## 11.1　数字电路基础

### 一、数制及转换

#### 1. 数制

把多位数中的每一位的构成方法以及从低位到高位的进位规则称为数制。在日常生活中，人们习惯用十进制，但在数字电路中，为了把电路的两个状态（"1"态和"0"态）和数码对应起来，多采用二进制，也常采用八进制和十六进制。

（1）十进制（Decimal）

十进制使用的是 $0 \sim 9$ 十个数码，计数的基数是 10，进位规则是逢十进一。任意一个十进制数 $R$ 可按"权"展开为

$$R = \sum b_i \times 10^i$$

式中：$b_i$——第 $i$ 位的数码（$0 \sim 9$ 中的任意一个）；

$10^i$——第 $i$ 位的权。

注意：小数点的前一位为第 0 位，即 $i=0$。

如：$102.35 = 1 \times 10^2 + 0 \times 10^1 + 2 \times 10^0 + 3 \times 10^{-1} + 5 \times 10^{-2}$

任意一个十进制数例如 312.25，可以书写成 312.25、$(312.25)_{10}$ 或 $(312.25)_D$ 形式。

（2）二进制（Binary）

二进制仅使用 0、1 两个数码，计数的基数是 2，进位规则是逢二进一。任意一个二进制数 $R$ 可按"权"展开为

$$R = \sum b_i \times 2^i$$

式中：$b_i$——第 $i$ 位的数码（0 或 1）。

如：$(1010.11)_2 = 1\times2^3 + 0\times2^2 + 1\times2^1 + 0\times2^0 + 1\times2^{-1} + 1\times2^{-2}$

（3）十六进制（Hexadecimal）

十六进制使用 0~9、A~F 16 个数码，计数的基数是 16，进位规则是逢十六进一，任意一个二进制数 $R$ 可按"权"展开为

$$R = \sum b_i \times 16^i$$

如：$(2F.8)_H = 2\times16^1 + F\times16^0 + 8\times16^{-1}$

为了便于对照，将常用的几种数制之间的关系列于表 11-1-1 中。

二进制数、十进制数和十六进制数的关系表　　　　　表 11-1-1

| 十进制 | 二进制 | 十六进制 | 十进制 | 二进制 | 十六进制 |
|---|---|---|---|---|---|
| 0 | 0 | 0 | 8 | 1 000 | 8 |
| 1 | 1 | 1 | 9 | 1 001 | 9 |
| 2 | 10 | 2 | 10 | 1 010 | A |
| 3 | 011 | 3 | 11 | 1 011 | B |
| 4 | 100 | 4 | 12 | 1 100 | C |
| 5 | 101 | 5 | 13 | 1 101 | D |
| 6 | 100 | 6 | 14 | 1 110 | E |
| 7 | 111 | 7 | 15 | 1 111 | F |

**2. 数制之间的转换**

（1）二进制转换成十进制

**【例 11-1-1】** 将二进制数 10 011.101 转换成十进制数。

**【解】** 将每一位二进制数乘以位权，然后相加，可得

$(10011.101)_B = 1\times2^4 + 0\times2^3 + 0\times2^2 + 1\times2^1 + 1\times2^0 + 1\times2^{-1} + 0\times2^{-2} + 1\times2^{-3}$
$= (19.625)_D$

（2）十进制转换成二进制：可用"除 2 取余"法将十进制的整数部分转换成二进制。

**【例 11-1-2】** 将十进制数 23 转换成二进制数。

**【解】** 根据"除 2 取余"法的原理，按如下步骤转换：

则$(23)_D=(10111)_B$

可用"乘2取整"的方法将任何十进制数的纯小数部分转换成二进制数。

【例 11-1-3】 将十进制数$(0.562)_D$转换成误差$\varepsilon$不大于$2^{-6}$的进制数。

【解】 用"乘2取整"法,按如下步骤转换

取整

$0.562\times2=1.124\cdots\cdots1\cdots\cdots b_{-1}$

$0.124\times2=0.248\cdots\cdots0\cdots\cdots b_{-2}$

$0.248\times2=0.496\cdots\cdots0\cdots\cdots b_{-3}$

$0.496\times2=0.992\cdots\cdots0\cdots\cdots b_{-4}$

$0.992\times2=1.984\cdots\cdots1\cdots\cdots b_{-5}$

由于最后的小数$0.984>0.5$,根据"四舍五入"的原则,$b_{-6}$应为1。因此

$$(0.562)_D=(0.100011)_B$$

其误差$\varepsilon<2^{-6}$。

(3)二进制转换成十六进制

由于十六进制基数为16,而$16=2^4$,因此,4位二进制数就相当于1位十六进制数。因此,可用"4位分组"法将二进制数化为十六进制数。

【例 11-1-4】 将二进制数 1001101.100111 转换成十六进制数。

【解】 $(1001101.100111)_B=(0100\ 1101.1001\ 1100)_B=(4D.9C)_H$

同理,若将二进制数转换为八进制数 ,可将二进制数分为3位一组,再将每组的3位二进制数转换成一位八进制即可。

(4)十六进制转换成二进制

由于每位十六进制数对应于4位二进制数,因此,十六进制数转换成二进制数,只要将每一位变成4位二进制数,按位的高低依次排列即可。

【例 11-1-5】 将十六进制数 6E.3A5 转换成二进制数。

【解】 $(6E.3A5)_H=(110\ 1110.0011\ 1010\ 0101)_B$

同理,若将八进制数转换为二进制数 ,只须将每一位变成3位二进制数,按位的高低依次排列即可。

(5)十六进制转换成十进制

可由"按权相加"法将十六进制数转换为十进制数。

【例 11-1-6】 将十六进制数 7A.58 转换成十进制数。

【解】 $(7A.58)_H=7\times16^1+10\times16^0+5\times16^{-1}+8\times16^{-2}$

$\qquad\qquad=(122.34375)_D$

## 二、脉冲信号

数字信号只有两个离散值,常用数字0和1来表示,注意,这里的0和1没有大小之分,只代表两种对立的状态,称为逻辑0和逻辑1。数字电路中处理的信号是脉冲信号(Pulse Signal)。脉冲信号是一种跃变信号,通常是指作用时间很短,可以是短到几个微秒甚至几个纳秒

$(10^{-9} s)$的突变电压或电流信号。图 11-1-1 是常见的矩形波和尖顶波。从图 11-1-1a)中看到,该脉冲信号有如下特点:

(1)信号只有两个电压值 5V 和 0V。我们可以用 5V 来表示逻辑 1,用 0V 来表示逻辑 0;当然也可以用 0V 来表示逻辑 1,用 5V 来表示逻辑 0。因此这两个电压值又常被称为逻辑电平,5V 为高电平,0V 为低电平。

(2)信号从高电平变为低电平,或者从低电平变为高电平是一个突然变化的过程。

在分析数字电路时只要用"1"、"0"两个数码就可分别代表脉冲的有无两种状态,数字电路对脉冲信号的电压幅度值要求不严格,因而抗干扰能力较强,准确度较高。此外,脉冲信号还有正、负之分。如果脉冲跃变后的值比初始值高,则为正脉冲,如图 11-1-2a)所示;反之,为负脉冲,如图 11-1-2b)所示。

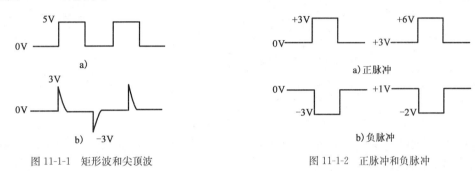

图 11-1-1　矩形波和尖顶波　　　　　　　图 11-1-2　正脉冲和负脉冲

### 三、正逻辑与负逻辑

如上所述,数字信号是用两个电平(高电平和低电平)分别来表示两个逻辑值(逻辑 1 和逻辑 0)。那么究竟是用哪个电平来表示哪个逻辑值呢?

两种逻辑体制:

(1)正逻辑(Positive Logic)体制规定:高电平为逻辑 1,低电平为逻辑 0。

(2)负逻辑(Negative Logic)体制规定:低电平为逻辑 1,高电平为逻辑 0。

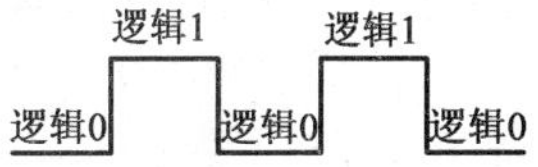

如果采用正逻辑,图 11-1-1a)所示的数字电压信号就成为如图 11-1-3所示逻辑信号。

图 11-1-3　逻辑信号

### 四、数字电路的特点

(1)数字电路(Digital Circuit)中处理的信号是脉冲信号,一般只有高低电平两种状态。往往用数字"1"、"0"表示高、低电平,易于用电路来实现,比如可用二极管、三极管的导通与截止这两个对立的状态来表示数字信号的逻辑 0 和逻辑 1。

(2)数字电路所研究的是电路输入输出之间的逻辑关系,它本质上是一个逻辑控制电路,故也称数字电路为数字逻辑电路。

(3)数字电路结构简单,便于集成化生产,工作可靠,精度较高。随着电子技术加工工艺的日益进步,尤其是计算机的日益普及,数字电路得到了越来越广泛的应用。

## 11.2　二极管、晶体管的开关特性

与模拟电路不同,在数字电路中,二极管、晶体管和 MOS 管大多数是工作在饱和区和截止区,即开关状态,它们在脉冲信号的作用下,时而饱和,时而截止,相当于一个开关。研究它们的开关特性,就是具体分析导通和截止之间的转换条件和速度问题。

### 一、二极管的开关特性

(1)当二极管加上正向电压(大于其导通电压)时,二极管导通,相当于开关接通,如图 11-2-1 所示。

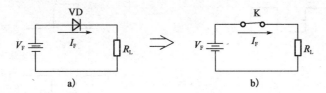

图 11-2-1　二极管加正向电压

(2)当二极管加上反向电压(小于其反向击穿电压)时,二极管截止,不计其反向漏电流则相当于开关断开,如图 11-2-2 所示。

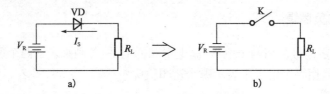

图 11-2-2　二极管加反向电压

所以二极管可以构成一个开关,由输入信号 $V_i$ 控制其开和关。

在实际使用中,要注意两个问题:一是二极管由导通到截止或由截止到导通需要一段时间,这段时间称为二极管的反向或正向恢复时间。一般电路可以不计反、正向恢复时间,但对通断频率高的开关电路,必须选用专门的开关二极管,它的反、正向恢复时间比较短。二是二极管正向导通时输出电压并不等于输入电压,而要下降一个正向导通电压值(锗管为 0.3V,硅管为 0.6V),当多个二极管组成开关电路时,这个正向导通压降有时不可忽略。

### 二、三极管的开关特性

三极管不仅有放大作用,而且还有开关作用。在数字电路中,三极管主要起开关作用,即工作在截止或饱和区。以图 11-2-3 晶体管开关电路为例,来讨论晶体管的开关特性。

(1)工作于截止区时,晶体管相当于一个被关断的开关。输入电流 $I_B=0$ 时的输出特性曲线与 $U_{CE}$ 轴之间的区域为截止区(见第 6 章图 6-3-5)。$I_B=0$ 时,$I_C=I_{CEO}\approx0$;$U_{CE}=U_{CC}$,晶体管的 C 极与 E 极相当于被关断的开关,如图 11-2-4b)所示。

(2)工作于饱和区时,晶体管相当于一个被接通的开关。

输出特性曲线簇位于临界饱和线左边的区域称为饱和区（见第 6 章图 6-3-5）。在饱和区 $I_C$ 不受 $I_B$ 的控制。$I_B > \dfrac{I_{CS}}{\beta}$，$I_{CS} = \dfrac{U_{CC} - U_{CES}}{R_C} \approx \dfrac{U_{CC}}{R_C}$，$U_{CE} = U_{CES} = 0.3\text{V} \approx 0\text{V}$。晶体管的 C 极与 E 极相当于被接通的开关，如图 11-2-4a) 所示。

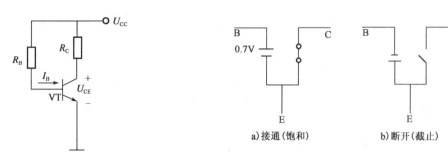

图 11-2-3　晶体管开关电路

图 11-2-4　晶体管开关电路的等效电路

# 11.3　逻 辑 代 数

逻辑代数又称布尔代数，是研究数字逻辑电路的基本工具。和普通代数一样也用大写字母表示变量，但变量的取值只有 1 和 0 两种。这里的 1 和 0 并不表示具体的数量大小，而是表示两种相互对立的逻辑关系。例如电平的高低，电灯的亮灭，电动机的起动与停止等。

**一、基本逻辑运算**

逻辑代数的基本运算有与、或、非三种。

1. 与运算

"与"逻辑关系是指当决定某事件的条件全部具备时，该事件才发生。比如两个串联的开关控制一盏灯，两个开关闭合是条件，灯亮是结果。只有两个开关都闭合灯才会亮，只有一个开关闭合，灯不亮，这种逻辑关系即为与逻辑关系。如图 11-3-1 所示是与逻辑关系的示意图。

若以 $A$、$B$ 为 "0" 表示开关断开，为 "1" 表示开关闭合。$Y$ 为 "0" 表示灯灭，为 "1" 表示灯亮，则可以列出以 1 和 0 表示的开关状态（输入量）与结果状态（输出量）之间的逻辑关系表，见表 11-3-1（状态表或真值表）。

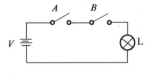

图 11-3-1　与逻辑关系

| 与逻辑关系真值表 | | | | | 表 11-3-1 |
|---|---|---|---|---|---|
| $A$ | $B$ | $Y$ | $A$ | $B$ | $Y$ |
| 0 | 0 | 0 | 1 | 0 | 0 |
| 0 | 1 | 0 | 1 | 1 | 1 |

由表 11-3-1 可以得出与逻辑关系为：有 0 出 0，全 1 出 1。输入变量 $A$、$B$ 与输出变量 $Y$ 之间的关系满足逻辑乘的运算规律，可以用下式表示

$$Y = A \cdot B$$

## 2.或运算

"或"逻辑关系是指当决定某事件的条件之一具备时,该事件就发生。如两个并联的开关控制一盏灯,只要一个开关闭合,灯就会亮,只有两个开关都断开,灯才不亮,如图 11-3-2 所示是或逻辑关系的示意图。

按照同与逻辑相同的方法列出或逻辑真值表,见表 11-3-2。由表 11-3-2 可知或逻辑功能为有 1 出 1,全 0 出 0。或逻辑关系可用下式表示

$$Y = A + B$$

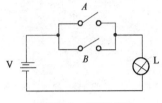

图 11-3-2　或逻辑关系

**或逻辑关系真值表**　　表 11-3-2

| $A$ | $B$ | $Y$ |
| --- | --- | --- |
| 0 | 0 | 0 |
| 0 | 1 | 1 |
| 1 | 0 | 1 |
| 1 | 1 | 1 |

## 3.非运算

"非"逻辑关系是否定或相反的意思。用一个开关和灯并联,用开关控制灯的亮灭便是这种因果关系。即闭合开关,灯不亮;断开开关灯亮,这里反映的是一种非逻辑关系,如图 11-3-3 所示是非逻辑关系的示意图。

若以 1 和 0 表示开关闭合、断开及灯亮、灭,则可列出非逻辑真值表,见表 11-3-3。由非逻辑真值表可得出非逻辑关系为:有 1 出 0,有 0 出 1。非逻辑关系可用下式表示

$$Y = \overline{A}$$

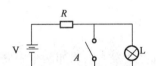

图 11-3-3　非逻辑关系

**非逻辑关系真值表**　　表 11-3-3

| $A$ | $Y$ |
| --- | --- |
| 0 | 1 |
| 1 | 0 |

## 二、逻辑代数的运算法则

根据上述三种基本逻辑运算可以推导出逻辑运算的一些法则,具体如下:

### 1.基本运算法则

(1)$0 \cdot A = 0$

(2)$1 \cdot A = A$

(3)$A \cdot A = A$

(4)$A \cdot \overline{A} = 0$

(5)$0 + A = A$

(6)$1 + A = 1$

(7)$A + A = A$

(8)$A + \overline{A} = 1$

(9) $\overline{\overline{A}}=A$

### 2.基本代数规律

(1)交换律

$A \cdot B = B \cdot A$

$A + B = B + A$

(2)结合律

$ABC = (AB)C = A(BC)$

$A + B + C = A + (B + C) = (A + B) + C$

(3)分配律

$A(B + C) = AB + AC$

$A + BC = (A + B)(A + C)$

【证】$(A + B)(A + C) = AA + AB + AC + BC$

$$= A + A(B + C) + BC$$

$$= A[1 + (B + C)] + BC = A + BC$$

(4)吸收律

$A + \overline{A}B = A + B$

(5)反演律(摩根定理)

$$\overline{AB} = \overline{A} + \overline{B}$$

【证】

| $A$ | $B$ | $\overline{A}$ | $\overline{B}$ | $\overline{AB}$ | $\overline{A} + \overline{B}$ |
|---|---|---|---|---|---|
| 0 | 0 | 1 | 1 | 1 | 1 |
| 1 | 0 | 0 | 1 | 1 | 1 |
| 0 | 1 | 1 | 0 | 1 | 1 |
| 1 | 1 | 0 | 0 | 0 | 0 |

$$\overline{A + B} = \overline{A} \cdot \overline{B}$$

【证】

| $A$ | $B$ | $\overline{A}$ | $\overline{B}$ | $\overline{A + B}$ | $\overline{A} \cdot \overline{B}$ |
|---|---|---|---|---|---|
| 0 | 0 | 1 | 1 | 1 | 1 |
| 1 | 0 | 0 | 1 | 0 | 0 |
| 0 | 1 | 1 | 0 | 0 | 0 |
| 1 | 1 | 0 | 0 | 0 | 0 |

【例 11-3-1】　应用逻辑代数证明下面等式成立

$$ABC + \overline{A} + \overline{B} + \overline{C} = 1$$

【证】　$ABC + \overline{A} + \overline{B} + \overline{C} = ABC + \overline{ABC} = 1$；用反演律和基本运算法则证明。

### 三、逻辑函数的化简

描述逻辑关系的函数称为逻辑函数,前面讨论的与、或、非都是逻辑函数。逻辑函数的化

217

简,是分析和设计逻辑电路的基础,通常是将逻辑函数化成最简"与或"表达式,也就是说使表达式与项达到且每个与项中的变量数最少,例如 $Y=A+BC$ 就是最简"与或"表达式。常用的方法如下:

(1)并项法

**【例 11-3-2】** 化简 $Y=ABC+A\overline{B}C+A\overline{B}\,\overline{C}+AB\overline{C}$

$\qquad\qquad\quad =AC(B+\overline{B})+A\overline{C}(B+\overline{B})$

$\qquad\qquad\quad =AC+A\overline{C}=A$

(2)加项法

**【例 11-3-3】** 化简 $Y=AB\,C+\overline{A}BC+A\overline{B}C$

$\qquad\qquad\quad =ABC+\overline{A}BC+A\overline{B}C+ABC$

$\qquad\qquad\quad =BC+AC$

(3)吸收法

**【例 11-3-4】** 化简 $Y=A\overline{B}+AC+B\overline{C}$

$\qquad\qquad\quad =A(\overline{B}+C)+B\overline{C}$

$\qquad\qquad\quad =\overline{\overline{AB}\,\overline{C}}+B\overline{C}$

$\qquad\qquad\quad =A+B\overline{C}$

# 11.4  逻辑门电路

前面我们学习了与、或、非三种基本逻辑运算,每种运算关系都可以用逻辑符号来表示。而在工程中每一个逻辑符号都对应着一种电路,并通过集成工艺作成一种集成器件,称为集成逻辑门电路,逻辑符号仅是这些集成逻辑门电路的"黑匣子"。本节将逐步揭开这些"黑匣子"的奥秘,介绍集成逻辑门电路的类型、工作原理、逻辑功能及外部特性,同时对内部结构也作一简要介绍。对于初学者来说,从分立元件的角度来认识门电路,有助于学习和掌握门电路。

## 一、分立元件门电路

能够实现逻辑运算的电路称为逻辑门电路,简称门电路(Gate Circuit),即开关元件(二极管、晶体管)经过适当组合并可实现一定逻辑关系的电路。在用电路实现逻辑运算时,用输入端的电压或电平表示自变量,用输出端的电压或电平表示因变量。

### 1.二极管"与"门电路

二极管"与"门电路如图 11-4-1a)所示。图中 $A$、$B$ 表示两个输入信号,$Y$ 表示输出信号。逻辑符号如图 11-4-1b)所示。

在输入 $A$、$B$ 中只要一个或一个以上为低电平,则相应的二极管必然导通,使输出 $Y$ 为低电平,只有所有输入同时为高电平时,输出 $Y$ 才是高电平。一般来说,高电平用"1"表示,低电平用"0"表示,表 11-4-1 就可转换为表 11-4-2 所示的"与"门真值表。所以 $Y$ 和 $A$、$B$ 是"与"逻辑关系,表达式为 $Y=A\cdot B$。

**2.二极管"或"门电路**

二极管"或"门电路和逻辑符号如图 11-4-2 所示。根据输入信号的不同,电路的 4 种工作情况见表 11-4-3。只要输入 $A$、$B$ 中有高电平,相应的二极管就会导通,输出 $Y$ 就是高电平;只有输入 $A$、$B$ 同时为低电平,$Y$ 才是低电平。所以 $Y$ 和 $A$、$B$ 是"或"逻辑关系,表达式为 $Y=A+B$。"或"门真值表见表 11-4-4。

<table>
<tr><td colspan="3">输入输出关系表　　表 11-4-1</td></tr>
<tr><td>$V_A(V)$</td><td>$V_B(V)$</td><td>$Y$</td></tr>
<tr><td>0</td><td>0</td><td>0</td></tr>
<tr><td>0</td><td>3</td><td>0</td></tr>
<tr><td>3</td><td>0</td><td>0</td></tr>
<tr><td>3</td><td>3</td><td>3</td></tr>
</table>

<table>
<tr><td colspan="3">"与"门电路真值表　　表 11-4-2</td></tr>
<tr><td>$A$</td><td>$B$</td><td>$Y$</td></tr>
<tr><td>0</td><td>0</td><td>0</td></tr>
<tr><td>0</td><td>1</td><td>0</td></tr>
<tr><td>1</td><td>0</td><td>0</td></tr>
<tr><td>1</td><td>1</td><td>1</td></tr>
</table>

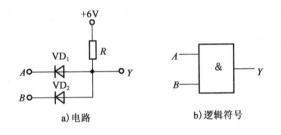

图 11-4-1　二极管"与"门

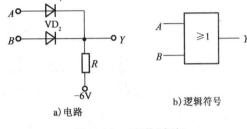

图 11-4-2　二极管"或"门

<table>
<tr><td colspan="3">输入输出关系表　　表 11-4-3</td></tr>
<tr><td>$V_A(V)$</td><td>$V_B(V)$</td><td>$Y$</td></tr>
<tr><td>0</td><td>0</td><td>0</td></tr>
<tr><td>0</td><td>3</td><td>3</td></tr>
<tr><td>3</td><td>0</td><td>3</td></tr>
<tr><td>3</td><td>3</td><td>3</td></tr>
</table>

<table>
<tr><td colspan="3">"或"门电路真值表　　表 11-4-4</td></tr>
<tr><td>$A$</td><td>$B$</td><td>$Y$</td></tr>
<tr><td>0</td><td>0</td><td>0</td></tr>
<tr><td>0</td><td>1</td><td>1</td></tr>
<tr><td>1</td><td>0</td><td>1</td></tr>
<tr><td>1</td><td>1</td><td>1</td></tr>
</table>

**3.三极管"非"门电路**

非门也叫反相器(Inverter),是门电路中最简单的一种,只有一个输入端。三极管"非"门电路图及逻辑符号图如图 11-4-3 所示。图中的 $-5V$ 作用是使三极管能可靠截止。

根据电路可以分析,当输入为高电平时,输出为低电平;当输入为低电平时,输出为高电平。假定三极管导通时其集电极输出电压为 0V,三极管截止时其集电极输出电压为 $+3V$,那么可得输入输出关系见表 11-4-5。所以 $Y$ 和 $A$ 是"非"逻辑关系,表达式为 $Y=\overline{A}$。"非"门电路真值表见表 11-4-6。

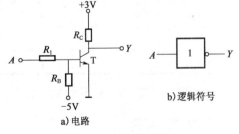

图 11-4-3　三极管"非"门

219

| 输入输出关系表 | | 表 11-4-5 |
| :---: | :---: | :---: |
| $A$ | | $Y$ |
| 0 | | 3 |
| 3 | | 0 |

| "非"门电路真值表 | | 表 11-4-6 |
| :---: | :---: | :---: |
| $A$ | | $Y$ |
| 0 | | 1 |
| 1 | | 0 |

#### 4.复合门电路

(1)晶体管"与非"门电路

把前面的二极管"与"门电路的输出端接至"非"门的输入端,就组成"与非"门电路。晶体管"与非"门电路及逻辑符号如图 11-4-4 所示,其真值表见表 11-4-7,二极管 VD 在晶体管截止时起钳位作用,保证此时输出端的电位为 3V 多一点儿,使输出、输入的"1"电平一致。"与非"门的逻辑关系是先"与"后"非",表达式为 $Y=\overline{AB}$。通过分析可以看出,"与非"门电路具有"有 0 出 1,全 1 出 0"的特点。

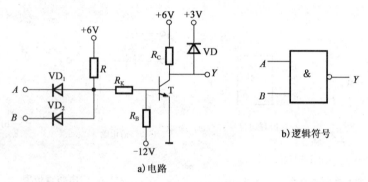

图 11-4-4 三极管"与非"门

(2)晶体管"或非"门电路

把前面的二极管"或"门电路的输出端接至"非"门的输入端,就组成"或非"门电路。晶体管"或非"门电路及逻辑符号如图 11-4-5 所示,其真值表见表 11-4-8。"或非"门的逻辑关系是先"或"后"非",表达式为 $Y=\overline{A+B}$。通过分析可以看出,"或非"门电路具有"有 1 出 0,全 0 出 1"的特点。

| "与非"门电路真值表 | | 表 11-4-7 |
| :---: | :---: | :---: |
| $A$ | $B$ | $Y$ |
| 0 | 0 | 1 |
| 0 | 1 | 1 |
| 1 | 0 | 1 |
| 1 | 1 | 0 |

| "或非"门电路真值表 | | 表 11-4-8 |
| :---: | :---: | :---: |
| $A$ | $B$ | $Y$ |
| 0 | 0 | 1 |
| 0 | 1 | 0 |
| 1 | 0 | 0 |
| 1 | 1 | 0 |

为了便于比较,将上述五种常用的逻辑式门电路列于表 11-4-9 中。

### 二、集成门电路

前面介绍了用分立元件构成的逻辑门电路。如果把这些电路中的全部元件和连线都制造在一块半导体材料的芯片上，再把这个芯片封装在一个壳体里，就构成了一个数字集成门电路。集成电路与分立元件电路相比，具有高可靠性和微型化等优点。

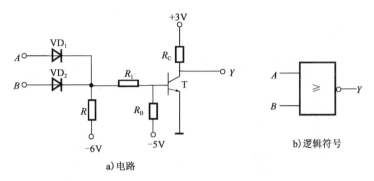

a) 电路

图 11-4-5　三极管"或非"门

**逻 辑 门 电 路**　　　　　　　　　　　　　　　　　　　　　表 11-4-9

| 逻 辑 门 | | 与 | 或 | 非 | 与 非 | 或 非 |
|---|---|---|---|---|---|---|
| 图形符号 | | $A$ —[&]— $Y$　$B$ | $A$ —[≥1]— $Y$　$B$ | $A$ —[1]○— $Y$ | $A$ —[&]○— $Y$　$B$ | $A$ —[≥1]○— $Y$　$B$ |
| 输入逻辑变量 | 逻辑式 | $Y=AB$ | $Y=A+B$ | $Y=\overline{A}$ | $Y=\overline{AB}$ | $Y=\overline{A+B}$ |
| $A$ | $B$ | $Y$ | $Y$ | $Y$ | $Y$ | $Y$ |
| 0 | 0 | 0 | 0 | 1 | 1 | 1 |
| 0 | 1 | 0 | 1 | 1 | 1 | 0 |
| 1 | 0 | 0 | 1 | 0 | 1 | 0 |
| 1 | 1 | 1 | 1 | 0 | 0 | 0 |

　　数字集成电路按其集成度可分为：小规模（在几平方毫米基片上有几个门或几十个元件）、中规模（每个基片上有几十个门或数百个元件）、大规模（每个基片上有数百个门或数千个元件）和超大规模（每个基片上有数万个门或几十万个元件）等数字集成电路。

　　集成电路按晶体管的性质可分为双极型和单极型两大类。双极型数字电路是由 PNP 或 NPN 晶体管组成的集成电路，输入和输出均由三极管来完成的逻辑电路，简称 TTL（Transistor-Transistor Logic）电路。这类电路的特点是速度快、阈值电压高、稳定性好、负载能力强，但工艺复杂；单极型数字电路是由金属-氧化物-半导体场效应管构成的集成电路，简称 MOS 电路。这类电路的特点是工艺简单，集成度高，输入阻抗高，功耗小，但速度低。

　　所有的集成 TTL 电路工作电压都是 5V，常用 TTL 集成门电路有 74 系列和 54 系列。54 系列为军品（工作温度范围 55℃～125℃）；74 系列为民品（工作温度范围 0℃～70℃），由美国 TI 公司最早开发，现已形成系列。其中最常用的 TTL 集成门电路的品种达数百种。74LS00（四二输入与非门）、74LS04（六反相器）、74LS06（六反相缓冲器/驱动器 OC，高压输出）、

74LS285(八总线收发器)等。下面主要介绍应用广泛的集成 TTL 与非门电路。

1. TTL 与非门电路(TTL And Gate)

图 11-4-6 是典型的 TTL"与非"门集成电路及其逻辑符号。

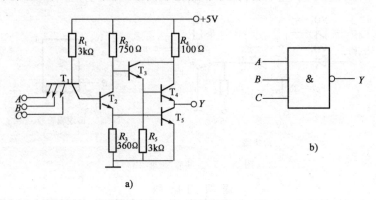

图 11-4-6    TTL"与非"门电路及其逻辑符号

该电路由三部分组成:第一部分是由多发射极晶体管 $T_1$、$R_1$ 构成的输入"与"逻辑;在分析电路时,可以等效为如图 11-4-7 所示的电路;第二部分是晶体管 $T_2$、$R_2$、$R_3$ 构成的反相放大器;第三部分是由晶体管 $T_3$、$T_4$、$T_5$ 构成的输出电路,用以提高输出的负载能力和抗干扰能力。

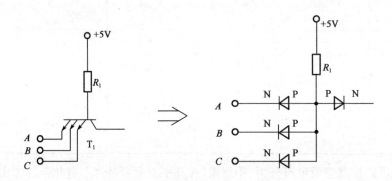

图 11-4-7    多发射极三极管等效电路

该电路的工作过程是这样的:

只要有一个输入为低电平(0V),$T_1$ 就饱和导通,$T_2$、$T_5$ 截止,$T_3$、$T_4$ 导通,输出 Y 是高电平($+3.6$V)。

如果输入全为高电平($+3.6$V),$T_2$、$T_5$ 饱和导通,$T_3$ 导通,$T_4$ 截止,输出 Y 是低电平(0.3V)。

可见,这是一个三输入的"与非"门电路,实现的是"与非"的逻辑功能。即

$$Y=\overline{ABC}$$

图 11-4-8 是两种集成 TTL"与非"门的外引线排列图。一片集成电路内的各个逻辑门互相独立,可以单独使用,但共用一根电源引线和一根地线。

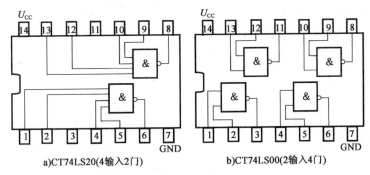

a)CT74LS20(4输入2门)　　　　　　b)CT74LS00(2输入4门)

图 11-4-8　TTL"与非"门外引线排列图

**2.三态输出"与非"门电路**

三态输出"与非"门电路与上述的"与非"门电路不同,它的输出端除出现高电平和低电平外,即"1"和"0"外,还可以出现第三种状态——高阻状态。

图 11-4-9 是 TTL 三态输出"与非"门集成电路及逻辑符号。它与图 11-4-6 比较,只多了二极管 VD,其中 $A$ 和 $B$ 是输入端,$E$ 是控制端或称使能端。

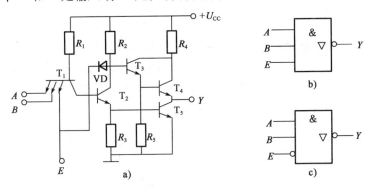

图 11-4-9　TTL 三态输出"与非"门电路及其图形符号

该电路的工作过程是这样的:

当控制端 $E=1$ 时,三态门的输出状态决定于输入端 $A$、$B$ 的状态,实现"与非"逻辑关系,即全"1"出"0",见"0"出"1"。此时电路处于工作状态。

当控制端 $E=0$(约为 0.3V)时,三极管 $T_2$、$T_4$、$T_5$ 均截止,因为这时与输出端相联的两个晶体管 $T_4$、$T_5$ 都截止(不管输入端 $A$、$B$ 处于什么状态),所以输出端开路处于高阻状态。

可见,这是一个三态输出的"与非"门电路,其符号如图 11-4-9b)所示。表 11-4-10 是三态输出"与非"门的逻辑状态表。

**三态输出与非门的逻辑状态表**　　　　　　　　　　　　　表 11-4-10

| 控 制 端 $E$ | 输 入 端 | | 输 出 端 $Y$ |
|---|---|---|---|
| | $A$ | $B$ | |
| 1 | 0 | 0 | 1 |
| | 0 | 1 | 1 |
| | 1 | 0 | 1 |
| | 1 | 1 | 0 |
| 0 | × | × | 高阻 |

注:×表示任意态

由于电路结构不同,也有当控制端为高电平时是高阻状态,而在低电平时电路处于工作状态。这时的逻辑符号如图 11-4-9c)所示。

三态门最重要的一个用途是可以实现用一根导线轮流传送几个不同的数据或控制信号,如图 11-4-10 和 11-4-11 所示,这根导线称为母线或总线。

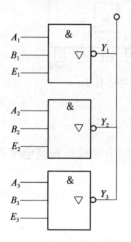

图 11-4-10  三态输出"与非"门的应用

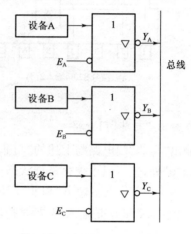

图 11-4-11  三态输出"非"门的应用

利用三态门还可以方便地实现双向信息的传输控制。如图 11-4-12 所示,其中有两个控制端。当 $E_{in}=1$ 且 $E_{out}=0$ 时,信号由 $B_1$ 到 $B_2$;当 $E_{out}=1$ 且 $E_{in}=0$ 时,信号由 $B_2$ 到 $B_1$;当 $E_{in}=0$ 且 $E_{out}=0$ 时,信号不传输呈高阻态。显然,$E_{in}$ 与 $E_{out}$ 不能同时为 1。双向控制的三态门电路使用较多,如图 11-4-13 即为其典型应用。

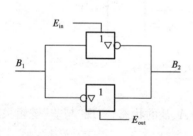

图 11-4-12  双向控制的三态"非"门图形符号

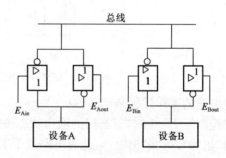

图 11-4-13  双向控制的三态"非"门的应用

### 3.集电极开路"与非"门电路

集电极开路"与非"门电路如图 11-4-14 所示,与前述普通 TTL"与非"门电路图 11-4-6 比较,少了 $T_3$ 和 $T_4$ 两个晶体管,并将输出管 $T_5$ 的集电极开路。工作时,$T_5$ 的集电极(即输出端)外接电源 $U_{CC}$ 和负载 $R_L$,作为 OC 门的有源负载。

在 OC 门的输出端可以直接接负载,如继电器、指示灯、发光二极管等,如图 11-4-15 所示(图中接有继电器线圈)。而普通 TTL"与非"门不允许直接驱动电压高于 5V 的负载,否则"与非"门将被损坏。

此外,可将几个 OC 门的输出端相连,而后接电源 $U$ 和负载 $R_L$,如图 11-4-16 所示。这样将三个输出信号 $Y_1$、$Y_2$、$Y_3$("1"或"0")再按"与"逻辑输出,实现了"线与"的功能。

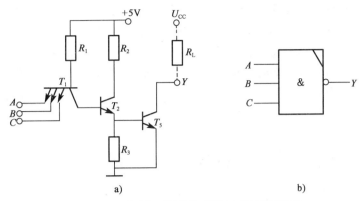

图 11-4-14　集电极开路的"与非"门电路及其图形符

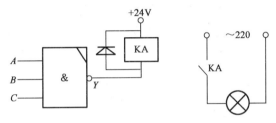

图 11-4-15　集电极开路"与非"门的输出端直接接继电器

**4. MOS 集成门电路**

MOS 集成门电路是以 MOS 管作为开关器件,并具有一定逻辑功能的集成电路。由于它具有功耗低,抗干扰能力强,工艺简单,因而在数字电路中得到广泛应用。MOS 集成门电路通常有 PMOS、NMOS 和 CMOC 三种门电路。其中 CMOS 门是目前使用最多的一种,它是将 PMOS 和 NMOS 管按互补对称的形式构成门电路。目前,常用的 CMOS 逻辑电路有 4000 系列,如 CD4001(四二输入或非门)、CD4069(六反相器)、CD40106(六施密特触发器)等。下面以 CMOS 与非门为例,介绍 CMOS 集成电路的工作情况。

图 11-4-17 是一个二输入的 CMOS"与非"门电路,即 $Y = \overline{AB}$。

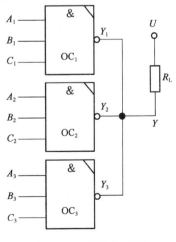

图 11-4-16　"线与"电路图

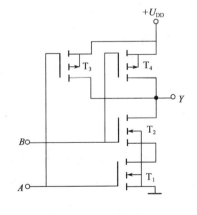

图 11-4-17　CMOS"与非"门电路

225

它是由两个 N 沟道增强型 MOS 管和两个并联的 P 沟道增强型 MOS 管组成。每个输入端都连接到一个 NMOS 管和一个 PMOS 管的栅极。从电路中不难看出,当输入端 $A$ 和 $B$ 中只要有一个为低电平时,就会使与它相连的 NMOS 管截止,PMOS 管导通,输出 $Y$ 为高电平。只有输入端 $A$ 和 $B$ 全为高电平时,才会使两个 PMOS 管全截止,两个 NMOS 管全导通,输出 $Y$ 为低电平。因此,电路实现的就是"与非"门的功能。对于有 $n$ 个输入端的与非门必须有 $n$ 个 NMOS 管串联,$n$ 个 PMOS 管并联。

# 11.5  组合逻辑电路的分析和设计

数字电路按其逻辑功能的特点不同可分为组合逻辑电路和时序逻辑电路两大类。在组合逻辑电路(Combinational Logic Circuit)中,任意时刻的输出信号仅取决于该时刻的输入信号,与信号作用前电路原来的状态无关,其框图如图 11-5-1 所示。组合逻辑电路的特点:由门电路组成;电路的输入与输出无反馈路径;电路中不包含记忆单元。

## 一、组合逻辑电路的分析

组合逻辑电路的分析步骤为

已知逻辑图→写逻辑表达式→运用逻辑代数化简或变换→列逻辑状态真值表→分析逻辑功能。

**【例 11-5-1】**  分析图 11-5-2 所示电路的逻辑功能。

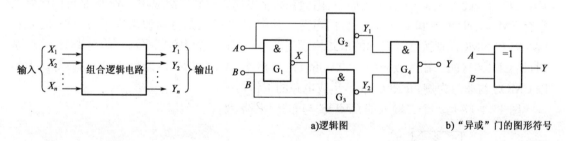

图 11-5-1  组合逻辑电路框图          a)逻辑图          b)"异或"门的图形符号

图 11-5-2  例 11-5-1 的图

**【解】**  由逻辑图写出逻辑表达式

从输入端出发,依次分析各个逻辑门的功能,写出最后输出 $Y$ 的逻辑表达式

$G_1$ 门:  $X = \overline{AB}$

$G_2$ 门:  $Y_1 = \overline{AX} = \overline{A\,\overline{AB}}$

$G_3$ 门:  $Y_2 = \overline{BX} = \overline{B\,\overline{AB}}$

$$Y = \overline{Y_1 Y_2} = \overline{\overline{A \cdot \overline{AB}} \cdot \overline{B \cdot \overline{AB}}} = A \cdot \overline{AB} + B \cdot \overline{AB}$$

$G_4$ 门:    $= A \cdot \overline{AB} + B \cdot \overline{AB} = A(\overline{A} + \overline{B}) + B(\overline{A} + \overline{B})$

$$= A\overline{A} + A\overline{B} + B\overline{A} + B\overline{B} = A\overline{B} + B\overline{A}$$

由逻辑式列出逻辑状态(真值)表,见表 11-5-1。

| | | | |
|---|---|---|---|
| **"异或"门逻辑状态表** | | | 表 11-5-1 |

| $A$ | $B$ | $Y$ |
|---|---|---|
| 0 | 0 | 0 |
| 0 | 1 | 1 |
| 1 | 0 | 1 |
| 1 | 1 | 0 |

可见,该电路的逻辑功能是:当 $A$、$B$ 相同时输出为0,$A$、$B$ 不同时输出为1,这种电路称为"异或"门。

逻辑式也可记作:$Y = A\overline{B} + B\overline{A} = A \oplus B$

【例 11-5-2】　某一组合逻辑电路如图 11-5-3 所示,试分析该电路的逻辑功能。

【解】　(1)由逻辑图写出逻辑式

$$Y = \overline{\overline{ABC} \cdot A + \overline{ABC} \cdot B + \overline{ABC} \cdot C}$$
$$= \overline{\overline{ABC}(A + B + C)}$$
$$= \overline{\overline{ABC}} + \overline{A + B + C}$$
$$= ABC + \overline{A}\,\overline{B}\,\overline{C}$$

(2)由逻辑式写出逻辑状态表,见表 11-5-2。

(3)分析逻辑功能

只当 $A$、$B$、$C$ 全为"0"或全为"1"时,输出 $Y$ 才为"1",否则为"0"。故该电路称为"判一致电路",可用于判断三个输入端的状态是否一致。

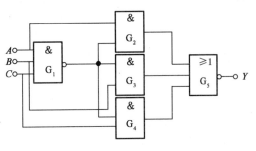

图 11-5-3　例 11-5-2 题图

| | | | |
|---|---|---|---|
| **例 11-5-2 的逻辑状态表** | | | 表 11-5-2 |

| $A$ | $B$ | $C$ | $Y$ |
|---|---|---|---|
| 0 | 0 | 0 | 1 |
| 0 | 0 | 1 | 0 |
| 0 | 1 | 0 | 0 |
| 0 | 1 | 1 | 0 |
| 1 | 0 | 0 | 0 |
| 1 | 0 | 1 | 0 |
| 1 | 1 | 0 | 0 |
| 1 | 1 | 1 | 1 |

## 二、组合逻辑电路的设计

在实际工作和生活中,还经常需要根据给定的实际逻辑要求,设计出能实现该要求的逻辑电路。有时不仅要求所设计的组合逻辑电路能正确的实现给定的逻辑功能,而且还要求尽可能的根据实际情况节省元器件。例如,尽量不选用多种类型的门电路,而用同一种类型的门电路。因为实际集成电路往往在一个芯片上设置了若干个同类的门电路。这样设计的电路才能简洁、美观、工作可靠。

组合逻辑电路设计的一般步骤是：

根据实际问题提出的逻辑功能要求→定义输入逻辑变量和输出逻辑变量的个数→列出逻辑状态表→根据逻辑状态表写出逻辑表达式→根据给定或自选的逻辑门电路化简逻辑表达式→画出逻辑图→测试电路的功能(若有条件)。

【例 11-5-3】 试设计一个三人表决电路,每人有一个电键开关,如果他赞成,就按电键,表示"1";如果他反对就不按键,表示"0"。表决结果用灯表示,多数赞成,则指示灯亮,反之则不亮。

【解】 分析:根据题意,有三人表决,所以输入逻辑变量就有三个,设为 $A$、$B$、$C$。输出量控制指示灯,用 $Y$ 表示。

列出逻辑状态表见表 11-5-3,在列表时,为防止遗漏,可按二进制计数方法列出。

例 11-5-3 的逻辑状态表

表 11-5-3

| $A$ | $B$ | $C$ | $Y$ |
|-----|-----|-----|-----|
| 0 | 0 | 0 | 0 |
| 0 | 0 | 1 | 0 |
| 0 | 1 | 0 | 0 |
| 0 | 1 | 1 | 1 |
| 1 | 0 | 0 | 0 |
| 1 | 0 | 1 | 1 |
| 1 | 1 | 0 | 1 |
| 1 | 1 | 1 | 1 |

由逻辑状态表可知,表决情况有八种组合,只有四种组合使 $Y=1$。

根据逻辑状态表写出逻辑表达式:

取 $Y=1$(或 $Y=0$)列逻辑表达式

$$Y=\overline{A}BC+A\overline{B}C+AB\overline{C}+ABC$$

变换和化简逻辑式

$$Y=\overline{A}BC+A\overline{B}C+AB\overline{C}+ABC+ABC+ABC$$
$$=AB(C+\overline{C})+BC(A+\overline{A})+AC(B+\overline{B})$$
$$=AB+BC+AC$$
$$=AB+C(A+B)$$

如果按此表达式构成电路图,需要三个 2 输入的"与"门和一个 3 输入的"或"门。或者需要两个 2 输入的"与"门和两个 2 输入的"或"门,如图 11-5-4a)、b)所示。

如果全部用"与非"门构成此电路,则

$$Y=\overline{\overline{AB}+\overline{BC}+\overline{AC}}$$
$$=\overline{\overline{AB}\cdot\overline{BC}\cdot\overline{AC}}$$

电路如图 11-5-5 所示,可用一片 74LS00(2 输入 4"与非"门)和一片 74LS11(3 输入 3"与非"门)构成此电路。

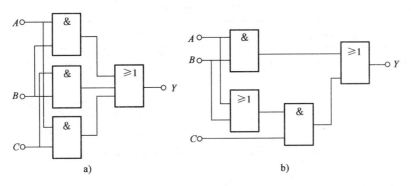

图 11-5-4 例 11-5-3 题图

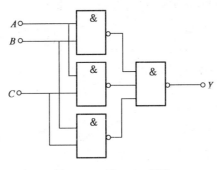

图 11-5-5 例 11-5-3 题图

# 11.6 加 法 器

数字电路中能进行算术运算的电路很多,数字计算机的加减乘除运算都被转化为加法运算实现,因此加法运算电路是中央处理器最基本的运算单元,它能完成 2 个二进制数相加,这里重点介绍加法电路。

### 一、半加器

如果不考虑来自低位的进位将 2 个 1 位的二进制数相加称为"半加",实现半加运算的电路称为半加器(Half Adder)。

设有两个 1 位二进制数 $A$ 和 $B$ 相加,根据二进制数加法的运算法则,可以列出半加器的逻辑状态表如表 11-6-1 所示。表中 $A$ 和 $B$ 分别表示被加数和加数输入,$S$ 为半加和数,$C$ 是进位数。由逻辑状态表可写出输入输出之间的逻辑关系式:

$$S = A\overline{B} + \overline{A}B = A \oplus B$$

$$C = AB = \overline{\overline{AB}}$$

可见,用一个"异或"门和一个"与"门就可组成半加器,如图 11-6-1a)所示。半加器的逻辑符号如图 11-6-1b)所示。

半加器逻辑状态表 表 11-6-1

| A | B | C | S |
|---|---|---|---|
| 0 | 0 | 0 | 0 |
| 0 | 1 | 0 | 1 |
| 1 | 0 | 0 | 1 |
| 1 | 1 | 1 | 0 |

## 二、全加器

在多位数相加时,除最低位外,其他各位都需要考虑低位的进位。因此,要考虑低位来的进位的加法称为全加。对某一位而言,实际上是 3 个 1 位二进制数相加,实现全加运算的电路称为全加器(Full Adder)。

根据 3 个输入数及二进制数的加法运算法则,可以列出全加器的逻辑状态表见表 11-6-2。

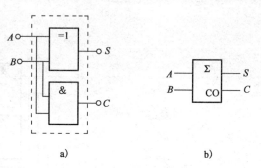

图 11-6-1  半加器逻辑图及其符号

表中 $A_i$ 和 $B_i$ 表示两个加数,$C_{i-1}$ 表示来自邻低位的进位。这三个数相加,$S_i$ 为本位和输出,$C_i$ 为向相邻高位的进位。

全加器逻辑状态表 表 11-6-2

| $A_i$ | $B_i$ | $C_{i-1}$ | $C_i$ | $S_i$ |
|---|---|---|---|---|
| 0 | 0 | 0 | 0 | 0 |
| 0 | 0 | 1 | 0 | 1 |
| 0 | 1 | 0 | 0 | 1 |
| 0 | 1 | 1 | 1 | 0 |
| 1 | 0 | 0 | 0 | 1 |
| 1 | 0 | 1 | 1 | 0 |
| 1 | 1 | 0 | 1 | 0 |
| 1 | 1 | 1 | 1 | 1 |

由逻辑状态表可写出输入输出之间的逻辑关系式并化简:

$$S_i = \overline{A_i}\,\overline{B_i}C_{i-1} + \overline{A_i}B_i\overline{C_{i-1}} + A_i\overline{B_i}\,\overline{C_{i-1}} + A_iB_iC_{i-1} = A_i \oplus B_i \oplus C_{i-1}$$

$$C_i = \overline{A_i}B_iC_{i-1} + A_i\overline{B_i}C_{i-1} + A_iB_i\overline{C_{i-1}} + A_iB_iC_{i-1} = (A_i \oplus B_i) \cdot C_{i-1} + A_iB_i$$

全加器可用两个半加器和一个"或"门组成,如图 11-6-2a)所示。全加器也是一种组合逻辑电路,其逻辑符号如图 11-6-2b)所示。图 11-6-3 是集成双全加器 74LS183 的管脚图。

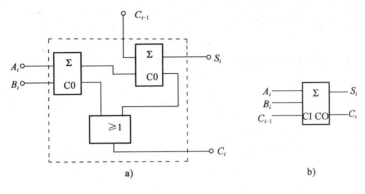

图 11-6-2　全加器逻辑图及其符号

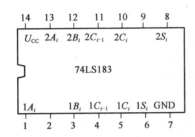

图 11-6-3　集成双全加器 74LS183 管脚图

# 11.7　编　码　器

编码是将字母、数字、符号等信息编成一组二进制代码。用来实现编码功能的电路,称为编码器(Encoder)。常见的编码器有二进制编码器、二-十进制编码器、优先编码器等。无论何种编码器,一般都具有 $N$ 个输入端(编码对象),$n$ 个输出端,其关系应满足

$$2^n \geqslant N$$

## 一、二进制编码器

由于一位二进制代码只可依表示 1 和 0 这两种不同的输入信号,两位二进制代码可以表示 00、01、10、11 四种不同的输入信号。依次类推,$n$ 位二进制代码可以表示 $2^n$ 个信息。用 $n$ 位二进制代码对 $2^n$ 个信号进行编码的电路称为二进制编码器。

例如,要把 $I_0$、$I_1$、$I_2$、$I_3$、$I_4$、$I_5$、$I_6$、$I_7$ 八个输入信号编成对应的二进制代码输出,其编码过程如下:

1. 确定二进制代码的位数

因为输入有八个信号,要求输出有八种状态,所以输出的是三位($2^n = 8, n = 3$)二进制代码。

2. 列编码表(逻辑状态表)

编码表是由待编码的八个信号和对应的二进制代码列成的表格,这种对应关系是人为的。

用三位二进制代码表示八个信号的方案很多,表 11-7-1 所列的是其中一种,每种方案都应有一定的规律性,便于记忆。这里是按二进制的计数方式排列的。

编 码 表 表 11-7-1

| 输  入 | 输  出 | | |
|---|---|---|---|
| | $Y_2$ | $Y_1$ | $Y_0$ |
| $I_0$ | 0 | 0 | 0 |
| $I_1$ | 0 | 0 | 1 |
| $I_2$ | 0 | 1 | 0 |
| $I_3$ | 0 | 1 | 1 |
| $I_4$ | 1 | 0 | 0 |
| $I_5$ | 1 | 0 | 1 |
| $I_6$ | 1 | 1 | 0 |
| $I_7$ | 1 | 1 | 1 |

3. 由编码表写出各个输出量的逻辑表达式

$$Y_2 = I_4 + I_5 + I_6 + I_7 = \overline{\overline{I_4 + I_5 + I_6 + I_7}} = \overline{\overline{I_4} \cdot \overline{I_5} \cdot \overline{I_6} \cdot \overline{I_7}}$$

$$Y_1 = I_2 + I_3 + I_6 + I_7 = \overline{\overline{I_2 + I_3 + I_6 + I_7}} = \overline{\overline{I_2} \cdot \overline{I_3} \cdot \overline{I_6} \cdot \overline{I_7}}$$

$$Y_0 = I_1 + I_3 + I_5 + I_7 = \overline{\overline{I_1 + I_3 + I_5 + I_7}} = \overline{\overline{I_1} \cdot \overline{I_3} \cdot \overline{I_5} \cdot \overline{I_7}}$$

4. 由逻辑表达式画出逻辑电路图

逻辑图如图 11-7-1 所示。此编码器常称为 8 线－3 线编码器。

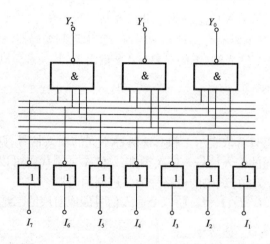

图 11-7-1  三位二进制编码器的逻辑图

## 二、二-十进制编码器

二-十进制编码器是将十进制的十个数码 0,1,2,3,4,5,6,7,8,9 编成二进制代码的电路。电路输入的是 0~9 十个数码,输出的是对应的二进制代码。这种二-十进制编码器又称 BCD

(Binary Coded Decimal)码编码器。计算机的键盘输入逻辑电路就是由二-十进制编码器组成。

图 11-7-2 所示电路是用 10 个按键和门电路构成的 8421BCD 码编码器,其逻辑状态表见表 11-7-2。$S_0 \sim S_9$ 代表输入的十个十进制数符号 0~9,输入为低电平有效,即某一按键按下,对应的输入信号为 0。输出对应的 8421 码,为 4 位码,所以有 4 个输出端 $A$、$B$、$C$、$D$。例如当按键 $S_2$ 按下时,输出 $ABCD=0010$,即 2 的 8421BCD 码;当按键 $S_6$ 按下时,输出 $ABCD=0110$,即 6 的 8421BCD 码。

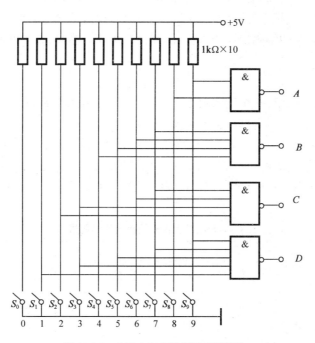

图 11-7-2　十键 8421 码编码器的逻辑图

**键控 8421BCD 码编码器真值表**　　　　表 11-7-2

| 输　　入 | | | | | | | | | | 输　　出 | | | |
|---|---|---|---|---|---|---|---|---|---|---|---|---|---|
| $S_9$ | $S_8$ | $S_7$ | $S_6$ | $S_5$ | $S_4$ | $S_3$ | $S_2$ | $S_1$ | $S_0$ | $A$ | $B$ | $C$ | $D$ |
| 1 | 1 | 1 | 1 | 1 | 1 | 1 | 1 | 1 | 1 | 0 | 0 | 0 | 0 |
| 1 | 1 | 1 | 1 | 1 | 1 | 1 | 1 | 1 | 0 | 0 | 0 | 0 | 0 |
| 1 | 1 | 1 | 1 | 1 | 1 | 1 | 1 | 0 | 1 | 0 | 0 | 0 | 1 |
| 1 | 1 | 1 | 1 | 1 | 1 | 1 | 0 | 1 | 1 | 0 | 0 | 1 | 0 |
| 1 | 1 | 1 | 1 | 1 | 1 | 0 | 1 | 1 | 1 | 0 | 0 | 1 | 1 |
| 1 | 1 | 1 | 1 | 1 | 0 | 1 | 1 | 1 | 1 | 0 | 1 | 0 | 0 |
| 1 | 1 | 1 | 1 | 0 | 1 | 1 | 1 | 1 | 1 | 0 | 1 | 0 | 1 |
| 1 | 1 | 1 | 0 | 1 | 1 | 1 | 1 | 1 | 1 | 0 | 1 | 1 | 0 |
| 1 | 1 | 0 | 1 | 1 | 1 | 1 | 1 | 1 | 1 | 0 | 1 | 1 | 1 |
| 1 | 0 | 1 | 1 | 1 | 1 | 1 | 1 | 1 | 1 | 1 | 0 | 0 | 0 |
| 0 | 1 | 1 | 1 | 1 | 1 | 1 | 1 | 1 | 1 | 1 | 0 | 0 | 1 |

由真值表写出各输出的逻辑表达式为

$$A = \overline{S_8} + \overline{S_9} = \overline{S_8 S_9}$$

$$B = \overline{S_4} + \overline{S_5} + \overline{S_6} + \overline{S_7} = \overline{S_4 S_5 S_6 S_7}$$

$$C = \overline{S_2} + \overline{S_3} + \overline{S_6} + \overline{S_7} = \overline{S_2 S_3 S_6 S_7}$$

$$D = \overline{S_1} + \overline{S_3} + \overline{S_5} + \overline{S_7} + \overline{S_9} = \overline{S_1 S_3 S_5 S_7 S_9}$$

需要注意的是,上述编码器(普通编码器)的特点:不允许两个或两个以上的输入同时要求编码,即输入要求是相互排斥的,在对一个输入进行编码时,不允许其他输入提出要求,因而使用收到限制。计算器中的编码器属于这类,因此在使用计算器时,不允许同时键入两个量。

### 三、优先编码器

上述编码器每次只允许一个输入端上有信号,而实际应用中常常出现多个输入端上同时有信号的情况。例如计算机有许多输入设备,可能多台设备同时向主机发出中断请求,要求输入数据。这就要求主机能自动识别这些请求信号的优先级别,按次序进行编码。这里就需要优先编码器。优先编码器允许同时输入数个编码信号,而电路只对其中优先级别最高的信号进行编码。CT74LS147 型 10/4 线优先编码器用得较多,表 11-7-3 为其编码表,图 11-7-3 为其引脚图。

**CT74LS147 型优先编码器的编码表** 表 11-7-3

| 输　　入 | | | | | | | | | 输　　出 | | | |
|---|---|---|---|---|---|---|---|---|---|---|---|---|
| $\overline{I_9}$ | $\overline{I_8}$ | $\overline{I_7}$ | $\overline{I_6}$ | $\overline{I_5}$ | $\overline{I_4}$ | $\overline{I_3}$ | $\overline{I_2}$ | $\overline{I_1}$ | $\overline{Y_3}$ | $\overline{Y_2}$ | $\overline{Y_1}$ | $\overline{Y_0}$ |
| 0 | × | × | × | × | × | × | × | × | 0 | 1 | 0 | 1 |
| 1 | 0 | × | × | × | × | × | × | × | 0 | 1 | 1 | 1 |
| 1 | 1 | 0 | × | × | × | × | × | × | 1 | 0 | 0 | 0 |
| 1 | 1 | 1 | 0 | × | × | × | × | × | 1 | 0 | 0 | 1 |
| 1 | 1 | 1 | 1 | 0 | × | × | × | × | 1 | 0 | 1 | 0 |
| 1 | 1 | 1 | 1 | 1 | 0 | × | × | × | 1 | 0 | 1 | 1 |
| 1 | 1 | 1 | 1 | 1 | 1 | 0 | × | × | 1 | 1 | 0 | 0 |
| 1 | 1 | 1 | 1 | 1 | 1 | 1 | 0 | × | 1 | 1 | 0 | 1 |
| 1 | 1 | 1 | 1 | 1 | 1 | 1 | 1 | 0 | 1 | 1 | 1 | 0 |
| 1 | 1 | 1 | 1 | 1 | 1 | 1 | 1 | 1 | | | | |

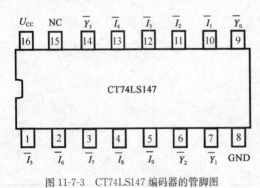

图 11-7-3　CT74LS147 编码器的管脚图

74LS147 优先编码器有 9 个输入端和 4 个输出端,输入端和输出端都是低电平有效。某个输入端为 0,代表此输入端有输入信号。4 个输出端输出 0～9 十个十进制数码对应的 8421 BCD 编码的反码。$\overline{I_9}$ 优先级最高,$\overline{I_8}$ 次之,其余依次类推,$\overline{I_0}$ 的级别最低。当 $\overline{I_9}=0$ 时,其余输入端不论是 0 还是 1(表中,×表示任意态),电路只对 $\overline{I_9}$ 进行编码,输出为 0110(原码为 1001)。当 $\overline{I_9}=1,\overline{I_8}=0$ 时,无论其他输入端为何值,输出端只对 $\overline{I}_8$ 编码,输出为 0111(原码为 1000),依次类推。当 9 个输入端全为 1 时,4 个输出全为 1(原码为 0000),相当于输入 $\overline{I}_0$。因此,在逻辑功能示意图中没有输入端 $\overline{I}_0$。

# 11.8 译 码 器

译码是编码的逆过程。它的作用是将若干位二进制代码翻译成对应的信号或十进制数码输出。译码器是数字系统和计算机中常用的一种逻辑部件。例如,计算机中需要将指令的操作码"翻译"成各种操作指令,使用的是指令译码器。存储器的地址译码系统,使用的是地址译码器。LED 显示电路需要七段显示译码器等。常见的译码器有 2 线-4 线译码器、3 线-8 线译码器、4 线-16 线译码器、二-十进制译码器等,这里只介绍二进制译码器和二-十进制显示译码器。

## 一、二进制译码器

二进制译码器就是将电路输入端的 $n$ 位二进制码翻译成 $N = 2^n$ 个输出状态的电路。74LS138 是一种典型的二进制译码器,其逻辑符号如图 11-8-1 所示。$A_2$、$A_1$、$A_0$ 为地址输入端;$\overline{Y}_0 \sim \overline{Y}_7$ 为译码器输出端,所以常称为 3 线-8 线译码器。输出为低电平有效,$S_1$、$\overline{S}_2$、$\overline{S}_3$ 是使能端。只有当 $\overline{S}_2 S_1 \overline{S}_3 = 010$,译码器工作,$\overline{Y}_0 \sim \overline{Y}_7$ 由 $A_2 A_1 A_0$ 决定,否则禁止译码器工作,所有输出同时为 1。其逻辑功能表见表 11-8-1。

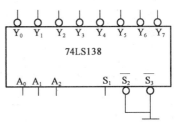

图 11-8-1　74LS138 译码器逻辑符号

**74LS138 译码器功能表**　　　　　表 11-8-1

| 输　　入 | | | | | 输　　出 | | | | | | | |
|---|---|---|---|---|---|---|---|---|---|---|---|---|
| $S_1$ | $\overline{S}_2 + \overline{S}_3$ | $A_2$ | $A_1$ | $A_0$ | $\overline{Y}_0$ | $\overline{Y}_1$ | $\overline{Y}_2$ | $\overline{Y}_3$ | $\overline{Y}_4$ | $\overline{Y}_5$ | $\overline{Y}_6$ | $\overline{Y}_7$ |
| 1 | 0 | 0 | 0 | 0 | 0 | 1 | 1 | 1 | 1 | 1 | 1 | 1 |
| 1 | 0 | 0 | 0 | 1 | 1 | 0 | 1 | 1 | 1 | 1 | 1 | 1 |
| 1 | 0 | 0 | 1 | 0 | 1 | 1 | 0 | 1 | 1 | 1 | 1 | 1 |
| 1 | 0 | 0 | 1 | 1 | 1 | 1 | 1 | 0 | 1 | 1 | 1 | 1 |
| 1 | 0 | 1 | 0 | 0 | 1 | 1 | 1 | 1 | 0 | 1 | 1 | 1 |
| 1 | 0 | 1 | 0 | 1 | 1 | 1 | 1 | 1 | 1 | 0 | 1 | 1 |
| 1 | 0 | 1 | 1 | 0 | 1 | 1 | 1 | 1 | 1 | 1 | 0 | 1 |
| 1 | 0 | 1 | 1 | 1 | 1 | 1 | 1 | 1 | 1 | 1 | 1 | 0 |
| 0 | × | × | × | × | 1 | 1 | 1 | 1 | 1 | 1 | 1 | 1 |
| × | 1 | × | × | × | 1 | 1 | 1 | 1 | 1 | 1 | 1 | 1 |

## 二、显示译码器

在数字仪表、计算机和其他数字系统中,常需要将数字或字符直观的显示出来。为此,就要把显示结果送到译码器中,并用译码器的输出去驱动数字显示器件。这就要用显示译码器。

下面只介绍七段数字显示译码器。

常用的显示器件有半导体数码管、液晶数码管和荧光数码管。其中半导体数码管（LED数码管）应用最为广泛。七段数字显示译码器就是将七个发光二极管按一定的方式排列起来，七段 $a,b,c,d,e,f,g$ 各对应一个发光二极管，利用不同发光段的组合，显示不同的数字。其字形结构如图 11-8-2a) 所示。

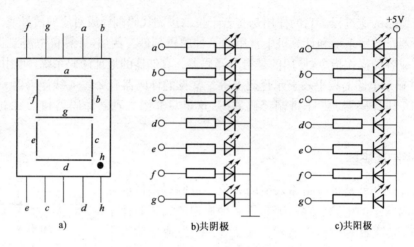

a)　　　　　　　b)共阴极　　　　　　　c)共阳极

图 11-8-2　七段数码显示

按内部连接方式不同，七段显示器译码器分为共阴极和共阳极两种：一种是将发光二极管的负极全部一起接地，如图 11-8-2b) 所示，称为"共阴极"显示器；另一种是将发光二极管的正极全部一起接正电压，如图 11-8-2c) 所示，称为"共阳极"显示器。对于"共阴极"显示器，只要在某个二极管的正极加上高电平，该字段亮；对于"共阳极"显示器，只要在某个二极管的负极加上低电平，相应的字段亮。使用时每个发光二极管要串联限流电阻。两种显示器所接的译码器的类型是不同的。

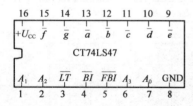

图 11-8-3　CT74LS47 型译码器的管脚图

74LS47 是共阳极译码驱动器，74LS48 是共阴极译码驱动器。它们都是七段显示译码驱动器，其输入是 BCD 码，输出是七段显示器的段码。逻辑功能表如表 11-8-2 所示，74LS47 的译码驱动电路如图 11-8-3 所示。

**74LS47 七段译码器的功能表**　　　　　　　　　　表 11-8-2

| 功能和十进制数 | 输　　入 | | | | 输　　出 | | | | | | | 显示 |
|---|---|---|---|---|---|---|---|---|---|---|---|---|
| | $\overline{LT}$ | $\overline{RBI}$ | $\overline{BI}$ | $A_3A_2A_1A_0$ | $\overline{a}$ | $\overline{b}$ | $\overline{c}$ | $\overline{d}$ | $\overline{e}$ | $\overline{f}$ | $\overline{g}$ | |
| 试灯 | 0 | × | 1 | ×××× | 0 | 0 | 0 | 0 | 0 | 0 | 0 | 8 |
| 灭灯 | × | × | 0 | ×××× | 1 | 1 | 1 | 1 | 1 | 1 | 1 | 全灭 |
| 灭 0 | 1 | 0 | 1 | 0000 | 1 | 1 | 1 | 1 | 1 | 1 | 1 | 灭 0 |
| 0 | 1 | 1 | 1 | 0000 | 0 | 0 | 0 | 0 | 0 | 0 | 1 | 0 |
| 1 | 1 | × | 1 | 0001 | 1 | 0 | 0 | 1 | 1 | 1 | 1 | 1 |
| 2 | 1 | × | 1 | 0010 | 0 | 0 | 1 | 0 | 0 | 1 | 0 | 2 |
| 3 | 1 | × | 1 | 0011 | 0 | 0 | 0 | 0 | 1 | 1 | 0 | 3 |

续上表

| 功能和十进制数 | 输入 | | | | 输出 | | | | | | | 显示 |
| --- | --- | --- | --- | --- | --- | --- | --- | --- | --- | --- | --- | --- |
| | $\overline{LT}$ | $\overline{RBI}$ | $\overline{BI}$ | $A_3A_2A_1A_0$ | $\bar{a}$ | $\bar{b}$ | $\bar{c}$ | $\bar{d}$ | $\bar{e}$ | $\bar{f}$ | $\bar{g}$ | |
| 4 | 1 | × | 1 | 0 1 0 0 | 1 | 0 | 0 | 1 | 1 | 0 | 0 | 4 |
| 5 | 1 | × | 1 | 0 1 0 1 | 0 | 1 | 0 | 0 | 1 | 0 | 0 | 5 |
| 6 | 1 | × | 1 | 0 1 1 0 | 0 | 1 | 0 | 0 | 0 | 0 | 0 | 6 |
| 7 | 1 | × | 1 | 0 1 1 1 | 0 | 0 | 0 | 1 | 1 | 1 | 1 | 7 |
| 8 | 1 | × | 1 | 1 0 0 0 | 0 | 0 | 0 | 0 | 0 | 0 | 0 | 8 |
| 9 | 1 | × | 1 | 1 0 0 1 | 0 | 0 | 0 | 0 | 1 | 0 | 0 | 9 |

# 11.9　数据分配器和数据选择器

在数字电路中,数据分配器和数据选择器都是数字电路中的多路开关。当需要进行远距离多路数字传输时,为了减少传输线的数目,发送端常通过一条公共传输线,用多路选择器分时发送数据到接收端,接收端利用多路分配器分时将数据分配给各路接收端。

### 一、数据分配器

数据分配器是将一路输入数据分配到多路输出,数据分配器的作用与图 11-9-1 所示的单刀多掷开关相似。由于译码器和数据分配器的功能非常接近,市场上没有集成数据分配器产品,只有集成译码器产品。当需要数据分配器时,可以用译码器改接。例如,可将 74LS138 型 3/8 译码器改成 8 路数据分配器,如图 11-9-2 所示。将译码器的两个控制端 $\overline{S_2}$ 和 $\overline{S_3}$ 相连作为分配器的数据输入端 $D$;使能端 $S_1$ 接高电平;译码器的输入端 $A_2$、$A_1$、$A_0$ 作为分配器的地址输入端,根据它们的 8 种组合将数据 $D$ 分配给 8 个输出端,由表 11-8-1 可知:当 $A_2A_1A_0 =$ 000 时,输入数据 $D$ 分配到 $\overline{Y}_0$ 端;$A_2A_1A_0 = 010$ 时,就分配到 $\overline{Y}_2$ 端。

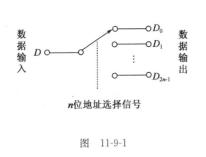

图　11-9-1

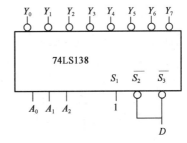

图 11-9-2　用译码器构成分配器

### 二、数据选择器

数据选择器是从多路输入数据中选择一路输出。它的作用与图 11-9-3 所示的单刀多掷开关相似。常用的数据选择器有 4 选 1、8 选 1、16 选 1 等多种类型。图 11-9-4 为集成双 4 选 1 数据选择器 74LS151 的引脚排列图。它有 8 个数据输入端 $D_0,\cdots,D_7$,有 3 个地址输入端

$A_2$、$A_1$、$A_0$，有两个互补输出端 $Y$、$\overline{Y}$，一个选通控制端 $\overline{S}$。

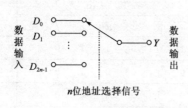

图 11-9-3　数据选择器示意图

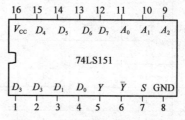

图 11-9-4　8 选 1 数据选择器

当 $\overline{S}=1$ 时，无论 $A_2$、$A_1$、$A_0$ 输入什么，输出 $Y=0$，$\overline{Y}=1$；当 $\overline{S}=0$ 时，$A_2$、$A_1$、$A_0$ 输入 000，001，…，111 时，输出 $Y$ 分别等于 $D_0$，…，$D_7$，实现 8 选 1 数据选择功能。

# 习　题

## 一、选择题

1. 逻辑函数中的逻辑"与"和它对应的逻辑代数运算关系为____。

  A. 逻辑加      B. 逻辑乘      C. 逻辑非      D. 逻辑或

2. 十进制数 100 对应的二进制数为____。

  A. 1011110     B. 1100010     C. 1100100     D. 11000100

3. 和逻辑 $\overline{AB}$ 表示相同逻辑关系的逻辑式是____。

  A. $A+B$      B. $\overline{A}+\overline{B}$      C. $\overline{A} \cdot \overline{B}$      D. $\overline{A}B$

4. 八输入端的编码器按二进制数编码时，输出端的个数是____。

  A. 2 个       B. 3 个       C. 4 个       D. 8 个

5. 四输入的译码器，其输出端最多为____。

  A. 4 个       B. 8 个       C. 10 个      D. 16 个

6. 习题图 11-1 示组合逻辑电路的逻辑函数表达式为____。

  A. $Y=ABC$            B. $Y=\overline{ABC}$

  C. $Y=A+B+C$         D. $Y=\overline{A+B+C}$

7. 习题图 11-2 所示组合逻辑电路的逻辑函数表达式为____。

  A. $Y=AB$     B. $Y=\overline{A}B$     C. $Y=A+B$     D. $Y=\overline{A+B}$

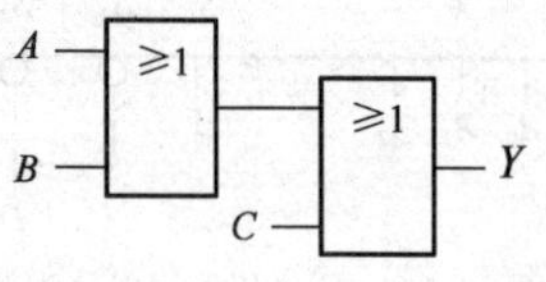

习题图　11-1

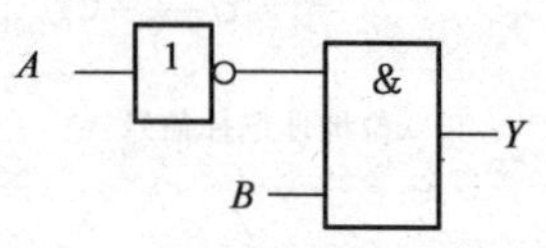

习题图　11-2

8. 下列____可以实现总线传输。

  A. OD 门      B. 三态门      C. 传输门      D. OC 门

9. 共阳极七段数码管公共端在使用时应该接____电位。

  A. 高        B. 低        C. 任意      D. 不确定

**二、综合题**

1. 在习题图 11-3 中给出输入信号 $A$ 和 $B$ 的波形，试画出"与"门输出 $Y=AB$、"或" $Y=A+B$、"与非"门输出 $Y=\overline{AB}$ 和"或非"门输出 $Y=\overline{A+B}$ 的波形。

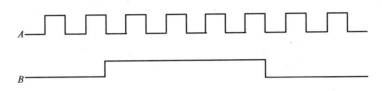

习题图　11-3

2. 化简下列函数

(1) $F=A\overline{B}\,\overline{C}+A\overline{B}C+AB\overline{C}+ABC$

(2) $F=AC+B\overline{C}+\overline{A}B$

(3) $F=\overline{A}\,\overline{B}\,\overline{C}+AC+B+C$

3. 设计一个有三个输入端、一个输出端的组合逻辑电路，它的逻辑功能是，在三个输入信号中有奇数个"1"时输出为"1"，否则输出为"0"。这个电路也叫判奇电路。

4. 旅客列车分特快、直快和普快，并依此为优先通行次序。某站在同一时间只能有一趟列车从车站开出，即只能给出一个开车信号，试画出满足上述要求的逻辑电路。

5. 某汽车驾驶员进行结业考试，有三名评判员，其中 $A$ 为主评判员，$B$ 和 $C$ 为副评判员。在评判时，按照少数服从多数的原则通过，但主评判员认为合格，亦可通过。使用与非门构成逻辑电路实现此评判规定。

6. 写出习题图 11-4 所示逻辑电路的逻辑函数表达式。

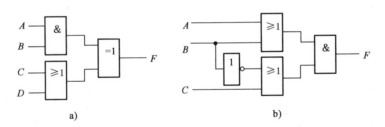

a)　　　　　　　　　　　　　　b)

习题图　11-4

7. 分析习题图 11-5 所示电路的逻辑功能。

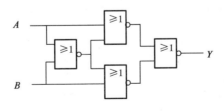

习题图　11-5

8.已知逻辑函数 $F$ 的真值表见表 1,写出 $F$ 的最简逻辑表达式,并画出逻辑图。

**逻辑函数 $F$ 的真值表**　　　　　　　　　　　　　　　　　　　表 1

| $A$ | $B$ | $C$ | $F$ |
| --- | --- | --- | --- |
| 0 | 0 | 0 | 1 |
| 0 | 0 | 1 | 1 |
| 0 | 1 | 0 | 1 |
| 0 | 1 | 1 | 0 |
| 1 | 0 | 0 | 1 |
| 1 | 0 | 1 | 0 |
| 1 | 1 | 0 | 1 |
| 1 | 1 | 1 | 0 |

# 第 12 章　时序逻辑电路

**基本要求：**

1. 掌握基本 RS 触发器、JK 触发器和 D 触发器的逻辑功能；

2. 了解寄存器的工作原理；

3. 了解计数器的工作原理；

4. 了解集成 555 定时器的工作原理及应用。

在数字电路中，要连续进行各种复杂的运算和控制，就必须将某些信号暂时保存起来，以便与新的信号综合，共同决定电路的工作状态，这就需要具有记忆功能的基本单元——触发器。触发器是时序逻辑电路（简称时序电路）（Sequential Logic Circuit）的基本组成单元，与上一章所讲的组合逻辑电路不同，在时序逻辑电路中，任意时刻的输出信号不仅与当时的输入信号有关，还与电路原来的状态有关，也可以说时序逻辑电路具有记忆功能。本章主要介绍各种集成触发器的逻辑功能和工作特性；介绍典型时序逻辑部件寄存器和计数器的工作原理、逻辑功能、集成芯片及使用方法。

## 12.1　双稳态触发器

触发器（Flip-Flop）按其稳定工作状态可分为双稳态触发器、单稳态触发器、无稳态触发器；按其逻辑功能可分为 RS 触发器、JK 触发器、D 触发器、T 触发器等；按结构可分为基本 RS 触发器、同步 RS 触发器、主从触发器和维持阻塞型触发器等。

双稳态触发器（Bistable Flip-Flop）是指这样一种电路，它具有两种稳定状态，在外加触发信号的作用下，电路状态会发生翻转，即输出端由一稳定状态翻转为另一种稳定状态，然后保持不变；如果再来一个触发信号，再翻转，所以称为双稳态触发器。

### 一、RS 触发器

1. 基本 RS 触发器（Basic RS Flip-Flop）

（1）电路组成

基本 RS 触发器又称基本触发器，它由两个"与非"门交叉耦合组成，如图 12-1-1a）所示。它有两个输入端，分别称为直接置位端 $\overline{S}_D$（Set）或直接置"1"端、直接复位端 $\overline{R}_D$（Reset）或直接置"0"端；两个输出端 $Q$ 与 $\overline{Q}$。规定以输出端 $Q$ 的状态为触发器的状态，如 $Q=1$（$\overline{Q}=0$）时称触发器为 1 状态（置位状态）；$Q=0$（$\overline{Q}=0$）时称触发器为 0 状态（复位状态）。

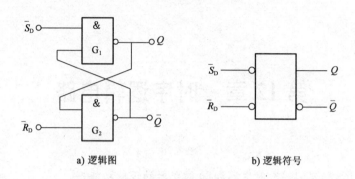

a) 逻辑图          b) 逻辑符号

图 12-1-1 基本 RS 触发器

(2)功能分析

根据与非门的逻辑关系,$Q$ 和 $\overline{Q}$ 的逻辑表达式为

$$Q = \overline{\overline{Q}\,\overline{S}_D} \tag{12-1-1}$$

$$\overline{Q} = \overline{Q\overline{R}_D} \tag{12-1-2}$$

根据以上两式,触发器的输出与输入之间的关系有四种情况,现分析如下:

①$\overline{S}_D = 1$,$\overline{R}_D = 0$。由式(12-1-2)可知,当 $\overline{R}_D = 0$ 时,不论 $Q$ 处于何种状态,都有 $\overline{Q} = \overline{Q \cdot 0} = 1$;再根据式(12-2-1)可得 $Q = \overline{1.1} = 0$。这时触发器处于 0 状态或复位状态。因复位的决定性条件是 $\overline{R}_D = 0$,故称 $\overline{R}_D$ 端为置 0 端。

②$\overline{S}_D = 1$,$\overline{R}_D = 1$。根据式(12-1-1)和式(12-1-2)得 $Q = \overline{\overline{Q} \cdot 0} = 1$(不论 $\overline{Q}$ 原来为何种状态),$\overline{Q} = \overline{1.1} = 0$。这时触发器处于 1 状态或置位状态。因置位的决定性条件是 $\overline{S}_D = 0$,故称 $\overline{S}_D$ 端为置 1 端。

③$\overline{S}_D = 1$,$\overline{R}_D = 1$。当 $\overline{S}_D$ 和 $\overline{R}_D$ 全为 1 时,$Q = \overline{\overline{Q} \cdot 1} = Q$,$\overline{Q} = \overline{Q \cdot 1} = \overline{Q}$,故触发器的状态和原来一样,保持不变。即原来为 0 态,仍为 0 态;原来为 1 态,仍为 1 态。这体现了触发器具有存储或记忆功能。

④$\overline{S}_D = 0$,$\overline{R}_D = 0$。在此条件下,两个与非门的输出端 $Q$ 和 $\overline{Q}$ 全为 1,则破坏了触发器的逻辑关系。在两输入端的 0 信号同时撤除后,由于与非门延迟时间不可能完全相等。将不能确定是处于 1 态还是 0 态。这种情况应当避免,故这种状态为禁止状态。

上述逻辑关系,可以用表 12-1-1 的状态表来表示。

**基本 RS 触发器的状态表**        表 12-1-1

| $\overline{S}_D$ | $\overline{R}_D$ | $Q$ |
| --- | --- | --- |
| 1 | 0 | 0 |
| 0 | 1 | 1 |
| 1 | 1 | 不变 |
| 0 | 0 | 不定 |

(3)基本 RS 触发器常用芯片及应用

通用的集成基本 RS 触发器目前有 74LS279、CC4044 和 CC4043 等几种型号。下面以 74LS279 为例来讨论基本 RS 触发器的应用情况。图 12-1-2 是 74LS279 四 RS 触发器的外引线排列图。

基本 RS 触发器,在开关去抖及键盘输入电路中得到应用。如在图 12-1-3a)中当开关 S 接通时,由于机械开关的接通可能出现抖动,即可能要经过几次抖动后电路才处于稳定;同理,在断开开关时,也可能要经过几次抖动后电路才彻底断开,从其工作波形可见,这种波形在数字电路中是不允许的。若采用图 12-1-3c)所示的加有一级 RS 触发器的防颤开关,即使机械开关在接通或断开中有抖动,但因触发器的作用,使机械开关的抖动不能反映到输出端,即在开

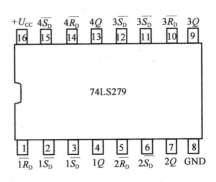

图 12-1-2　CT74LS279 的管脚图

关第一次接通(或第一次断开)时,触发器就处于稳定的工作状态,有效地克服了开关抖动带来的影响。

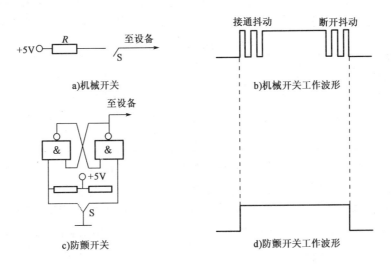

图 12-1-3　开关及工作波形

**2. 可控 RS 触发器**

前面介绍的基本 RS 触发器的输入信号直接控制触发器的翻转,而实际应用中,常常要求触发器在某指定时刻按输入信号状态触发翻转,这个时刻可由外加时钟脉冲 $CP$ 来决定。用时钟脉冲控制的触发器如图 12-1-4 所示,称为可控 RS 触发器。

在数字电路中所使用的触发器,往往用一种时钟脉冲(Clock Pulse)信号来控制触发器的翻转时刻。这种时钟脉冲信号可以是正脉冲(高电平)信号,也可以是负脉冲(低电平)信号,在这里我们用的是正脉冲信号。

在图 12-1-4a)中还有两个输入端 $\overline{S}_D$ 和 $\overline{R}_D$,因为两个输入端可以避开时钟脉冲的控制直接将触发器置"0"或置"1",故称为直接复位端和直接置位端。不用时应将这两端接高电平,直接复位和直接置位时要给低电平信号。

从图 12-1-4 可以看出,当 $CP=1$ 时,门 $G_3$、$G_4$ 的输出逻辑表达式为

$$Q_1 = \overline{S \cdot CP} = \overline{S} \qquad Q_2 = \overline{R \cdot CP} = \overline{R}$$

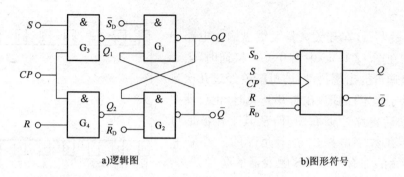

a)逻辑图　　　　　　　　　b)图形符号

图 12-1-4　可控 RS 触发器

因此,当 $CP=1$ 时,如果 $R=1,S=0,Q_1=\bar{S}=1,Q_2=\bar{R}=0$,使 $Q=0$,即触发器置 0,其余类推。

当 $CP=0$ 时,$Q_1=Q_2=1$,$G_1$、$G_2$ 的输出与 $R$、$S$ 状态无关,触发器保持原来状态不变。

根据以上分析,作出可控 RS 触发器的状态表,如表 12-1-2 所示。用 $Q_n$、$Q_{n+1}$ 分别表示 $CP$ 作用前、后触发器 $Q$ 端的输出状态。图 12-1-5 为可控 RS 触发器的工作波形图。

**可控 RS 触发器的状态表**　　　　　　　　　　　表 12-1-2

| $S$ | $R$ | $Q_{n+1}$ |
| --- | --- | --- |
| 0 | 0 | $Q_n$ |
| 0 | 1 | 0 |
| 1 | 0 | 1 |
| 1 | 1 | 不定 |

不难看出,这种触发器在 $CP$ 为高电平时触发器翻转,与基本 RS 触发器相比,对触发翻转增加了时间控制。这种电平触发的可控 RS 触发器虽然按一定的时间节拍进行状态动作,但在 $CP=1$ 期间,随着输入 $R$、$S$ 发生变化,可控 RS 触发器的状态可能发生两次或两次以上的翻转,这种现象称为空翻,如图 12-1-6 所示。空翻会造成节拍的混乱和系统工作的不稳定,这是可控触发器的一个缺陷。

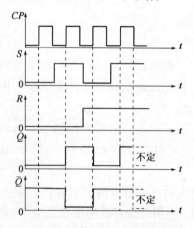

图 12-1-5　可控 RS 触发器工作波形

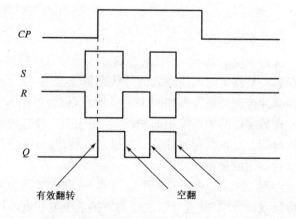

图 12-1-6　基本 RS 触发器的空翻波形

为了克服空翻现象,实现触发器状态的可靠翻转,对触发器电路作进一步改进,使触发器触发翻转能控制在某一时刻(时钟脉冲的上升沿或下降沿)进行,即边沿触发。

## 二、JK 触发器

JK 触发器(JK Flip-Flop)的结构有多种,国内生产的主要是主从型(Master-Slave)JK 触发器。图 12-1-7a)所示的是 JK 触发器的逻辑图。它由两个可控 RS 触发器组成,两者分别称为主触发器和从触发器。它们受互补时钟脉冲控制,触发翻转只在时钟脉冲的跳变沿进行。

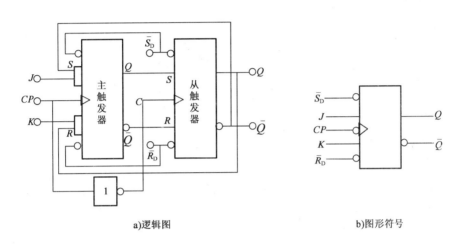

a)逻辑图　　　　　　　　　　　　　b)图形符号

图 12-1-7　主从型 JK 触发器

当时钟脉冲为高电平($CP=1$)时,主触发器接受输入数据,$J$ 和 $K$ 端的输入信号决定了主触发器的状态 $Q_n$。在此期间,从触发器被非门输出的反相时钟($\overline{CP}=0$)封锁,因此不论主触发器的状态如何改变对从触发器均无影响,即触发器的输出保持不变。

当时钟脉冲为低电平($CP=0$)时,主触发器被封锁,输入端 $J$ 和 $K$ 的状态不影响主触发器的状态。而此时从触发器打开,将主触发器的状态送到从触发器的输出端,从触发器的输出才是整个 JK 触发器的输出。

可见,主从型触发器具有在 $CP$ 从"1"下跳为"0"时翻转的特点,也就是具有在时钟脉冲下降沿触发的特点。下降沿触发的图形符号是在 $CP$ 输入端靠近方框处用一小圆圈表示,如图 12-1-7b)所示。触发器只在 $CP$ 由 1 变 0 的时刻触发翻转,从而防止了空翻。JK 触发器的逻辑状态表如图 12-1-3 所示,工作波形如图 12-1-8 所示。

**JK 触发器的状态表**　　　　　　　　　　　　表 12-1-3

| $J$ | $K$ | $Q_{n+1}$ |
|:---:|:---:|:---:|
| 0 | 0 | $Q_n$ |
| 0 | 1 | 0 |
| 1 | 0 | 1 |
| 1 | 1 | $\overline{Q_n}$ |

图 12-1-9 是集成双 JK 触发器 74LS112 的外引线排列图,其管脚的功能如下:

$1J$ 和 $1K$,$2J$ 和 $2K$ 为数据输入端,$1Q$ 和 $1\overline{Q}$,$2Q$ 和 $2\overline{Q}$ 为输出端,$1\overline{CP}$、$2\overline{CP}$ 为时钟脉冲输入端,$1\overline{R}_D$、$2\overline{R}_D$ 为直接置"0"端,$1\overline{S}_D$、$2\overline{S}_D$ 为直接置"1"端。

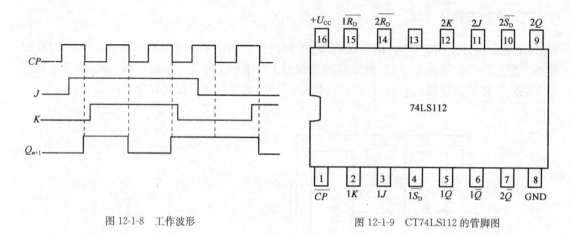

图 12-1-8　工作波形 图 12-1-9　CT74LS112 的管脚图

### 三、D 触发器

D 触发器的结构有多种,国内生产的主要是维持阻塞型 D 触发器,它是一种边沿触发器,其逻辑图如图 12-1-10a)所示。它由六个"与非"门组成,其中 $G_1$、$G_2$ 组成基本 RS 触发器,$G_3$、$G_4$ 组成时钟控制电路,$G_5$、$G_6$ 组成数据输入电路。

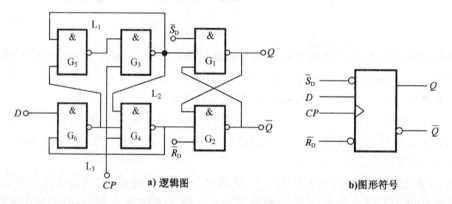

图 12-1-10　维持阻塞型 D 触电发器

下面分两种情况来分析维持阻塞型 D 触发器的逻辑功能。

(1)$D=0$

在 $CP=0$ 时,$G_3$、$G_4$ 被封锁,输出均为 1,$G_1$、$G_2$ 组成的基本 RS 触发器保持原状态不变。因 $D=0$,$G_6$ 输出为 1,$G_5$ 因输入端全 1 而输出为"0"。当 $CP$ 由 0 变 1 时,$G_4$ 输入全 1 使输出变为 0。继而,$\overline{Q}$ 翻转为 1,$Q$ 翻转为 0,完成了使触发器翻转为 0 状态的全过程。同时,一旦 $G_4$ 输出变为 0,通过反馈线 $L_3$ 封锁了 $G_6$ 门,这时无论 D 信号再怎么变化,也不会影响 $G_6$ 的输出,从而维持了触发器的 0 状态。因此,称 $L_3$ 线为置 0 维持线。

(2)$D=1$

在 $CP=0$ 时,$G_3$、$G_4$ 被封锁,输出均为 1,$G_1$、$G_2$ 组成的基本 RS 触发器保持原状态不变。因 $D=1$,$G_6$ 输入全 1 输出为 0,它使 $G_4$ 和 $G_5$ 输出均为 1。当 $CP$ 由 0 变 1 时,$G_3$ 输入全 1 使输出变为 0。继而,$Q$ 翻转为 1,$\overline{Q}$ 翻转为 0,完成了使触发器翻转为 1 状态的全过程。同时,一

且 $G_3$ 变为 0,通过反馈线 $L_1$ 封锁了 $G_5$ 门,这时如果 $D$ 信号由 1 变为 0,只会影响 $G_6$ 的输出,不会影响 $G_5$ 的输出,维持了触发器的 1 状态。因此,称 $L_1$ 线为置 1 维持线。同理,$G_3$ 变 0 后,通过反馈线 $L_2$ 也封锁了 $G_4$ 门,从而阻塞了置 0 通路,故称 $L_2$ 线为置 0 阻塞线。

可见,维持-阻塞触发器是利用了维持线和阻塞线,将触发器的触发翻转控制在 $CP$ 上升沿到来的一瞬间,并接收 $CP$ 上跳沿到来前一瞬间的 $D$ 信号。其特性方程可写成:

$$Q_{n+1} = D_n$$

其图形符号如图 12-1-10b)所示。状态表见表 12-1-4,工作波形如图 12-1-11 所示。

状 态 表 表 12-1-4

| $D_n$ | $Q_{n+1}$ |
|-------|-----------|
| 0 | 0 |
| 1 | 1 |

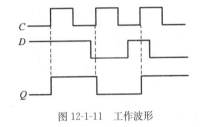

图 12-1-11 工作波形

图 12-1-12 是集成双 74LS74D 触发器的外引线排列图,其管脚的功能如下:

$1D$、$2D$ 为数据输入端,$1Q$ 和 $1\overline{Q}$、$2Q$ 和 $2\overline{Q}$ 为输出端,$1CP$、$2CP$ 为时钟脉冲输入端,$1\overline{R}_D$、$2\overline{R}_D$ 为直接置"0"端,$1\overline{S}_D$、$2\overline{S}_D$ 为直接置"1"端。

【例 12-1-1】 设计一个 3 人抢答电路。3 人 A,B,C 各控制一个按键开关 $K_A$、$K_B$、$K_C$ 和一个发光二极管 $VD_A$、$VD_B$、$VD_C$。谁先按下开关,谁的发光二极管亮,同时使其他人的抢答信号无效。

【解】 用门电路组成的基本电路如图 12-1-13 所示。开始抢答前,三按键开关 $K_A$、$K_B$、$K_C$ 均不按下,$A,B,C$ 三信号都为 0,$G_A$、$G_B$、$G_C$ 门的输出都为 1,三个发光二极管均不亮。开始抢答后,如 $K_A$ 第一个被按下,则 $A=1$,$G_A$ 门的输出变为 $V_{OA}=0$,点亮发光二极管 $VD_A$,同时,$V_{OA}$ 的 0 信号封锁了 $G_B$、$G_C$ 门,$K_B$、$K_C$ 再按下无效。

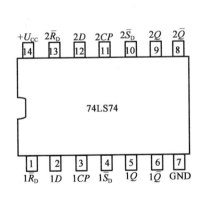

图 12-1-12 CT74LS74 的管脚图

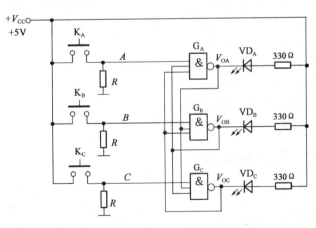

图 12-1-13 抢答电路基本结构

该电路基本实现了抢答的功能,但有一个很严重的缺陷:当 $K_A$ 第一个被按下后,必须总是按着,才能保持 $A=1$、$V_{OA}=0$,禁止 $B$、$C$ 信号进入。若 $K_A$ 稍一放松,就会使 $A=0$、$V_{OA}=1$,$B$、$C$ 的抢答信号就有可能进入系统,造成混乱。要解决这一问题,最有效的方法就是引入具有"记忆"功能的触发器。用基本 RS 触发器组成的电路如图 12-1-14 所示。

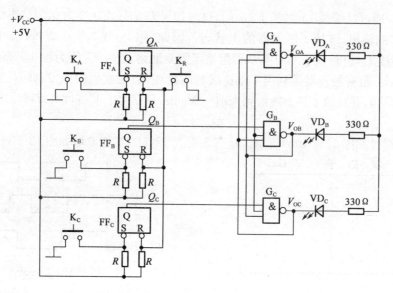

图 12-1-14    引入基本 RS 触发器的抢答电路

# 12.2  寄 存 器

寄存器(Register)是数字电路中的一个重要部件,具有接收、存放及传送数码的功能。寄存器的主要任务是暂时存储二进制数据或者代码,一个触发器只能存储一位的二进制数,要存储 $n$ 位二进制数时,就得用 $n$ 个触发器。寄存器的应用广泛,各种微机 CPU 中都包含了寄存器。

寄存器存放数码的方式有并行和串行两种。并行方式就是数码各位从各对应端同时输入到寄存器中,并行方式存入速度快,但输入导线也多。串行输入方式就是数码从一个输入端逐位输入到寄存器中,这种寄存方式速度比较慢,但传输线少,适用于远距离传输。

同样,从寄存器中取出数码也有并行和串行两种方式,在并行方式中,被取出的数码同时在各对应的输出端出现;而串行方式则是被取出的数码在一个输出端逐位出现,需要多个脉冲(等于寄存器的存放数码位数)才能取出一个数码。

寄存器按功能可分为数码寄存器和移位寄存器。

## 一、数码寄存器

图 12-2-1a)所示是由 D 触发器组成的 4 位集成寄存器 74LS175 的逻辑电路图,其引脚图如图 12-2-1b)所示,74LS175 的功能见表 12-2-1。其中,$\overline{R}_D$ 为清零控制端;$D_0 \sim D_3$ 为并行数据输入端;$CP$ 为时钟脉冲端;$Q_0 \sim Q_3$ 为并行数据输出端;$\overline{Q}_0 \sim \overline{Q}_3$ 为反码数据输出端。

该电路的数码接收过程为:数码寄存器采用并行输入并行输出的方式,把要存入的四位二进制数码 $D_3$、$D_2$、$D_1$、$D_0$ 分别对应接入四个触发器的输入端($D$ 端),在 $CP$ 端送一个时钟脉冲,脉冲上升沿作用后,四位数码并行地出现在四个触发器的输出端,使 $Q_3 Q_2 Q_1 Q_0 = D_3 D_2 D_1 D_0$。

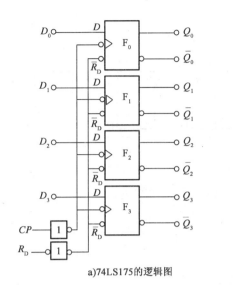

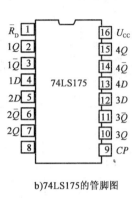

a)74LS175的逻辑图　　　　b)74LS175的管脚图

图 12-2-1　74LS175 芯片

**74LS175 的功能表**　　　　　　表 12-2-1

| 清　　零 | 时　　钟 | 输　　入 | | | | 输　　出 | | | | 工 作 模 式 |
|---|---|---|---|---|---|---|---|---|---|---|
| $\overline{R}_D$ | $CP$ | $D_0$ | $D_1$ | $D_2$ | $D_3$ | $Q_0$ | $Q_1$ | $Q_2$ | $Q_3$ | |
| 1 | $\times$ | $\times$ | $\times$ | $\times$ | $\times$ | 0 | 0 | 0 | 0 | 清零 |
| 0 | ↑ | $D_0$ | $D_1$ | $D_2$ | $D_3$ | $D_0$ | $D_1$ | $D_2$ | $D_3$ | 数码寄存 |
| 0 | 1 | $\times$ | $\times$ | $\times$ | $\times$ | 保　持 | | | | 数据保持 |
| 0 | 0 | $\times$ | $\times$ | $\times$ | $\times$ | 保　持 | | | | 数据保持 |

### 二、移位寄存器

移位寄存器(Shift Register)不仅存放数码而且有移位的功能。所谓移位,就是每当来一个移位脉冲,触发器的状态就向左或向右移一位。移位寄存器在计算机中有广泛的应用。

1. 单向移位寄存器

图 12-2-2 是由四个 D 触发器构成的四位右移位寄存器。设移位寄存器的初始状态为 0000,串行输入数码 $D_1$＝1011,从高位到低位依次输入。在 4 个移位脉冲作用后,输入的 4 位串行数码 1101 全部存入了寄存器中。电路的状态表见表 12-2-2,时序图如图 12-2-3 所示。

**右移寄存器的状态表**　　　　　　表 12-2-2

| 移 位 脉 冲 | 输入数码 | 输　　出 | | | |
|---|---|---|---|---|---|
| $CP$ | $D_1$ | $Q_0$ | $Q_1$ | $Q_2$ | $Q_3$ |
| 0 | | 0 | 0 | 0 | 0 |
| 1 | 1 | 1 | 0 | 0 | 0 |
| 2 | 1 | 1 | 1 | 0 | 0 |
| 3 | 0 | 0 | 1 | 1 | 0 |
| 4 | 1 | 1 | 0 | 1 | 1 |

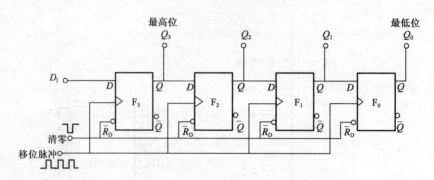

图 12-2-2　由 D 触发器组成的四位右移位寄存

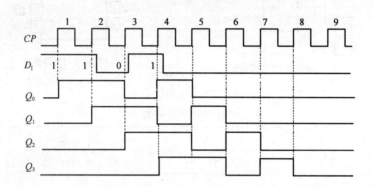

图 12-2-3　图 12-2-2 的时序图

这种移位寄存器有两种输出方式，并行输出和串行输出，可以根据需要选用。

2.双向移位寄存器

在一些场合，要求寄存器中存储的数码能根据需要，具有向右或向左移位的功能，这种寄存器称为双向移位寄存器。显然在单向移位寄存器的基础上再加上一定的控制门电路就能构成双向移位寄存器。

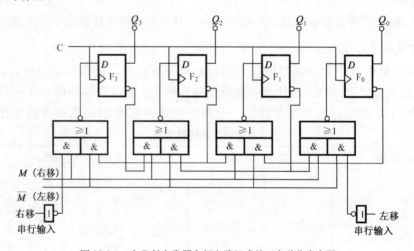

图 12-2-4　由 D 触电发器和门电路组成的双向移位寄存器

图 12-2-4 所示为由 D 触发器构成的双向移位寄存器,其中每一位触发器的信号输入端都和相应的"与或非"门电路输出相连,各"与或非"门的输入端则与左右两个相邻触发器的 $\overline{Q}$ 端、左移信号(设为 $\overline{M}$)或右移信号(设为 $M$)相连,在同一时刻只能进行一个方向的移位工作,否则将会引起混乱。因此,左移控制信号 $M$ 与右移控制信号 $\overline{M}$ 是相反的,不会引起冲突。

图中可以看到,当 $M=1$ 时,所有"与或非"门中左边的"与"门均开启,与此同时封锁了全部右边的"与"门,这时在 $CP$ 的作用下,可串行输入(右移数据输入口的)数码,并实现右移。反之,当 $\overline{M}=1$ 时,可实现左移位。

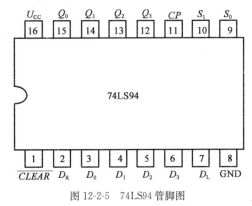

图 12-2-5　74LS94 管脚图

目前,移位寄存器已经有多种型号的集成电路,使用时注意它的引脚定义,正确接线,就可以实现其功能。其中 T4194(国外型号 74LS94)是一种典型的 TTL 电路双向移位寄存器,图 12-2-5 给出了它的引脚排列图。

其中,1 为清零端;2 和 7 分别为右移和左移的串行数据输入端;3~6 为数据并行输入端;12~15 为数据输出端;11 为时钟脉冲输入端(上升沿有效);9($S_0$)、10($S_1$)为控制信号端;移位寄存器的工作状态由它们决定。

$S_1 S_0 = 00$——寄存器不变,保持原状态;

$S_1 S_0 = 01$——寄存器为右移寄存器;

$S_1 S_0 = 10$——寄存器为左移寄存器;

$S_1 S_0 = 11$——寄存器为并行输入并行输出工作方式。

图 12-2-6 给出了主机遥控系统和机舱监测报警系统中常用的 8D 锁存器 74LS373 的逻辑图,图 12-2-7 为其管脚排列图。其功能是:当 $\overline{EN}=0,CP=0$ 时,输出已锁存的数据;当 $\overline{EN}=0,CP=1$ 时,数据直接传送到输出端;当 $\overline{EN}=1,CP=0$ 时,锁存数据;当 $\overline{EN}=1,CP=1$ 时,处于高阻状态。

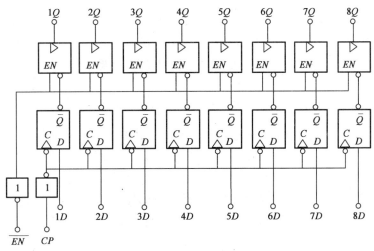

图 12-2-6　74LS373 逻辑图

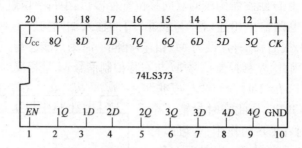

图 12-2-7　74LS373 8D 的管脚排列图

# 12.3　计　数　器

计数器(Counter)的基本功能是对输入脉冲 $CP$ 的个数进行计数。除了计数以外,还可以用作定时、分频、信号产生和执行数字运算等。

根据电路逻辑设计的不同,计数器可以进行加法计数,也可以进行减法计数(定时控制),或者可以进行两者兼有的可逆计数。

若从进位制来分,有二进制计数器、二-十进制计数器、任意进制计数。

按触发方式分,计数器有同步和异步两种。在同步计算器中,所有触发器用同一个时钟脉冲作为触发脉冲,在此时钟脉冲作用下,所有触发器的状态同时更新;而在异步触发器中,触发器更新状态的时刻是不一致的。

## 一、二进制加法计数器

二进制只有 0、1 两个数码,所谓二进制加法,就是"逢二进一",即 $0+1=1,1+1=10$,也就是每当本位是 1 再加 1 时,本位便变为 0,而向高位进位,使高位加 1。

由于双稳态触发器只有"0"和"1"两个状态,所以一个触发器只可以表示一位二进制数,如果要表示 $n$ 位二进制,就要用 $n$ 个触发器。

例如,我们可以设计出四位二进制加法计数器的逻辑电路图。要实现四位二进制加法计数,必须用四个双稳态触发器,它们具有计数功能。采用不同的触发器可有不同的逻辑电路。即使用同一种触发器也可得出不同的逻辑电路。下面介绍两种二进制加法计数器。

### 1.异步二进制加法计数器

表 12-3-1 是四位二进制加法计数器的状态表。由表 12-3-1 可见,每来一个计数脉冲,最低位触发器翻转一次;而高位触发器是在相邻的低位触发器从"1"变为"0"进位时翻转。因此,可用四个 JK 触发器来组成四位异步二进制加法计数器,如图 12-3-1 所示。每个触发器的 $J$、$K$ 端悬空,相当于"1",故具有计数功能。最低位触发器 $F_0$ 的时钟脉冲输入端接计数脉冲 $CP$,其他触发器的时钟脉冲输入端接相邻低位触发器的 $Q$ 端。图 12-3-2 是它的波形图。

从图 12-3-2 可以看出,$Q_0$、$Q_1$、$Q_2$、$Q_3$ 的周期分别是计数脉冲($CP$)周期的 2 倍、4 倍、8 倍、

16 倍，也就是说，$Q_0$、$Q_1$、$Q_2$、$Q_3$ 分别对 $CP$ 波形进行了二分频、四分频、八分频、十六分频，因而计数器也可作为分频器。

**四位二进制加法计数器的状态表**　　　　　　　　　　表 12-3-1

| 计数脉冲数 | 二 进 制 数 | | | | 十 进 制 数 |
| :---: | :---: | :---: | :---: | :---: | :---: |
| | $Q_3$ | $Q_2$ | $Q_1$ | $Q_0$ | |
| 0 | 0 | 0 | 0 | 0 | 0 |
| 1 | 0 | 0 | 0 | 1 | 1 |
| 2 | 0 | 0 | 1 | 0 | 2 |
| 3 | 0 | 0 | 1 | 1 | 3 |
| 4 | 0 | 1 | 0 | 0 | 4 |
| 5 | 0 | 1 | 0 | 1 | 5 |
| 6 | 0 | 1 | 1 | 0 | 6 |
| 7 | 0 | 1 | 1 | 1 | 7 |
| 8 | 1 | 0 | 0 | 0 | 8 |
| 9 | 1 | 0 | 0 | 1 | 9 |
| 10 | 1 | 0 | 1 | 0 | 10 |
| 11 | 1 | 0 | 1 | 1 | 11 |
| 12 | 1 | 1 | 0 | 0 | 12 |
| 13 | 1 | 1 | 0 | 1 | 13 |
| 14 | 1 | 1 | 1 | 0 | 14 |
| 15 | 1 | 1 | 1 | 1 | 15 |
| 16 | 0 | 0 | 0 | 0 | 0 |

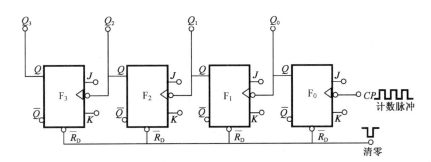

图 12-3-1　JK 触发器组成的异步四位二进制加法计数器

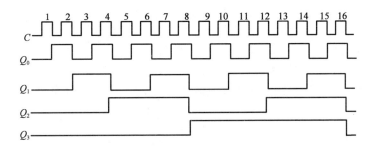

图 12-3-2　四位二进制加法计数器的波形图

**【例 12-3-1】** 用四个 D 触发器构成一个异步四位二进制的加法计数器。

**【解】** 由表 12-3-1 可见,每来一个计数脉冲,最低位 $Q$ 就翻转一次,而高位触发器是在相邻的低位从"1"变为"0"时翻转,因此,可以用低位的输出作为高位的触发脉冲信号,所以构成逻辑电路图如图 12-3-3 所示。

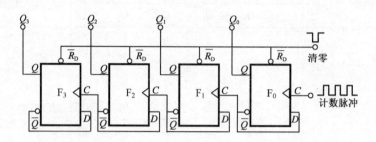

图 12-3-3 D 触发器组成的异步四位二进制加法计数

2. 同步二进制加法计数器

如果计数脉冲同时加到各触发器的 $CP$ 端,它们的状态变换和计数脉冲同步,这种计数器称作同步计数器。同步计数器的计数速度比异步快。

图 12-3-4 中,每个触发器有多个 $J$ 端和 $K$ 端,$J$ 端之间和 $K$ 端之间都是"与"的逻辑关系。各位触发器的 $J$、$K$ 端的逻辑关系式如下:

$$J_0 = K_0 = 1; J_1 = K_1 = Q_0; J_2 = K_2 = Q_0 Q_1; J_3 = K_3 = Q_0 Q_1 Q_2$$

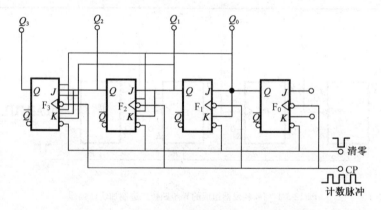

图 12-3-4 JK 触发器组成的四位同步二进制加法计数

在上述的四位二进制加法计数器中,当输入第十六个计数脉冲时,又将返回起始状态"0000"。如果还有第五位触发器的话,这时应是"10000",即十进制数 16。但是现在只有四位,这个数就记录不下来,这称为计数器的溢出。因此,四位二进制加法计数器,能计的最大十进制数为 $2^4 - 1 = 15$。$n$ 位二进制加法计数器,能计的最大十进制数为 $2^n - 1$。

3. 异步二进制减法计数器

图 12-3-5 所示是用 4 个上升沿触发的 D 触发器组成的 4 位异步二进制减法计数器的逻辑图。其工作原理请读者自行分析。它的波形图和状态表分别示于图 12-3-6 和表 12-3-2。

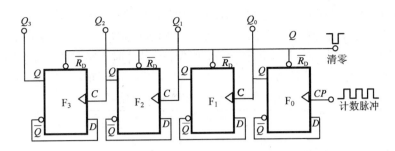

图 12-3-5　由 D 触发器组成的四位异步二进制减法计数器逻辑图

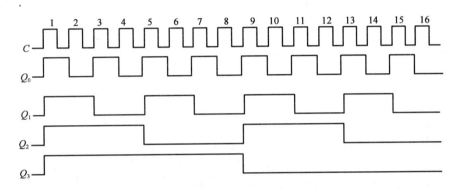

图 12-3-6　四位二进制减法计数器的波形

**四位二进制减法计数器的状态表**　　　　表 12-3-2

| 计数脉冲数 | 二 进 制 数 | | | | 十 进 制 数 |
| --- | --- | --- | --- | --- | --- |
| | $Q_3$ | $Q_2$ | $Q_1$ | $Q_0$ | |
| 0 | 0 | 0 | 0 | 0 | 0 |
| 1 | 1 | 1 | 1 | 1 | 15 |
| 2 | 1 | 1 | 1 | 0 | 14 |
| 3 | 1 | 1 | 0 | 1 | 13 |
| 4 | 1 | 1 | 0 | 0 | 12 |
| 5 | 1 | 0 | 1 | 1 | 11 |
| 6 | 1 | 0 | 1 | 0 | 10 |
| 7 | 1 | 0 | 0 | 1 | 9 |
| 8 | 1 | 0 | 0 | 0 | 8 |
| 9 | 0 | 1 | 1 | 1 | 7 |
| 10 | 0 | 1 | 1 | 0 | 6 |
| 11 | 0 | 1 | 0 | 1 | 5 |
| 12 | 0 | 1 | 0 | 0 | 4 |
| 13 | 0 | 0 | 1 | 1 | 3 |
| 14 | 0 | 0 | 1 | 0 | 2 |
| 15 | 0 | 0 | 0 | 1 | 1 |
| 16 | 0 | 0 | 0 | 0 | 0 |

## 二、十进制计数器

二进制计数器结构简单,但是不符合人们的日常习惯,因此在数字系统中,凡需直接观察计数结果的地方,差不多都是用十进制计数的。十进制计数器是在二进制计数器的基础上得出的,用四位二进制数来代表十进制的每一位数。因此也称为二-十进制计数器。

我们仍采用8421BCD码,与二进制比较,来第十个脉冲时不是"1001"变为"1010",而是应回到"0000",且要求输出进位信号。表12-3-3是8421码十进制加法计数器的状态表。

**8421 码十进制加法计数器的状态表** 表 12-3-3

| 计数脉冲数 | 二 进 制 数 | | | | 十 进 制 数 |
|---|---|---|---|---|---|
| | $Q_3$ | $Q_2$ | $Q_1$ | $Q_0$ | |
| 0 | 0 | 0 | 0 | 0 | 0 |
| 1 | 0 | 0 | 0 | 1 | 1 |
| 2 | 0 | 0 | 1 | 0 | 2 |
| 3 | 0 | 0 | 1 | 1 | 3 |
| 4 | 0 | 1 | 0 | 0 | 4 |
| 5 | 0 | 1 | 0 | 1 | 5 |
| 6 | 0 | 1 | 1 | 0 | 6 |
| 7 | 0 | 1 | 1 | 1 | 7 |
| 8 | 1 | 0 | 0 | 0 | 8 |
| 9 | 1 | 0 | 0 | 1 | 9 |
| 10 | 0 | 0 | 0 | 0 | 进位 |

图 12-3-7 所示为由 4 个下降沿触发的 JK 触发器组成的 8421BCD 码同步十进制加法计数器的逻辑图。计数器采用 JK 触发器并用同步方式触发,则 $J$、$K$ 端的逻辑关系式如下:

$$J_0 = K_0 = 1; J_1 = Q_0\overline{Q_3}, K_1 = Q_0; J_2 = K_2 = Q_0Q_1; J_3 = Q_0Q_1Q_2, K_3 = Q_0$$

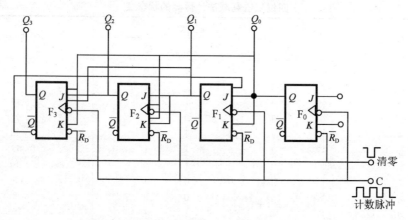

图 12-3-7 由 JK 触发器组成的一位同步十进制加法计数器

其输出波形如图 12-3-8 所示。

### 三、任意进制的计数器

计数器集成电路很多,如 74LS290 二-五-十进制计数器。图 12-3-9 是其逻辑图、管脚排列图和功能表。它包含一个独立的 1 位二进制计数器和一个独立的异步五进制计数器。二进制计数器的时钟输入端为 $C_0$,输出端为 $Q_0$;五进制计数器的时钟输入端为 $C_1$,输出端为 $Q_1$、$Q_2$、$Q_3$。如果将 $Q_0$ 与 $C_1$ 相连,$C_0$ 作时钟脉冲输入端,$Q_0 \sim Q_3$ 作输出端,则为 8421BCD 码十进制计数器。

其计数功能包括二进制、五进制和十进制计数,是一种常用的中规模集成计数器。

图 12-3-9c)是 74LS290 的功能表。由表可知,74LS290 具有以下功能:

①异步清零。当复位输入端 $R_{0(1)} = R_{0(2)} = 1$,且置位输入 $R_{9(1)} \cdot R_{9(2)} = 0$ 时,不论有无时钟脉冲 $CP$,计数器输出将被直接置零。

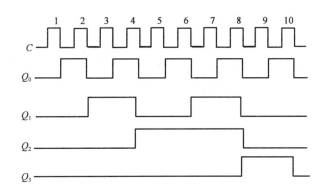

图 12-3-8　十进制加法计数器的波形图

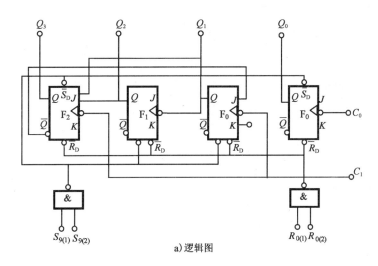

a) 逻辑图

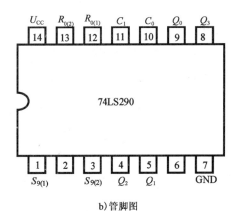

b) 管脚图

| $R_{0(1)}$ | $R_{0(2)}$ | $S_{9(1)}$ | $S_{9(2)}$ | $Q_3$ | $Q_2$ | $Q_1$ | $Q_0$ |
|---|---|---|---|---|---|---|---|
| 1 | 1 | 0 | × | 0 | 0 | 0 | 0 |
|   |   | × | 0 |   |   |   |   |
| × | × | 1 | 0 | 1 | 0 | 0 | 1 |
| × | 0 | × | 0 | 计 |   | 数 |   |
| 0 | × | 0 | × | 计 |   | 数 |   |
| 0 | × | × | 0 | 计 |   | 数 |   |
| × | 0 | 0 | × | 计 |   | 数 |   |

b) 功能表

图 12-3-9　74LS290 型计数器

②异步置数。当置位输入 $R_{9(1)}=R_{9(2)}=1$ 时,无论其他输入端状态如何,计数器输出将被直接置 9(即 $Q_3Q_2Q_1Q_0=1001$)。

③计数。当 $R_{0(1)} \cdot R_{0(2)}=0$,且 $R_{9(1)} \cdot R_{9(2)}=0$ 时,在计数脉冲(下降沿)作用下,进行二-五-十进制加法计数。

如将上述计数器作适当改接,利用其清零端进行反馈置"0",可得出小于原进制的多种进制的计数器。例如将图 12-3-9a)中的 8421 码十进制计数器改接成图 12-3-10 所示的两个电路,就分别成为六进制和九进制计数器。

以图 12-3-10a)为例,它从"0000"开始计数,来五个脉冲后变为"0101"。当第六个脉冲来到后,出现"0110"的状态,由于 $Q_2$ 和 $Q_1$ 端分别接到 $R_{0(2)}$ 和 $R_{0(1)}$ 清零端,强迫清零,"0110"这一状态转瞬即逝,显示不出,立即回到"0000"。它经过六个脉冲循环一次,故为六进制计数器。同理,图 12-3-10b)是九进制计数器。

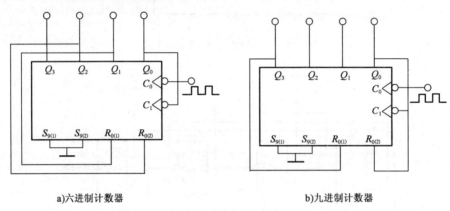

a)六进制计数器　　　　　　　　　　　　　　b)九进制计数器

图 12-3-10　六进制和九进制计数

# 12.4　555定时器及应用

555 集成定时器(Timer)是一种将模拟电路和数字电路相结合的中规集成电路,其应用极为广泛,只要外接少量的阻容元件,就可以构成单稳态触发器和多谐振荡器等电路。因而在信号的产生与变换、自动检测及控制、定时和报警、家用电器等方面都有广泛的应用。

## 一、555 集成定时器

常用的 555 定时器有双极型 5G555(NE555)定时器和 CMOS 电路的 CC7555 定时器,其结构和引脚排列完全相同。其电路逻辑图和管脚图如图 12-4-1 所示,封装形式为 8 个引脚的双列直插芯片。其中,管脚 1 为接地端;管脚 2 为低触发端;管脚 3 为电路输出端;管脚 4 为清零端;管脚 5 为电路的控制电压端;管脚 6 为高触发端;管脚 7 为放电端;管脚 8 为电源端。

定时器内部由四部分组成:

(1)两个电压比较器 $C_1$ 和 $C_2$:比较器 $C_1$ 的参考电压为 $\frac{2}{3}U_{CC}$,加在同相输入端;$C_2$ 的参

考电压为 $\frac{1}{3}U_{CC}$,加在反相输入端。$C_1$ 和 $C_2$ 的作用是将 6 脚(高电平触发端)和 2 脚(低电平触发端)的输入电压与参考电压进行比较,根据输入电压的不同,它们的输出可能是高电平或低电平,从而使基本 RS 触发器置"1"或置"0"。

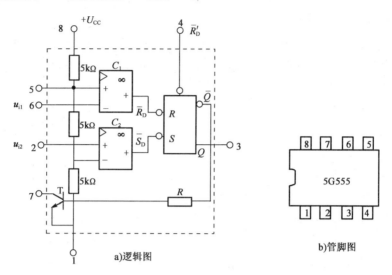

图 12-4-1　5G555 集成定时器

(2)电阻分压器:由三个 5kΩ 的电阻串联组成,并接于电源+$U_{CC}$ 与 1 脚地之间,其作用是为比较器提供参考电压,若在电压控制端(引脚 5)上外加控制电压 $U_{C}$,则将迫使 $C_1$ 的同相输入端 $U_{+1}=U_C$,$C_2$ 的反相输入端 $U_{-2}=\frac{1}{2}U_C$;如果 5 端不用时,经 $0.01\mu F$ 的电容接地,以防干扰引入。

(3)RS 触发器:$\overline{R}_D'$ 端是置 0 输入端,低电平有效,加上低电平时,$u_0=0$,不受其他输入端状态的影响。正常工作时,$\overline{R}_D'=1$。

(4)放电三极管 T:当 RS 触发器 $\overline{R}_D=0$ 时,T 截止,当 $\overline{R}_D=1$ 时,T 饱和导通。

555 定时器的工作原理:

(1)当 $u_{i1}>\frac{2}{3}U_{CC}$ 时,$u_{i2}>\frac{1}{3}U_{CC}$ 时,比较器 $C_1$ 输出低电平,$C_2$ 输出高电平,基本 RS 触发器被置 0,放电三极管 T 导通,输出端 $u_0$ 为低电平。

(2)当 $u_{i1}<\frac{2}{3}U_{CC}$,$u_{i2}<\frac{1}{3}U_{CC}$ 时,比较器 $C_1$ 输出高电平,$C_2$ 输出低电平,基本 RS 触发器被置 1,放电三极管 T 截止,输出端 $u_0$ 为高电平。

(3)当 $u_{i1}<\frac{2}{3}U_{CC}$,$u_{i2}>\frac{1}{3}U_{CC}$ 时,比较器 $C_1$ 输出高电平,$C_2$ 也输出高电平,触发器状态不变,电路亦保持原状态不变。

## 二、555 定时器构成的单稳态触发器及其应用

单稳态触发器(Monostable Flip-Flop)具有下列特点:第一,它有一个稳定状态和一个暂稳状

态;第二,在外来触发脉冲作用下,能够由稳定状态翻转到暂稳状态;第三,暂稳状态维持一段时间后,将自动返回到稳定状态。暂稳态时间的长短,与触发脉冲无关,仅决定于电路本身的参数。

单稳态触发器在数字系统和装置中,一般用于定时(产生一定宽度的脉冲)、整形(把不规则波形转换成等宽、等幅的脉冲)、延时(将输入信号延迟一定的时间之后输出)等。

1.555 定时器构成的单稳态触发器

图 12-4-2 是由 555 定时器构成单稳态触发器,$R$ 和 $C$ 为外接元件,6、7 两脚接在 $R$ 与 $C$ 之间,触发脉冲由 2 端输入,为低电平触发,电压控制端不接外加控制电压,通过一个旁路电容 $0.01\mu F$ 接地。下面对照图 12-4-2b)的波形图进行分析。

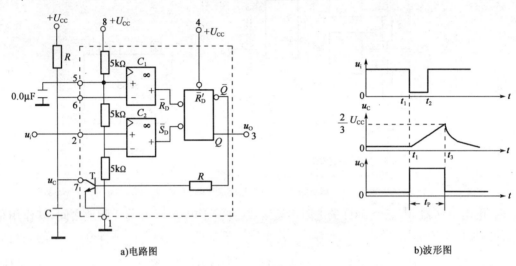

a)电路图        b)波形图

图 12-4-2 单稳态触发器

在 $t_1$ 以前,未加入触发信号时,2 脚端是高电平,即 2 端的输入电压高于 $\frac{1}{3}U_{CC}$ 时,使比较器 $C_2$ 输出高电平。若触发器的原状态 $Q=0$,$\overline{Q}=1$,则晶体管 T 饱和导通,$u_C \approx 0.3V$,故 $C_1$ 的输出为高电平,触发器的状态保持不变。若 $Q=1$,$\overline{Q}=0$,则晶体管 T 截止,$U_{CC}$ 通过 $R$ 为 $C$ 充电,当 $u_C$ 上升到略高于 $\frac{2}{3}U_{CC}$ 时,比较器 $C_1$ 输出低电平,使触发器 $Q=0$,$\overline{Q}=1$。可见,在稳态时,$Q=0$,即输出电压 $u_0$ 为 0。

在 $t_1$ 时刻,输入触发负脉冲,其幅度低于 $\frac{1}{3}U_{CC}$,故 $C_2$ 的输出为低电平,将触发器置 1,$u_0$ 由 0 变为 1,电路进入暂态状态。这时三极管 T 截止,电源又对电容 $C$ 充电,当 $u_C$ 上升到略高于 $\frac{2}{3}U_{CC}$ 时(在 $t_3$ 时刻),$C_1$ 的输出为低电平,从而使触发器自动翻转到 $Q=0$ 的稳定状态。此后电容 $C$ 迅速放电。

可见,当有低电平脉冲信号时,555 定时器进入暂态,输出高电平,暂态持续一段时间(输出高电平脉冲的宽度)后。恢复到稳态。其输出的矩形脉冲可按下式估算:

$$t_p = RC\ln 3 = 1.1RC \qquad (12\text{-}4\text{-}1)$$

## 2.单稳态触发器的应用

### (1)定时控制

在图 12-4-3 中,单稳态触发器的输出电压 $u_B$ 是一宽度为 $t_p$ 的矩形脉冲,把它作为与门输入信号之一,只有在它存在的 $t_p$ 时间内,信号 $u_A$ 才能通过与门。改变 $RC$ 值,可以改变脉冲宽度 $t_p$,从而实现定时控制。

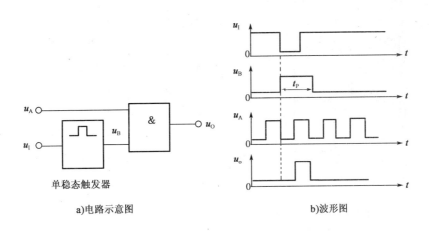

a)电路示意图　　　　　　　　　　b)波形图

图 12-4-3　单稳态触发器的定时控制

(2)单稳态触发器能够把不规则的输入信号 $u_I$,整形成为幅度和宽度都相同的标准矩形脉冲 $u_o$。$u_o$ 的幅度取决于单稳态电路输出的高、低电平,宽度 $t_P$ 决定于暂稳态时间。图 12-4-4 是单稳态触发器用于波形的整形的一个简单例子。

### (3)触摸定时控制开关

图 12-4-5 是利用 555 定时器构成的单稳态触发器,只要用手触摸一下金属片 P,由于人体感应电压相当于在触发输入端(管脚 2)加入一个负脉冲,555 输出端(管脚 3)输出高电平,灯泡($R_L$)发光,当暂稳态时间($t_P$)结束时,555 输出端恢复低电平,灯泡熄灭。该触摸开关可用于夜间定时照明,定时时间可由 $RC$ 参数调节。

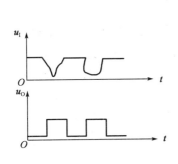

图 12-4-4　脉冲整形

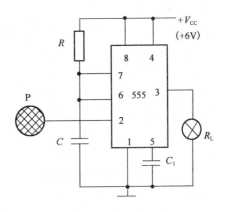

图 12-4-5　触摸式定时控制开关

### 三、555 定时器构成的多谐振荡器

图 12-4-6 是由 555 定时器组成的多谐振荡器（Astable Multivibrator）。$R_1$、$R_2$、$C$ 是外接元件，电路没有稳态，只有两个暂稳态，它们做交替变化，输出连续的矩形脉冲信号，因此它又称作无稳态电路，常用来做脉冲信号源。

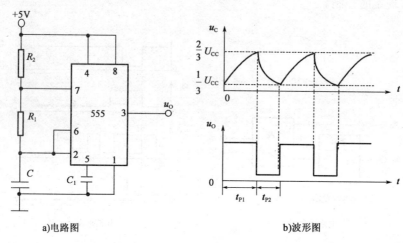

a)电路图　　　　　　　　　　　　b)波形图

图 12-4-6　多谐振荡器

接通电源 $U_{CC}$ 后，经 $R_1$ 和 $R_2$ 对电容 $C$ 充电，当 $u_C$ 上升到略高于 $\frac{2}{3}U_{CC}$ 时，比较器 $C_1$ 输出低电平，使触发器 $Q=0$，$u_o$ 为 0。这时放电管 T 导通，电容 $C$ 通过 $R_2$ 和 T 放电，$u_C$ 下降。当 $u_C$ 下降略低于 $\frac{2}{3}U_{CC}$ 时，$C_2$ 的输出为低电平，将触发器置 1，$u_o$ 由 0 变为 1，这时放电管 T 截止，$U_{CC}$ 又经 $R_1$ 和 $R_2$ 对电容 $C$ 充电。如此重复上述过程，$u_o$ 为连续的矩形波，如图 12-4-6b)所示。

# 习　　题

## 一、选择题

1. 下列逻辑电路中为时序逻辑电路的是____。

   A. 变量译码器　　　　B. 加法器　　　　C. 数码寄存器　　　　D. 数据选择器

2. $N$ 个触发器可以构成能寄存____位二进制数码的寄存器。

   A. $N-1$　　　　B. $N$　　　　C. $N+1$　　　　D. $2N$

3. 同步时序电路和异步时序电路比较，其差异在于后者____。

   A. 没有触发器　　　　　　　　　　B. 没有统一的时钟脉冲控制

   C. 没有稳定状态　　　　　　　　　　D. 输出只与内部状态有关

4. 一位 8421BCD 码计数器至少需要____个触发器。

   A. 3　　　　B. 4　　　　C. 5　　　　D. 10

5. 8 位移位寄存器，串行输入时经____个脉冲后，8 位数码全部移入寄存器中。

   A. 1　　　　B. 2　　　　C. 4　　　　D. 8

6. RS 触发器不具有____功能。

   A. 保持             B. 翻转             C. 置 1             D. 置 0

7. RS 触发器当两个输入端 $R=0$、$S=1$ 时,触发器的状态是____。

   A. $Q=1$  $\overline{Q}=1$                 B. $Q=1$  $\overline{Q}=0$

   C. $Q=0$  $\overline{Q}=1$                 D. $Q=0$  $\overline{Q}=0$

8. 对于 D 触发器,欲使 $Q^{n+1}=Q^n$,应使输入 $D=$____。

   A. 0                 B. 1                C. $Q$               D. $\overline{Q}$

9. 555 定时器可以组成____。

   A. 寄存器                          B. 单稳态触发器

   C. 计数器                          D. JK 触发器

10. JK 触发器具有计数功能时,其输入端 $J$、$K$ 的状态可能是____:

   A. $J=1$,$K$ 端悬空                B. $J=1$,$K=0$

   C. $J=0$,$K=0$                    D. $J=0$,$K=1$

**二、综合题**

1. 从逻辑功能和电路结构两个方面说明时序电路和组合电路有什么区别?

2. 当由与非门组成的 RS 触发器的端和端加上习题图 12-1 所示的波形时,试画出 Q 端的输出波形,分别设初始状态为"0"和"1"两种情况。

3. 当主从型 JK 触发器的 CP、J、K 端分别接上习题图 12-2 所示的波形,试画 Q 端输出波形,设初始状态为 0。

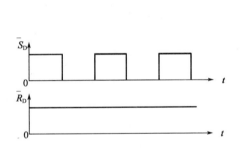

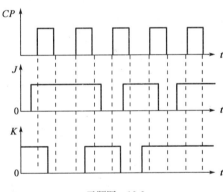

习题图　12-1　　　　　　　　　　　　　　　　习题图　12-2

4. 在习题图 12-3 的逻辑图中,试画出 $Q_1$ 和 $Q_2$ 端的波形,时钟脉冲 $CP$ 的波形如图 12-1-5 所示。如果时钟脉冲的频率是 4 000 Hz,那么 $Q_1$ 和 $Q_2$ 的波形的频率各为多少? 设初始状态 $Q_1=Q_2=0$。

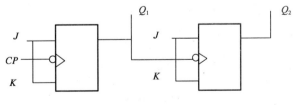

习题图　12-3

5. 根据习题图 12-4 的逻辑图及相应的 $CP$ 和 $D$ 的波形，试画出 $Q_1$ 和 $Q_2$ 端的输出波形，设初始状态 $Q_1=Q_2=0$。

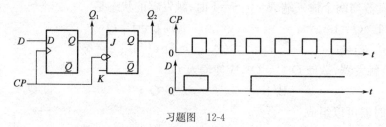

习题图 12-4

6. 电路如习题图 12-5 所示，试画出 $Q_1$ 和 $Q_2$ 的输出波形。设初始状态 $Q_1=Q_2=0$。

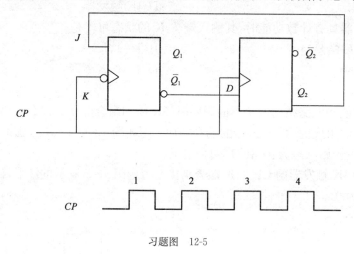

习题图 12-5

# 第 13 章　数模与模数转换

**基本要求：**

1. 掌握数模、模数转换的概念；
2. 了解数模与模数转换的基本原理；
3. 了解常用数模与模数转换集成芯片的使用方法；
4. 了解模拟多路转换开关的功能。

随着计算机的不断普及，计算机在现实生活和工业生产中的控制作用越来越普遍。在计算机控制系统中，经常要把压力、流量、温度等物理量通过传感器检测出来，变换成相应的模拟量(Analog)电流或电压，再由模数转换器 ADC(Analog-Digital Converter)转换成为二进制数字信号，进入计算机处理。计算机处理后结果仍然是数字量(Digital)，而执行机构大多是伺服马达等模拟控制器，则需用数模转换器 DAC(Digital-Analog Converter)将数字量转换成相应的模拟信号，以控制伺服马达等机构执行规定的操作。因此，DAC 和 ADC 是联系数字系统和模拟系统的"桥梁"，也可称为数字电路与模拟电路的接口。图 13-0-1 是数-模和模-数转换的原理框图。

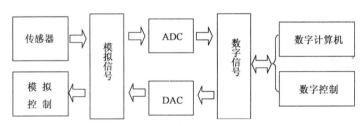

图 13-0-1　数模和模数转换的原理框图

## 13.1　数/模转换器(DAC)

DAC 是利用电阻网络和模拟开关，将多位二进制数 $D$ 转换为与之成比例的模拟量的一种转换电路，因此，输入应是一个 $n$ 位的二进制数，它可以按二进制数转换为十进制数的通式展开为

$$D_n = d_{n-1} \times 2^{n-1} + d_{n-2} \times 2^{n-2} + \cdots + d_1 \times 2^1 + d_0 \times 2^0$$

而输出应当是与输入的数字量成比例的模拟量 A

$$A = KD_n = K(d_{n-1} \times 2^{n-1} + d_{n-2} \times 2^{n-2} + \cdots + d_1 \times 2^1 + d_0 \times 2^0)$$

式中：$K$ 为转换系数。其转换过程是把输入的二进制数中为 1 的每一位代码，按每位权的大小，转换成相应的模拟量，然后将各位转换以后的模拟量，经求和运算放大器相加，其和便是与被转换数字量成正比的模拟量，从而实现了数模转换。一般的 DAC 输出 $A$ 是正比于输入数字量 $D$ 的模拟电压量。比例系数 $K$ 为一个常数，单位为伏特。

### 一、倒 T 型电阻网络数—模转换器

倒 T 型电阻网络数—模转换器是目前使用最为广泛的一种形式，其电路结构如图 13-1-1 所示。它是由 $R$ 和 $2R$ 两种阻值组成的电阻网络、求和运算放大器、电子模拟开关 $S$ 和基准电压 $U_R$ 四个部分组成。

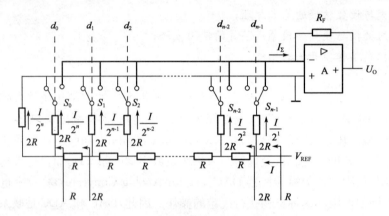

图 13-1-1　$R\text{-}2R$ 倒 T 型电阻网络 DA 转换电路

当输入数字信号的任何一位是"1"时，对应开关便将 $2R$ 电阻接到运放反相输入端，而当其为"0"时，则将电阻 $2R$ 接地。由图 13-1-1 可知，按照虚短、虚断的近似计算方法，求和放大器反相输入端的电位为虚地，所以无论开关合到那一边，都相当于接到了"地"电位上。在图示开关状态下，从最左侧将电阻折算到最右侧，先是 $2R//2R$ 并联，电阻值为 $R$，再和 $R$ 串联，又是 $2R$，一直折算到最右侧，电阻仍为 $R$，则电流 $I$ 的表达式为

$$I = \frac{V_{REF}}{R}$$

只要 $V_{REF}$ 选定，电流 $I$ 为常数。流过每个支路的电流从右向左，分别为 $\frac{I}{2^1}, \frac{I}{2^2}, \frac{I}{2^3}\cdots$ 当输入的数字信号为"1"时，电流流向运放的反相输入端，当输入的数字信号为"0"时，电流流向地，可写出 $I_\Sigma$ 的表达式

$$I_\Sigma = \frac{I}{2}d_{n-1} + \frac{I}{4}d_{n-2} + \cdots + \frac{I}{2^{n-1}}d_1 + \frac{I}{2^n}d_0$$

在求和放大器的反馈电阻等于 $R$ 的条件下，输出模拟电压为

$$U_o = -R_F I_\Sigma = -R_F\left(\frac{I}{2}d_{n-1} + \frac{I}{4}d_{n-2} + \cdots + \frac{I}{2^n}d_1 + \frac{I}{2^n}d_0\right)$$

$$= \frac{V_{REF}R_F}{2^n R}(d_{n-1}2^{n-1} + d_{n-2}2^{n-2} + \cdots + d_1 2^1 + d_0 2^0)$$

当 $R_F = R$ 时

$$U_0 = -\frac{V_{REF}}{2^n}(d_{n-1} \times 2^{n-1} + d_{n-2} \times 2^{n-2} + \cdots + d_1 \times 2^1 + d_0 \times 2^0) \qquad (13\text{-}1\text{-}1)$$

## 二、集成 DAC 芯片 AD7520

$R\text{-}2R$ 倒 T 型电阻网络 DAC 的电阻只有两种阻值,便于集成,而且电流流过各支路的电流恒定不变,在开关状态变化时,不需要电流建立时间,所以转化速度快,是目前应用最多的 DAC 集成电路,按输入的二进制数的位数分类有 8 位、10 位、12 位和 16 位等。AD7520 是 CMOS 单片低功耗 10 位 DA 转换器。它采用倒 T 型电阻网络结构,但运算放大器是外接的。型号中的"AD"表示美国的芯片生产公司模拟器件公司的代号。AD7520 的外引线排列及连接电路如图 13-1-2 所示。

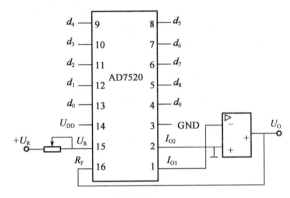

图 13-1-2　AD7520 外引线排列及连接电路

图 13-1-2 中的 14 脚 $U_{DD}$ 为电子模拟开关的电源接线端,求和运算放大器的负反馈电阻 $R_F = R$ 已集成在芯片内部。

## 三、DAC 的主要技术指标

### 1. 分辨率

DAC 的分辨率是指最小输出电压与最大输出电压之比,也是最小输入数字量 1 与最大输入数字量 $2^n - 1$ 之比。分辨率越小,精度越高。

$$\text{分辨率} = \frac{1}{2^n - 1} \qquad (13\text{-}1\text{-}2)$$

可见,输入数字量位数越多,输出电压可分离的等级越多,即分辨率越高。

### 2. 转换精度

表示 DAC 输出电压的实际值与理想值之差。这个误差是由于参考电压偏离标准值、运算放大器的零点漂移、模拟开关的压降以及电阻阻值的偏差等原因引起的。

### 3. 建立时间

建立时间指 DAC 输入数字量发生变化后,到输出的模拟量达到稳定输出值所需要的时间。D/A 转换器的建立时间较快,单片集成 D/A 转换器建立时间最短可达 $0.1\mu s$ 以内。

267

**4.温度系数**

指在输入不变的情况下,输出模拟电压随温度变化产生的变化量。一般用满刻度输出条件下温度每升高1℃,输出电压变化的百分数作为温度系数。

# 13.2 模/数转换器(ADC)

## 一、ADC 转换过程

在 A/D 转换器中,因为输入的模拟信号在时间上是连续量,而输出的数字信号代码是离散量,所以进行转换时必须在一系列选定的瞬间(亦即时间坐标轴上的一些规定点上)对输入的模拟信号采样,然后再把这些采样值转换为输出的数字量。因此,一般的 A/D 转换过程是通过采样、保持、量化和编码这四个步骤完成的,如图 13-2-1 所示。

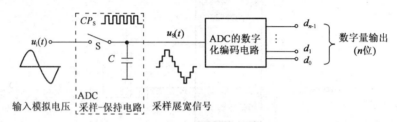

图 13-2-1 模拟量到数字量的转换过程

**1.采样与保持**

图 13-2-2 所示的是一个实际的采样保持电路 LF198 的电路结构图,图中 $A_1$、$A_2$ 是两个运算放大器,S 是模拟开关,L 是控制 S 状态的逻辑单元电路。采样时令 $u_L=1$,S 随之闭合。$A_1$、$A_2$ 接电压跟随器,故 $u_o=u'_o=u_i$。同时 $u'_o$ 通过 $R_2$ 对外接电容 $C_h$ 充电,使 $u_{Ch}=u_i$。因电压跟随器的输出电阻十分小,故对 $C_h$ 充电很快结束。当 $u_L=0$ 时,S 断开,采样结束,由于 $u_{Ch}$ 无放电通路,其上电压值基本不变,故使 $u_o$ 得以将采样所得结果保持下来。经采样后的模拟信号如图 13-2-3 所示。

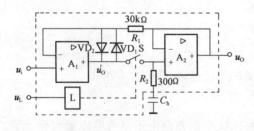

图 13-2-2 采样与保持电路

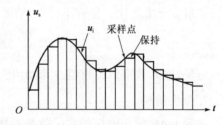

图 13-2-3 模拟信号采样

在 S 再次闭合以前的这段时间里,如果 $u_i$ 发生变化,$u'_o$ 可能变化非常大,甚至会超过开关电路所能承受的电压,因此需要增加 $VD_1$ 和 $VD_2$ 构成保护电路。当 $u'_o$ 比 $u_o$ 所保持的电压高(或低)一个二极管的压降时,$VD_1$(或 $VD_2$)导通,从而将 $u'_o$ 限制在以 $u_i+U_{D1}$ 内。而在开关 S 闭和的情况下,$u'_o$ 和 $u_o$ 相等,故 $VD_1$ 和 $VD_2$ 均不导通,保护电路不起作用。

2.量化与编码

数字信号不仅在时间上是离散的,而且在数值上的变化也不是连续的。这就是说,任何一个数字量的大小,都是以某个最小数量单位的整倍数来表示的。因此,在用数字量表示取样电压时,也必须把它化成这个最小数量单位的整倍数,这个转化过程就叫做量化。所规定的最小数量单位叫做量化单位,用 $\Delta$ 表示。显然,数字信号最低有效位中的 1 表示的数量大小,就等于 $\Delta$。把量化的数值用二进制代码表示,称为编码。这个二进制代码就是 A/D 转换的输出信号。

既然模拟电压是连续的,那么它就不一定能被 $\Delta$ 整除,因而不可避免地会引入误差,我们把这种误差称为量化误差。在把模拟信号划分为不同的量化等级时,用不同的划分方法可以得到不同的量化误差。

假定需要把 $0\sim +1\mathrm{V}$ 的模拟电压信号转换成 3 位二进制代码,这时便可以取 $\Delta = (1/8)\mathrm{V}$,并规定凡数值在 $0\sim (1/8)\mathrm{V}$ 的模拟电压都当作 $0\times\Delta$ 看待,用二进制的 000 表示;凡数值在 $(1/8)\mathrm{V}\sim (2/8)\mathrm{V}$ 的模拟电压都当作 $1\times\Delta$ 看待,用二进制的 001 表示,等等,如图 13-2-4a)所示。不难看出,最大的量化误差可达 $\Delta$,即 $(1/8)\mathrm{V}$。

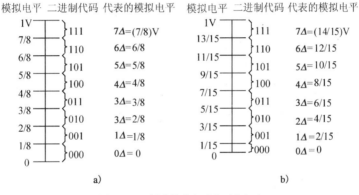

图 13-2-4 划分量化电平的两种方法

为了减小量化误差,通常采用图 13-2-4b)所示的划分方法,取量化单位 $\Delta = (2/15)\mathrm{V}$,并将 000 代码所对应的模拟电压规定为 $0\sim (1/15)\mathrm{V}$,即 $0\sim\Delta/2$。这时,最大量化误差将减少为 $\Delta/2 = (1/15)\mathrm{V}$。这个道理不难理解,因为现在把每个二进制代码所代表的模拟电压值规定为它所对应的模拟电压范围的中点,所以最大的量化误差自然就缩小为 $\Delta/2$ 了。

## 二、逐次逼近型 ADC

ADC 与 DAC 的作用相反,ADC 是将输入的模拟量转换为数字量的电子电路,它是模拟系统与数字处理系统的接口电路。ADC 按照转换方法的不同主要分为:并联比较型,其特点是转换速度高,但精度不高;双积分型,其特点是精度高,抗干扰能力强,但转换速度慢;逐次逼近型,其特点是转换精度高,速度快,在集成电路中用的最多。现以逐次逼近型 ADC 为例来说明 ADC 的基本原理。

下面举例说明什么是逐次逼近:用四个分别重 8g、4g、2g、1g 的砝码去称重 11.3g 的物体,称量见表 13-2-1。

逐次逼近称物一例 表 13-2-1

| 顺　　序 | 砝码重量(g) | 比　较　判　别 | 该砝码是否保留 |
|---|---|---|---|
| 1 | 8 | 8＜11.3 | 保留 |
| 2 | 8+4 | 12＞11.3 | 不保留 |
| 3 | 8+2 | 10＜11.3 | 保留 |
| 4 | 8+2+1 | 11＜11.3 | 保留 |

最小砝码就是称量的精度,在上例中为 1g。逐次逼近型 ADC 的工作过程与上述称物过程十分相似,逐次逼近型 ADC 一般由顺序脉冲发生器、逐次逼近寄存器、模-数转换器和电压比较器等几部分组成,其组成框图如图 13-2-5 所示。

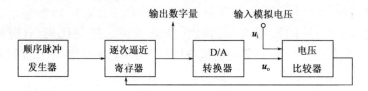

图 13-2-5　逐次逼近型 ADC 的组成框图

转换开始前先将所有寄存器清零。开始转换以后,时钟脉冲首先将寄存器最高位置成 1,使输出数字为 100…0。这个数码被数模转换器转换成相应的模拟电压 $u_o$,送到比较器中与 $u_i$ 进行比较。若 $u_o > u_i$,说明数字过大,故将最高位的 1 清除;若 $u_o < u_i$,说明数字还不够大,应将最高位的 1 保留。然后,再按同样的方式将次高位置成 1,并且经过比较以后确定这个 1 是否应该保留。这样逐位比较下去,一直到最低位为止。比较完毕后,寄存器中的状态就是所要求的数字量输出。图 13-2-5 是逐次逼近型 ADC 的原理图。

顺序脉冲发生器由环形计数器构成,输出的是 5 个在时间上有一定先后顺序的脉冲 $Q_4$、$Q_3$、$Q_2$、$Q_1$、$Q_0$,依次右移一位,送给逐次逼近寄存器。

逐次逼近寄存器器由 4 个 D 触发器构成,如图 13-2-6 所示,在顺序脉冲的推动下,记忆每次由电压比较器比较的结果,并进行修改设定向 DAC 提供新的二进制输入数码。待转换的模拟电压 $U_A$ 送到电压比较器的同相输入端,比较器的反相输入端为 DAC 输出的模拟电压 $U_I$,将最终比较结果经 4 个 D 触发器以数字量的形式输出,从而完成 AD 转换。

如设 DAC 为 4 位 R-2R 倒 T 形,基准电压 $U_R = -10V$,待转换的模拟电压 $U_I = 6.88V$,工作前,各触发器清零,并置顺序脉冲 $Q_4Q_3Q_2Q_1Q_0 = 10000$ 状态。

当第一个时钟脉冲 CP 的上升沿来到时,使逐次逼近寄存器的输出 $d_3d_2d_1d_0 = 1000$ 加在 D/A 转换器上,由式(13-1-1)可算出输出电压

$$U_A = -\frac{-10}{2^4} \times (2^3 \times 1 + 2^2 \times 0 + 2^1 \times 0 + 2^0 \times 0) = 5V$$

因为 $U_A < U_I$,说明该设定量 $d_3d_2d_1d_0 = 1000$ 太小,下次比较时,$d_3 = 1$ 应保留。顺序脉冲右移一位,变为 $Q_4Q_3Q_2Q_1Q_0 = 01000$。

当第二个时钟脉冲 CP 的上升沿到时,使逐次逼近寄存器的输出 $d_3d_2d_1d_0 = 1100$,经数模转换后 $U_A = 7.5V$,大于 $U_I = 6.88V$,下次比较时,取消 $d_2 = 1$,同时使 $Q_4Q_3Q_2Q_1Q_0 = 00100$。

当第三个时钟脉冲 CP 的上升沿来到时,使逐次逼近寄存器的输出 $d_3d_2d_1d_0 = 1010$,此时 $U_A = 6.25V$,小于 $U_I = 6.88V$,下次比较时,保留 $d_1 = 1$。同时,顺序脉冲右移一位,变为

$Q_4Q_3Q_2Q_1Q_0 = 00010$。

当第四个时钟脉冲 CP 的上升沿来到时,使逐次逼近寄存器的输出 $d_3d_2d_1d_0 = 1011$,此时 $U_A = 6.875$V,略小于 $U_I = 6.88$V。

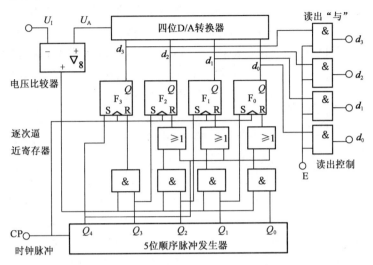

图 13-2-6 四位逐次逼近型模-数转换器的原理电路

当第五个时钟脉冲 CP 的上升沿来到时,$d_3d_2d_1d_0 = 1011$ 保持不变,即为转换结果。误差小于数字量的最低位。显然,误差与转换器的位数有关,位数越多,误差越小。

### 三、集成 ADC0809

目前使用的一般都是集成模/数转换器,如 AD571、AD7135、ADC0804、ADC0809。以下主要介绍 ADC0809,它是逐次逼近型的 AD 转换器,可以和单片机直接接口。

ADC0809 的内部结构如图 13-2-7 所示,是由一个 8 路模拟开关、一个 8 位逐次逼近型 ADC、一个地址锁存器和一个三态输出锁存器组成。电路多路开关可选通 8 个模拟通道,允许 8 路模拟量分时输入,共用 A/D 转换器进行转换。三态输出锁存器用于锁存 A/D 转换完的数字量,当 OE 端为高电平时,才可以从三态输出锁存器取走转换完的数据。

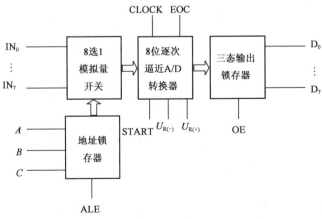

图 13-2-7 ADC0809 的结构框图

ADC0809 的引脚排列如图 13-2-8 所示。各引脚功能如下：

(1)$IN_0 \sim IN_7$：8 条模拟量输入通道。

(2)地址输入和控制线：4 条。

ALE 为地址锁存允许输入线，高电平有效。当 ALE 线为高电平时，地址锁存与译码器将 $A$、$B$、$C$ 三条地址线的地址信号进行锁存，经译码后被选中的通道的模拟量进转换器进行转换。$A$、$B$ 和 $C$ 为地址输入线，用于选通 $IN_0 \sim IN_7$ 上的一路模拟量输入。通道选择表见表 13-2-2。

(3)数字量输出及控制线：11 条。

ST 为转换启动信号。当 ST 上跳沿时，所有内部寄存器清零；下跳沿时，开始进行 A/D 转换；在转换期间，ST 应保持低电平。EOC 为转换结束信号。当 EOC 为高电平时，表明转换结束；否则，表明正在进行 A/D 转换。OE 为输出允许信号，用于控制三条输出锁存器向单片机输出转换得到的数据。

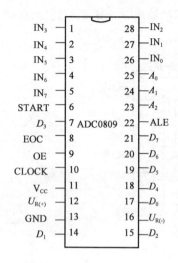

图 13-2-8　ADC0809 引脚排列

$OE=1$，输出转换得到的数据；$OE=0$，输出数据线呈高阻状态。$D_7 \sim D_0$ 为数字量输出线。CLK 为时钟输入信号线。因 ADC0809 的内部没有时钟电路，所需时钟信号必须由外界提供，通常使用频率为 500kHz，$U_{R(+)}$、$U_{R(-)}$ 为参考电压输入。

**ADC0809 通道选择表**　　　　　　　　　　　　　　　　　　　　表 13-2-2

| $C$ | $B$ | $A$ | 选择的通道 |
| --- | --- | --- | --- |
| 0 | 0 | 0 | $IN_0$ |
| 0 | 0 | 1 | $IN_1$ |
| 0 | 1 | 0 | $IN_2$ |
| 0 | 1 | 1 | $IN_3$ |
| 1 | 0 | 0 | $IN_4$ |
| 1 | 0 | 1 | $IN_5$ |
| 1 | 1 | 0 | $IN_6$ |
| 1 | 1 | 1 | $IN_7$ |

### 四、主要技术指标

1.分辨率

ADC 的分辨率用输出二进制数的位数表示，位数越多，误差越小，转换精度越高。

2.转换速度

转换速度是指完成一次转换所需的时间。转换时间是指从接到转换控制信号开始，到输出端得到稳定的数字输出信号所经过的这段时间。

3.相对精度

在理想情况下，所有的转换点应当在一条直线上。相对精度是指实际的各个转换点偏离理想特性的误差。

## 13.3　模拟多路开关

能够分时地将多个模拟信号接通至一根线上的部件叫做模拟多路开关 AMUX(Analog Multiplexer)，如图 13-3-1 所示。可以看出，模拟多路开关实际上是由多个模拟开关加上通道选择译码电路所组成。这和数字电路中的多路选择器、多路分配器是相似的，差别只在于那里接通(选择或分配)的是数字信号，而这里接通的是模拟信号。

模拟多路开关按被接通模拟信号的传输方向分，有单向和双向两种。单向模拟多路开关一般只能用于"多到一"分时切换，相当于数字多路选择器的功能；双向模拟多路开关则既能用于"多到一"切换(选择)，又可用于"一到多"切换(分配)，兼具类似数字多路选择器和多路分配器的功能。图 13-3-1 所示的是单向开关。

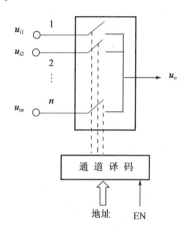

图 13-3-1　模拟多路开关原理示意图

模拟多路开关按一次所能接通的模拟信号端数的不同，有单端输入和双端输入之分。双端输入的多路开关特别适用于转接、切换差动输入的模拟信号。图 13-3-1 所示的是单端输入的 $n$ 路模拟开关。如图中增加一套相同的 $n$ 路模拟开关，但开关的选择控制仍共用原有的通道译码器，则变成了双端输入的 $n$ 路模拟开关，简称为双 $n$ 路模拟开关或双 $n$ 通道模拟开关。模拟多路开关的通道数 $n$ 一般取 $2i$ 值，而在通常所见的实际模拟开关器件中，以 $n=4,8,16$ 居多。

下面介绍几种常用的多通道模拟开关器件：

(1)AD7501(AD7503)

AD7501(AD7503)是 8 通道单端输入模拟开关，这个 CMOS 器件的方框图和引脚图如图 13-3-2 所示。由 $A_1$、$A_2$、$A_3$ 三根地址线和允许输出线 EN 的状态决定 $S_0 \sim S_7$ 中的一个输入接通到 $OUT$ 输出。AD7501 与 AD7503 不同之处是 EN 控制逻辑相反，它们的通道选择真值表见表 13-3-1。

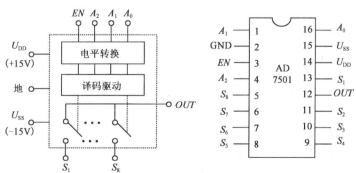

图 13-3-2　AD7501/AD7503 的方框图及引脚图

**AD7501 真值表**　　　　　　　表 13-3-1

| $A_2$ | $A_1$ | $A_0$ | $EN$ | 导　通 |
|-------|-------|-------|------|--------|
| 0 | 0 | 0 | 1 | 1 |
| 0 | 0 | 1 | 1 | 2 |
| 0 | 1 | 0 | 1 | 3 |
| 0 | 1 | 1 | 1 | 4 |
| 1 | 0 | 0 | 1 | 5 |
| 1 | 0 | 1 | 1 | 6 |
| 1 | 1 | 0 | 1 | 7 |
| 1 | 1 | 1 | 1 | 8 |
| $\times$ | $\times$ | $\times$ | 0 | 无 |

（2）AD7502

AD7502 是双四通道模拟开关，由 $A_1$ 和 $A_0$ 地址线及 $EN$ 决定 8 个输入中的两个输入同两个输出端 $OUT_{(1\sim4)}$ 和 $OUT_{(5\sim8)}$ 接通，它使用于双端输入时的情况。图 13-3-3 所示为 AD7502 的方框图和引脚图，表 13-3-2 列出了通道选择真值表。

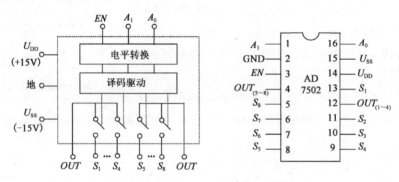

图 13-3-3　AD7502 的方框图及引脚图

**AD7502 真值表**　　　　　　　表 13-3-2

| $A_1$ | $A_0$ | $EN$ | 接 通 通 道 |
|-------|-------|------|------------|
| 0 | 0 | 1 | 1 和 5 |
| 0 | 1 | 1 | 2 和 6 |
| 1 | 0 | 1 | 3 和 7 |
| 1 | 1 | 1 | 4 和 8 |
| $\times$ | $\times$ | 0 | 无 |

AD7501、AD7502、AD7503 芯片都是单向多到一的多路开关，即信号只允许从多个（8 个）输入端向一个输出端传送。

（3）CD4501

CD4501 为 8 通道单刀结构形式，它允许双向使用，即可用于多到一的切换输出，也可用于一到多的输出切换。图 13-3-4 所示为 AD7502 的方框图和引脚图，表 13-3-3 列出了通道选择真值表。

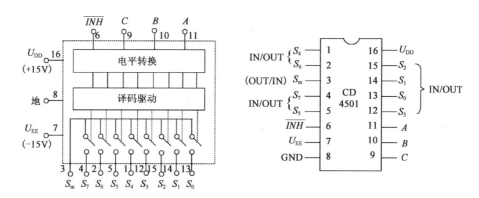

图 13-3-4　CD4501 的方框图及引脚图

**CD4501 真值表**　　　　　　　　　　　　表 13-3-3

| $\overline{INH}$ | $C$ | $B$ | $A$ | 接 通 通 道 |
|---|---|---|---|---|
| 0 | 0 | 0 | 0 | $S_0$ |
| 0 | 0 | 0 | 1 | $S_1$ |
| 0 | 0 | 1 | 0 | $S_2$ |
| 0 | 0 | 1 | 1 | $S_3$ |
| 0 | 1 | 0 | 0 | $S_4$ |
| 0 | 1 | 0 | 1 | $S_5$ |
| 0 | 1 | 1 | 0 | $S_6$ |
| 0 | 1 | 1 | 1 | $S_7$ |
| 1 | $\times$ | $\times$ | 0 | 无 |

# 习　　题

1. 什么是 D/A 转换？主要技术指标是什么？

2. 什么是 A/D 转换？主要技术指标是什么？

3. A/D 转换包括哪些过程？

4. 在倒 T 形电阻网络 DAC 中，若 $U_R=10V$，输入 10 位二进制数字量为(1011010101)，试求其输出模拟电压为何值(已知 $R_F=R=10k\Omega$)？

5. ADC 的转换精度与什么有关？

6. 对于 $n$ 位 DAC 的分辨率可怎样表示？

7. ADC 有几种？主要特点是什么？

8. 模拟多路开关实现的功能是什么？

# 参 考 文 献

[1] 秦曾煌.电工学[M].北京:高等教育出版社,2004.

[2] 陈小虎.电工电子技术[M].北京:高等教育出版社,2001.

[3] 刘春梅.电工电子技术基础[M].北京:化学工业出版社,2010.

[4] 沈国良.电工电子技术基础[M].北京:机械工业出版社,2011.

[5] 沈国良.电工基础[M].北京:电子工业出版社,2008.

[6] 李洁.电子技术基础[M].北京:清华大学出版社,2006.

[7] 李月乔.电子技术基础[M].北京:中国电力出版社,2010.

[8] 毕淑娥.电工与电子技术[M].北京:电子工业出版社,2011.

[9] 阎石.数字电子技术基础[M].北京:高等教育出版社,2008.

[10] 贺益康,潘再平.电力电子技术[M].北京:科学出版社,2010.

[11] 李先允.电力电子技术[M].北京:中国电力出版社,2006.

[12] 张兴.电力电子技术[M].北京:科学出版社,2010.

[13] 邢岩.电力电子技术基础[M].北京:机械工业出版社,2009.

[14] 赵晓玲.电工与电子技术[M].大连:大连海事大学出版社,2011.

[15] 中国海事服务中心.船舶电气[M].大连:大连海事大学出版社,2012.